Photoshop
新手学

UI
艺术设计

U0344662

王红卫 等编著

机械工业出版社
China Machine Press

图书在版编目（CIP）数据

Photoshop 新手学 UI 艺术设计 / 王红卫等编著 . — 北京：机械工业出版社，2017.3

ISBN 978-7-111-56211-5

Ⅰ. ① P… Ⅱ. ① 王… Ⅲ. ① 图象处理软件 Ⅳ. ① TP391.41

中国版本图书馆 CIP 数据核字（2017）第 040465 号

　　《Photoshop 新手学 UI 艺术设计》精选大量实例，针对不同风格的 UI 设计进行全面解读，让读者在逐步深入学习的过程中掌握 UI 设计技巧，提升设计水平。

　　全书从 UI 设计的基础知识入手，包括 UI 设计的单位、格式、常用软件等，以及 UI 设计的配色，然后从基础控件设计开始讲起，囊括了时下流行的扁平化、写实、立体化元素的制作技巧，并讲解了游戏界面及不同应用界面的设计方法，让读者在短时间内进入界面设计的四维空间。

　　本书特别适合智能手机 UI 界面设计的初学者阅读，同时也适合作为社会培训学校、大中专院校相关专业的教学参考书或上机实践指导用书。

Photoshop 新手学 UI 艺术设计

出版发行：机械工业出版社（北京市西城区百万庄大街 22 号　邮政编码：100037）

责任编辑：夏非彼　迟振春

印　　刷：中国电影出版社印刷厂　　　　　　　　　　版　　次：2017 年 4 月第 1 版第 1 次印刷

开　　本：188mm×260mm　1/16　　　　　　　　　　印　　张：17

书　　号：ISBN 978-7-111-56211-5　　　　　　　　　　定　　价：79.00 元

前　言

　　随着移动智能设备的普及，从安卓智能手机到苹果公司的iPad平板电脑，再到快速发展的Windows Phone智能手机，正快速地走进人们的生活，甚至改变着人们的生活方式。这些智能设备都有一个共同点，那就是大多抛弃了繁琐的实体按键，改为全屏触摸操作，同时具备更加丰富的拓展功能。此时UI设计也伴随着智能设备的发展渐渐被越来越多的人所熟知，智能设备屏幕变大了，功能更多了，人们对其视觉效果也越来越重视，大部分用户希望界面的图标更加漂亮，更具识别性，手机主题更加个性、时尚，本书的出现就是为了让你快速了解并掌握UI设计。

本书内容

　　通过阅读本书，读者可以快速学到以下内容：

- UI设计快速入门
- UI基础控件设计
- 简约扁平化图标设计
- 超写实元素设计
- 立体化图标设计
- 界面图像及特效处理
- 精彩游戏界面设计
- 应用系统界面设计

　　本书采用最新版Photoshop CC 2015制作和讲解，让你在第一时间领略PS最新版本的精彩之处。同时本书并不局限于软件版本，同样适用于Photoshop CS、CS2、CS3、CS4、CS5、CS6、CC版本，所以读者完全不用担心会受软件版本的困扰，相信掌握的是UI设计的实战技术！

本书特色

　　（1）从快速认识并了解UI设计开始到各类风格的界面制作，让读者有一个全面的了解和学习。

（2）在全面讲解过程中会加入相关的内容提示，让读者在学习的过程中能够避免犯下小错误的同时将学习到的知识举一反三。

（3）更加贴近读者生活，大量采用了生活中常见的界面设计风格追随最前沿的设计潮流，让自己掌握的技术不落伍，无论在真正的界面设计中，还是在启发设计灵感过程中都能收获更多，掌握更多!

（4）实用性与理论性完美结合，无论是刚接触设计的菜鸟还是已经熟练掌握设计软件的大鸟都可以快速入门并上手。

本书由王红卫主编，同时参与编写的还有张四海、余昊、贺容、王英杰、崔鹏、桑晓洁、王世迪、吕保成、蔡桢桢、王红启、胡瑞芳、王翠花、夏红军、李慧娟、杨树奇、王巧伶、陈家文、王香、杨曼、马玉旋、张田田、谢颂伟、张英、石珍珍、陈志祥等。

在创作的过程中，由于时间仓促，错误在所难免，希望广大读者批评指正。如果在学习过程中发现问题或有更好的建议，欢迎发邮件至smbook@163.com与我们联系。

与本书配套的案例视频文件、素材及源文件下载地址为：

http://pan.baidu.com/s/1o80Q5cA（注意区分英文大小写）。

如果下载有问题，请电子邮件联系booksaga@126.com，邮件主题为"Photoshop新手学UI艺术设计"。

编　者

2017年3月

目　　录

第2章 UI基础控件设计

第3章 简约扁平化图标设计

第4章　超写实图标设计

第5章 立体化图标设计

第6章　界面图像及特效处理

第7章 精彩游戏界面设计

第8章 应用系统界面设计

第1章
UI设计快速入门

内容摘要

本章主要讲解UI设计快速入门的相关知识，在进入专业的UI设计领域之前需要掌握相关的基础知识，通过对不同的名词剖析，在短时间内理解专业名词的含义，为以后的设计之路打下坚实的基础。

教学目标

- UI设计概念
- UI设计组成部分
- UI设计与产品团队合作流程关系
- 各类尺寸单位解析
- UI设计原则
- GUI设计过程中的表现力
- 提升Android视觉效果的设计技巧
- 免费的UI界面设计工具、资源及网站
- 色彩学基础知识
- UI设计常见配色方案
- 色彩的性格
- 精彩UI设计赏析
- 手绘草图的重要性

1.1 UI设计概念

UI（User Interface）即用户界面，它是系统和用户之间进行交互和信息交换的媒介，它实现信息的内部形式与人类可以接受形式之间的转换。好的UI设计不仅让软件变得有个性，有品味，还会让软件操作变得舒适、简单、自由，充分体现软件的定位和特点。UI设计主要由以下三个部分组成。

1. 图形界面设计（Graphical User Interface）

图形界面设计是指采用图形方式显示的用户操作界面。图形界面对于用户来说，在完美视觉效果上十分明显，它通过图形界面向用户展示了功能、模块、媒体等信息。

通常人们所说的视觉设计师就是指设计图形界面的设计师，一般从事此类行业的设计师大多都经过专业的美术培训，有一定的专业背景。

2. 交互设计（Interaction Design）

交互设计在于定义人造物的行为方式（人工制品在特定场景下的反应方式）相关的界面。

交互设计的出发点在于研究人和物交流的过程中，人的心理模式和行为模式，并在此研究基础上，设计出可提供的交互方式以满足人对使用人工物的需求。交互设计是设计方法，而界面设计是交互设计的自然结果。同时界面设计不一定由显意识交互设计驱动，但界面设计必然包含交互设计（人和物是如何进行交流的）。

交互设计师首先进行用户研究相关领域以及潜在用户，设计人造物的行为，并从有用、可用及易用性等方面来评估设计质量。

3. 用户研究（user study）

与软件开发测试类似，UI设计中也有用户测试，工作的主要内容是测试交互设计的合理性以及图形设计的美观性。一款应用经过交互设计、图形界面设计等工作之后需要最终的用户测试才可以上线，此项工作尤为重要，通过测试可以发现应用中某些地方的不足或不合理性。

1.2 UI设计组成部分

在UI设计领域，常规整套设计主要由ADS、绘制草图、低保真原型与高保真原型、Axure和图形界面设计五部分组成。

1. ADS（Application Definition Statement）

ADS（Application Definition Statement）即应用定义声明，它由用户（audience）、定位（differentiator）和方案（solution）三部分组成。

在设计过程中，一句话简短说明应用（APP）的作用，它能为（哪些）用户（在说明情况下）解决（什么）问题？从而展现出它的定位，然后列出最主要的功能，如图1.1所示。

图1.1 ADS功能图示

2. 绘制草图

由于ADS是基于文字表达的一种方式，为了能够更清楚地表达意图，就需要以绘制草图的方法来实现。既然是草图，就无须精确表达，只需要特别注意将整体布局及重要模块表现出来即可，同时可以根据实际情况来绘制彩色或灰度的草图，如图1.2所示。

图1.2 草图效果

提示与技巧

如今更多的公司采用草图设计模板，快速、高效集多项优点于一身，由于是采用硬质不锈钢结构，可以多次利用。如图1.3所示为Android 4.0 UI设计模板实物展示。

图1.3 Android 4.0 UI 设计模板实物展示

3. 低保真原型与高保真原型

低保真原型是指将草图通过Axure、Mockup、Visio等交互设计软件在计算机上生成框架效果图。

高保真原型则追求细节，如屏幕尺寸、色彩细节等，比低保真原型更加耗时。高保真原型通常是在低保真原型得到确认后才开始制作，如图1.4所示。

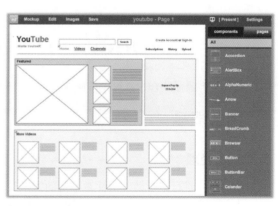

图1.4 框架效果图

4. Axure 即 Axure Rp

Axure RP是一个款业的快速原型设计工具，Axure代表美国Axure公司，RP则是Rapid Prototyping（快速原型）的缩写。Axure RP主要负责UI设计过程中的定义需求和规格、设计功能和界面的专家能够快速创建应用软件或Web网站的线框图、流程图、原型及规格说明文档。作为专业的原型设计工具，它不但能够快速、高效地创建原型，而且还支持多人协作设计和版本控制管理。

Axure RP的用户主要包括商业分析师、信息架构师、可用性专家、产品经理、IT咨询师、用户体验设计师、交互设计师、界面设计师、程序开发工程师等。Axure RP界面如图1.5所示。

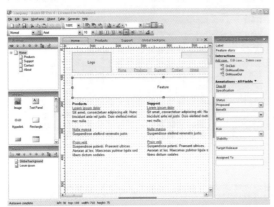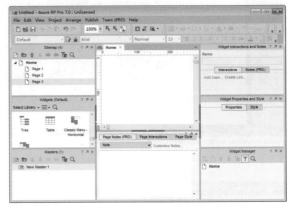

图1.5 Axure RP界面

5. 图形界面设计

在高保真原型完成的基础上，对其进行视觉细化设计，具有针对性地为图形添加阴影、高光、质感等效果。图形界面设计如图1.6所示。

图1.6 图形界面设计

1.3 UI设计与产品团队合作流程关系

UI设计与产品团队合作流程关系如下。

一、团队成员

1. 产品经理

对用户需求进行分析调研，针对不同的需求进行产品卖点规划，然后将规划的结果陈述给公司上级，以此来取得项目所要用到的各类资源（人力、物力、财力等）。

2. 产品设计师

产品设计师侧重于功能设计，考虑技术的可行性，比如在设计一款多动端播放器的时候是否在播放的过程中添加动画提示甚至一些更复杂的功能，而这些功能的添加都是要经过深思熟虑的。

3. 用户体验工程师

用户体验工程师需要了解更多商业层面的内容，其工作通常与产品设计师相辅相承，从产品的商业价值角度出发，以用户的切身体验出发，对产品与用户交互方面的环节进行设计方面的改良。

4. 图形界面设计师

图形界面设计师为应用设计一款能适应用户需求的界面，一款应用能否成功与图形界面也有着分不开的关系。图形界面设计师常用软件有Photoshop、IIlustrator、Fireworks等。

二、UI设计与项目流程步骤

产品定位→产品风格→产品控件→方案制订→方案提交→方案选定。

1.4 各类尺寸单位解析

在UI界面设计中，单位的应用非常关键，下面就讲解常用单位的使用。

1. 英寸

英寸为长度单位，从计算机屏幕到电视机屏幕再到各类多媒体设备的屏幕大小，通常指屏幕对角的长度，并且手持移动设备、手机屏幕等也沿用了这个概念。

2. 分辨率

分辨率为屏幕物理像素的总和，用屏幕宽乘以屏幕高的像素数来表示，比如笔记本电脑上的1366px×768px，液晶电视上的1200px×1080px，手机上的480px×800px、640px×960px等。

3. 网点密度

网点密度是指屏幕物理面积内所包含的像素数，以DPI（每英寸像素点数 或 像素/英寸）为单位来计量，DPI越高，显示的画面质量就越精细。在手机UI设计时，DPI要与手机相匹配，因为低分辨率的手机无法满足高DPI图片对手机硬件的要求，显示效果十分糟糕，所以在设计过程中就涉及一个全新的名词——屏幕密度。

4. 屏幕密度（Screen Densities）

以搭载Android操作系统的手机为例，分别为：

- iDPI（低密度）：120 像素/英寸；
- mDPI（中密度）：160 像素/英寸；
- hDPI（高密度）：240 像素/英寸；
- xhDPI（超高密度）：320 像素/英寸。

与Android相比，iPhon手机对密度版本的数量要求没有那么多，因为目前iPhon界面仅有两种设计尺寸：960px×640px和640px×1136px，网点密度（DPI）采用mDPI，即160像素/英寸就可以满足设计要求。

1.5 常见的图片格式

界面设计常用的格式主要有以下几种:

- JPEG: JPEG是一种位图文件格式,其缩写是JPG。JPEG几乎不同于当前使用的任何一种数字压缩方法,它无法重建原始图像。目前各类浏览器均支持JPEG格式,因为该格式的文件尺寸较小,下载速度快,使得Web页可以以较短的下载时间提供大量美观的图像,JPEG也就顺理成章地成为网络上最受欢迎的图像格式,但是它不支持透明背景。

- GIF: GIF(Graphics Interchange Format)的原义是"图像互换格式",是CompuServe公司在1987年开发的图像文件格式。GIF图像文件的数据是经过压缩的,而且是采用了可变长度等压缩算法。GIF格式的另一个特点是其在一个GIF文件中可以保存多幅彩色图像,如果把保存于一个文件中的多幅图像数据逐幅读出并显示到屏幕上,就可以构成一种最简单的动画。

- PNG: PNG图像文件存储格式,其目的是试图替代GIF和TIFF文件格式,同时增加一些GIF文件格式所不具备的特性。可移植网络图形格式(Portable Network Graphic Format,PNG)名称来源于非官方的PNG's Not GIF,是一种位图文件(bitmap file)存储格式,读成ping。PNG用来存储灰度图像时,灰度图像的深度可多到16位,存储彩色图像时,彩色图像的深度可多到48位,并且还可存储多到16位的α通道数据。PNG使用从LZ77派生的无损数据压缩算法,因为其压缩比高,生成文件容量小,一般应用于JAVA程序中,或者背景网页及S60程序中。PNG它是一种在网页设计中常见的格式,并且支持透明背景显示,相同图像相比其他两种格式体积稍大。如图1.7所示为三种不同格式的显示效果。

图1.7 不同格式的显示效果

1.6 智能手机操作系统简介

现今主流的智能手机操作系统主要有Android、iOS和Windows Phone三类,这三类系统都有各自的特点。

Android: 中文名称为安卓,Android是一个基于开放源代码的Linux平台衍生而来的操作系统,Android最初是由一家小型公司所创建,后来被谷歌收购,它也是当下最为流行的一款智能手机操作系统。其显著特点在于,它是一款基于开放源代码的操作系统,这句话可以理解为它相比其他操作系统具有超强的可扩展性。如图1.8所示为装载Android操作系统的手机。

图1.8 装载Android操作系统的手机

IOS：源自苹果公司MAC机器装载的OS X系统发展而来的一款智能操作系统，目前最新版本为7.0，此款操作系统是苹果公司独家开发并且只使用于自家的iPhon、iPod Touch、iPad等设备上。相比其他智能手机操作系统，IOS智能手机操作系统的流畅性、完美的优化及安全等特性是其他操作系统无法比拟的，不过由于它是采用封闭源代码开发，所以在拓展性上要略显逊色。如图1.9所示为苹果公司生产的装载IOS智能操作系统的设备。

图1.9 装载IOS智能操作系统的设备

Windows Phone（简称：WP）：WP是微软发布的一款移动操作系统，它是一款十分年轻的操作系统，相比其他操作系统而言具有桌面定制、图标拖拽、滑动控制等一系列前卫的操作体验。由于该操作系统是初入智能手机市场，所以在份额上暂时无法与安卓和IOS相比。但更是因为其比较年轻，才有很多新奇的功能及操作，同时也是因为源自微软，在与PC端的Windows操作系统互通性上占有很大的优势。如图1.10所示为装载Windows Phone的几款智能手机。

图1.10 装载Windows Phone的几款智能手机

1.7 UI设计常用的软件

如今UI设计中常用的软件有Adobe公司的Photoshop和Illustrator，Corel公司的CorelDRAW等，主要以Photoshop和Illustrator为主。

1. Photoshop

Photoshop是集图像扫描、编辑修改、图像制作、广告创意、图像输入与输出于一体的图形图像处理软件，深受广大平面设计人员和电脑美术爱好者的喜爱。

Photoshop的专长在于图像处理，而不是图形创作，有必要区分一下这两个概念。图像处理是对已有的位图图像进行编辑加工处理以及运用一些特殊效果，其重点在于对图像的处理加工；图形创作软件是按照自己的构思创意，使用矢量图形来设计图形，这类软件主要有Adobe公司的另一个著名软件Illustrator和Macromedia公司的Freehand，不过Freehand已经快要淡出历史舞台了。

平面设计是Photoshop应用最为广泛的领域，无论是我们正在阅读的图书封面，还是大街上看到的招帖、海报，这些具有丰富图像的平面印刷品，基本上都需要Photoshop软件对图像进行处理。

2. Illustrator

Illustrator是美国Adobe公司推出的专业矢量绘图工具，是出版、多媒体和在线图像的工业标准矢量插画软件。

无论是生产印刷出版线稿的设计者和专业插画家、生产多媒体图像的艺术家，还是互联网页或在线内容的制作者，都会发现Illustrator 不仅仅是一个艺术产品工具，还适用于大部分小型设计到大型的复杂项目。

3. CorelDRAW

CorelDRAW是集矢量图形设计、矢量动画、页面设计、网站制作、位图编辑、印刷排版、文字编辑处理和图形高品质输出于一体的平面设计软件，深受广大平面设计人员的喜爱，目前主要在广告制作、图书出版等方面得到广泛的应用，功能与其类似的软件有Illustrator、Freehand。

CorelDRAW是一款屡获殊荣的图形、图像编辑软件，它包含两个绘图应用程序：一个用于矢量图及页面设计；一个用于图像编辑。这款绘图软件组合可以创作出多种图形图像效果，在简单的操作中就可得到实现，并且不会丢失当前的工作。通过CoreldRAW全方位的设计及网页功能可以融合到用户现有的设计方案中，灵活性十足。

对于目前流行的UI界面设计，由于没有具有针对性的专业设计软件，所以大部分设计师会选择使用这三款软件来制作UI界面，如图1.11所示。

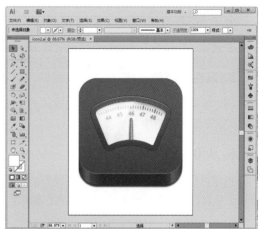

图1.11 三款软件的界面效果

1.8 UI设计原则

UI设计是一个系统化整套的设计工程，看似简单，其实不然，在这套"设计工程"中一定要按照设计原则进行设计。UI设计原则主要有以下几点。

1. 简易性

在整个UI设计的过程中一定要注意设计的简易性，界面设计要简洁、易用，并能最大程度地减少选择性的错误。

2. 一致性

出色的应用应该拥有一个优秀的界面，这也是所有优秀应用界面设计应当具备的特点。一款应用中的界面设计必须保证视觉交互的一致性，同时与整体风格保持相同。

3. 提升用户的熟知度

用户在第一时间内接触到界面时必须是之前所接触到或者已掌握的知识，新的应用绝对不能超过一般常识，比如无论是拟物化的写实图标设计还是扁平化的界面都要以用户所掌握的知识为基准。

4. 可控性

在设计之初就要考虑到用户想要做什么，需要做什么，而此时在设计中就要加入相应的操控提示。

5. 记性负担最小化

一定要科学分配应用中的功能说明，力求操作最简化，从人脑的思维模式出发，不要打破传统的思维方式，不要给用户增加思维负担。

6. 从用户的角度考虑

想用户所想，思用户所思，研究用户的行为。因为大多数的用户是不具备专业知识的，他们往往只习惯于从自身的行为习惯出发进行思考和操作，在设计的过程中把自己当作用户，以切身体会去设计。

7. 顺序性

按一定规律进行排列，一方面可以让用户在极短的时间内找到自己需要的功能，另一方面也可以拥有直观的简洁易用的感受。

8. 安全性

无论任何应用，在用户进行自由操作时，他所做出的这些动作都应该是可逆的，比如在用户做出一个不恰当的或错误操作时，应当有危险信息介入。

9. 灵活性

快速、高效率及整体满意度在用户看来都是人性化的体验，在设计过程中需要尽可能地考虑到特殊用户群体的操作体验，比如残疾人、色盲、语言障碍者等，在这一点可以在IOS操作系统上得到最直观的感受。

1.9 GUI设计过程中的表现力

前面已经讲过，GUI表示图形界面设计，直观来讲就是产品外观设计，在一款应用达到一定功能的基础上应该使产品更具有个性与美观性，这也是吸引用户眼球的首要环节。

现今的UI设计中，GUI主要由两部分组成，即图标（icon）设计和界面（interface）设计。

1. 图标（icon）

图标能够将产品或应用的功能信息快速传达给用户，并且获得良好的视觉体验，在整个应用中具有一定的价值，并且还能够强调产品的重要特点，向用户传达操作重点。

图标还具有以下几个特点：

- 可以减轻对应用的认识负担，尤其对于复杂的应用效果十分明显；

- 增强人机交互的乐趣，不会显得空洞乏味；
- 统一的图标风格还能够增强用户的记忆。

图标的表现技法如下。

- 光感表现（玻璃球）如图1.12所示。

图1.12 玻璃球光感

- 质感表现（金属云）如图1.13所示。

图1.13 金属云质感

2. 界面（interface）

界面设计是整个UI设计中的精华所在，它与人机交互体验同为重要的组成部分。界面不只是一味地追求华丽，在设计的过程中需要从产品定位入手，从写实风格的界面到扁平化的界面都应该以产品及用户为中心。

界面的表现技法如下。

- 流行风格界面（android）如图1.14所示。

图1.14 流行风格界面

- 扁平风格界面（iOS7）如图1.15所示。

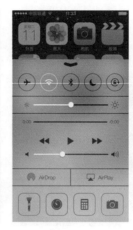

图1.15 扁平风格界面

提示与技巧

早期的手机UI界面受限于屏幕尺寸、硬件及操作系统等原因，并不像今天流行的界面如此好看，分辨率低、屏幕过小给用户的视觉感受比较一般，如图1.16所示。

图1.16 低分辨率、小屏幕效果

1.10 提升Android视觉效果的设计技巧

图形界面设计重心还是在最终的用户直观感受上，无论交互的工作做得如何完美，这些都不会影响到用户对界面的视觉感受，或许用户只会觉得这款应用设计比较合理、易用。以下是关于提升Android视觉效果设计的技巧。

1. 确定适当大小的图像

在图像添加方面，许多应用开发者通常习惯采用大小单一的做法，虽然这样做会使资源管理变得更简单，但是就应用的视觉吸引力而言，这种做法是不太恰当的。应当针对不同的屏幕，在应用图像制作过程中，保证图像大小的对应，这样才可以生成最合适的图像以达到最佳的用户体验。

2. 使用适当格式的图像

有时在使用一款应用的过程中，由于图像的原因一直在加载，这不仅仅是因为图像的大小存在偏差，还有可能是因为图像采用了非理想的格式。Android 平台支持多种媒体格式，比如 PNG、JPEG、GIF、BMP等，除了过时的格式之外，选取具有针对性的图片格式才能达到理想的应用效果。PNG 是无损图片的理想格式，而 JPEG 的呈现质量并不稳定。

3. 运用微妙动画颜色来呈现状态改变

在屏幕转场时运用微妙动画以及色彩变化来呈现应用状态改变，会让应用更显专业，比如在切换一二级页面的时候加入动态的淡入/淡出效果；在卸载当前应用时加入高斯模糊效果等元素都可以为应用加分。注意，在添加转场效果时，一定要与当前应用相匹配。

4. 注意配色方案中的对比度

当用户在首次使用应用时，是一种黑蓝的高对比度配色方案，而在后面的使用过程中再次接触到是浅色系或白色色系，就会导致视觉上的不明确，可能会造成屏幕内容的阅读困难。使用适当的高对比度颜色可以让屏幕更易于查看。

5. 使用易读的字体

与配色方案相同，在字体使用上应尽量与应用相匹配。如果在手机中的邮箱应用上查看对方发过来的邮件，过小或过于少见的字体就会造成阅读困难，因此，在字体采用上也应该遵循易读的原则。

6. 严守平台规范

每一款成功的手机应用都会使用人们较为熟悉的用户界面。它们有简单且主流的用户界面，采用了用户所熟悉的控制方式。在用户界面控制和屏幕设计中，与平台其他应用的表现保持一致，以平台作为决定应用表现。

7. 测试用户界面

最优秀的开发者也无法得到用户的使用或体验反馈，当应用稳定运行时，面向完全不熟悉应用设计和意图的用户开展深入测试是十分正确的做法。只有做好了用户测试这项重要的工作之后，才能够在发布应用前发现许多意料之外的问题。

1.11 免费的UI设计工具、资源及网站

在设计工作中，如果能有强大的工具、资源供你利用的话，那么整个设计工作必将事半功倍，下面这些免费的UI设计工具、资源及网站可以在设计过程中助你一臂之力。

1. Lumzy（http://www.lumzy.com/）

Lumzy是一个网站应用和原型界面制作工具，使用Lumzy可以轻松创建UI模型并即时发送到客户电脑中，Lumzy还具有团队协作编辑工具，如图1.17所示。

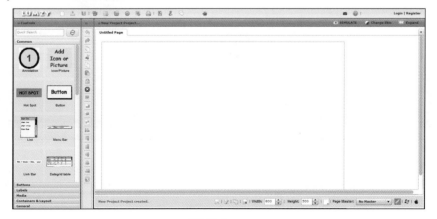

图1.17 Lumzy

2. Mockingbird（https://gomockingbird.com）

Mockingbird（百舌鸟）是一个在线工具，它可以轻松地创建UI界面模型并预览，如图1.18所示。

图1.18 Mockingbird（百舌鸟）

3. The Pencil Project（http://pencil.evolus.vn/en-US/Home.aspx）

The Pencil Project为设计图表和用户界面图形原型开发的一个自由和开源工具，如图1.19所示。

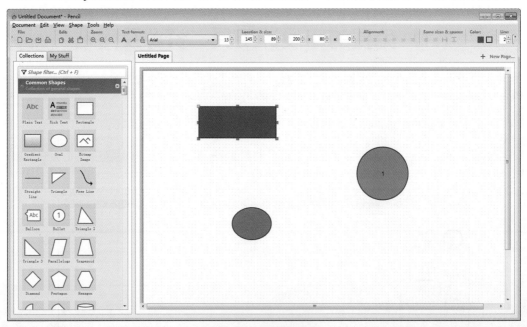

图1.19 The Pencil Project

4. Serena Prototype Composer（http://www.serena.com/products/prototype-composer/index.html）

Serena Prototype Composer是制作流程图，模拟程序流程和用户界面设计程序。

5. Cacoo（http://cacoo.com/）

Cocoo是一个用户友好的在线绘图工具，允许你创建一个如网站地图、线框、UML和网络图等。

1.12 色彩学基础知识

与很多设计相同，在UI设计中也十分注重色彩的搭配，想要为界面搭配出专业的色彩，就需要对色彩学基础知识有所了解。下面就为大家讲解关于色彩学的基础知识，希望通过对这些知识的了解与学习可以为UI设计之路添砖加瓦。

1. 颜色的概念

树叶为什么是绿色的？树叶中的叶绿素大量吸收红光和蓝光，而对绿光吸收最少，大部分绿光被反射出来进入人眼，人就看到绿色。

"绿色物体"反射绿光，吸收其他色光，因此看上去是绿色。"白色物体"反射所有色光，因此看上去是白色。

颜色其实是一个非常主观的概念，不同动物的视觉系统不同，看到的颜色就会不一样。比如，蛇眼不但能察觉可见光，而且还能感应红外线，因此蛇眼看到的颜色就与人眼不同。界面颜色效果如图1.22所示。

图1.22 界面颜色效果

2. 色彩三要素

色彩三要素包括色相、饱和度和明度。

色相

色相又称色调，色相是一种颜色区别于另外一种颜色的特征，日常生活中所接触到的"红""绿""蓝"就是指色彩的色相。色相两端分别是暖色、冷色，中间为中间色或中性色。在0~360°的标准色环上，按位置度量色相，如图1.23所示。色相体现着色彩外向的性格，是色彩的灵魂。

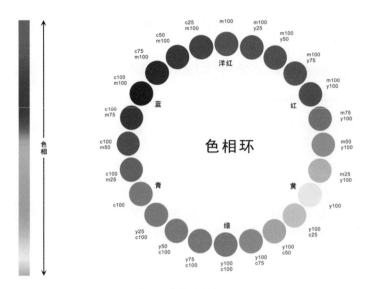

图1.23 色相及色相环

饱和度

饱和度是指色彩的强度或纯净程度，也称彩度、纯度、艳度或色度。对色彩的饱和度进行调整，也就是调整图像的彩度。饱和度表示色相中灰色分量所占的比例，它使用从0%（灰色）～100%的百分比来度量，当饱和度降低为0时，则会变成一个灰色图像，增加饱和度会增加其彩度。在标准色轮上，饱和度从中心到边缘递增。饱和度受到屏幕亮度和对比度的双重影响，一般亮度好对比度高的屏幕可以得到很好的色饱和度，如图1.24所示。

图1.24 不同饱和度效果

明度

明度是指色彩的明暗程度，有时也可称为亮度或深浅度。在无彩色中，最高明度为白色，最低明度为黑色。在有彩色中，任何一种色相中都有着一个明度特征。不同色相的明度也不同，黄色为明度最高的色，紫色为明度最低的色。任何一种色相如加入白色，都会提高明度，白色成分越多，明度也就越高；任何一种色相如加入黑色，明度相对降低，黑色越多，明度越低，如图1.25所示。

明度是全部色彩都有的属性，明度关系可以说是搭配色彩的基础，在设计中，明度最适宜于表现物体的立体感与空间感。

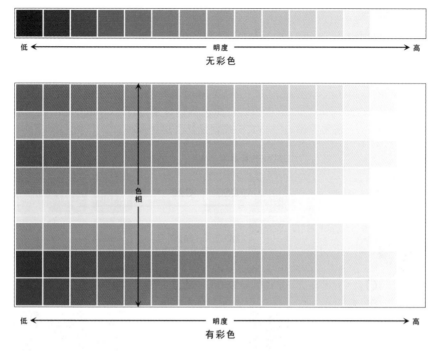

图1.25 明度效果

3. 加法混色

原色又称为基色，三基色（三原色）是指红（R）、绿（G）、蓝（B）三色，是调配其他色彩的基本色。原色的色纯度最高、最纯净、最鲜艳，可以调配出绝大多数色彩，而其他颜色不能调配出三原色，如图1.26所示。

加色三原色基于加色法原理。人的眼睛是根据所看见的光的波长来识别颜色的，可见光谱中的大部分颜色可以由三种基本色光按不同的比例混合而成，这三种基本色光的颜色就是红（Red）、绿（Green）、蓝（Blue）三原色光。这三种光以相同的比例混合，且达到一定的强度，就呈现白色；若三种光的强度均为零，就是黑色。这就是加色法原理，加色法原理被广泛应用于电视机、监视器等主动发光的产品中。

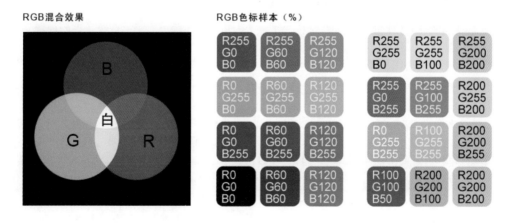

图1.26 三原色及色标样本

4. 减法混色

减色原色是指一些颜料，当按照不同的组合将这些颜料添加在一起时，可以创建一个色谱。减色原色基于减色法原理。与显示器不同，在打印、印刷、油漆、绘画等靠介质表面的反射被动发光的场合，物体所呈现的颜色是光源中被颜料吸收后所剩余的部分，所以其成色的原理叫做减色法原理。打印机使用减色原色（青色、洋红色、黄色和黑色颜料）并通过减色混合来生成颜色。减色法原理被广泛应用于各种被动发光的场合。在减色法原理中的三原色颜料分别是青（Cyan）、品红（Magenta）和黄（Yellow），如图1.27所示。通常所说的CMYK模式就是基于这种原理。

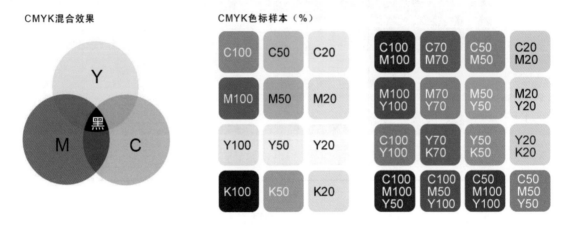

图1.27 CMYK混合效果及色标样本

5. 补色

两种颜色混合在一起产生中性色，则称为这两种颜色互为补色。补色是指两种混合后会产生白色的颜色，比如，红+绿+蓝=白，红+绿=黄，黄+蓝=白，因此，黄色是蓝色的补色。

对于颜料，补色是混合后产生黑色的颜色，比如，红+蓝+黄=黑，黄+蓝=绿，因此，红色是绿色的补色。

在色环上相对的两种颜色互为补色，一种颜色与其补色是强烈对比的，补色搭配会产生强烈的视觉效果。

6. 芒塞尔色彩系统（Munsell color system）

人们通常描述颜色是模糊的，比如草绿色、嫩绿等，事实上不同人对于"草绿色"的理解又有细微的差异，因此，就需要一种精确描述颜色的系统。

芒塞尔色彩系统由美国教授A.H. Munsell在20世纪初提出，芒塞尔色彩系统提供了一种数值化的精确描述颜色的方法，该系统使用色相（Hue）、纯度（Chroma）、明度（Value）三个维度来表示色彩，如图1.28所示。

- 色相分为红（R）、红黄（YR）、黄（Y）、黄绿（GY）、绿（G）、绿蓝（BG）、蓝（B）、蓝紫（PB）、紫（P）、紫红（RP）这5种主色调与5种中间色调，其中每种色调又分为10级（1~10），其中第5级是该色调的中间色。
- 明度分为11级，数值越大，表示明度越高，最小值是0（黑色），最大值是10（白色）。
- 纯度最小值是0，理论上没有最大值。数值越大，表示纯度越纯。

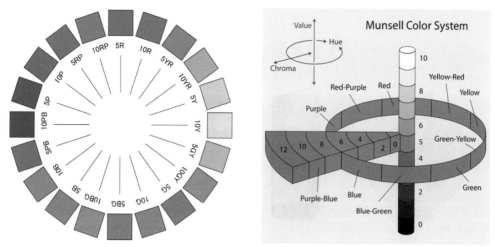

图1.28 芒塞尔色彩系统

1.13 UI设计常见配色方案

只有控制好构成整体色调的色相、明度、纯度关系和面积关系等，才能控制好我们设计的整体色调，通常这是一整套的色彩结构并且是有规律可循的。通过下面几种常见的配色方案就比较容易找到这种规律。

- 单色搭配：由一种色相的不同明度组成的搭配，这种搭配很好地体验了明暗的层次感。单色搭配效果如图1.29所示。

图1.29 单色搭配效果

- 近似色搭配：相邻的二或三种颜色称为近似色，这种搭配比较让人赏心悦目，低对比度，较和谐。近似色搭配效果如图1.30所示。

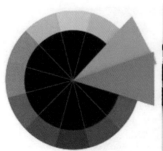

图1.30 近似色搭配效果

- 补色搭配：色环中相对的两个色相搭配。颜色对比强烈，传达能量、活力、兴奋等意图，补色中最好让一个颜色多，一个颜色少。补色搭配效果如图1.31所示。

图1.31 补色搭配效果

- 分裂补色搭配：同时用补色及类比色的方法确定颜色关系，就称为分裂补色。这种搭配，既有类比色的低对比度，又有补色的力量感，形成一种即和谐又有重点的颜色关系。分裂补色搭配效果如图1.32所示。

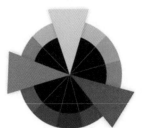

图1.32 分裂补色搭配效果

- 原色的搭配：色彩明快，如蓝红搭配。原色的搭配效果如图1.33所示。

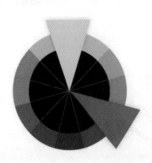

图1.33 原色的搭配效果

1.14 UI设计色彩学

1. 色彩与生活

色彩就像是我们的味觉，一样的材料因为用了不同的调料而有了不同的味道，成功的好吃，失败的往往叫人难以下咽，而色彩对生理与心理都有很大的影响，如图1.34所示。

图1.34 色彩与生活

2. 色彩意象

当我们看到色彩时，除了会感觉其物理方面的影响，心里也会立即产生感觉，这种感觉我们一般难以用言语形容，我们称之为印象，也就是色彩意象。下面就是色彩意象的具体说明。

红色的色彩意象

由于红色容易引起注意，所以在各种媒体中也被广泛应用。红色除了具有较佳的明视效果之外，还被用来传达有活力、积极、热诚、温暖、前进等含义的企业形象与精神。另外，红色也常用来作为警告、危险、禁止、防火等标示用色，人们在一些公共场合或物品上看到红色标示时，通常不必仔细阅读内容，就能了解警告、危险之意；在工业安全用色中，红色即是警告、危险、禁止、防火的指定色。常见红色为大红、桃红、砖红、玫瑰红。红色APP如图1.35所示。

图1.35 红色APP

橙色的色彩意象

橙色明视度高，在工业安全用色中，橙色即是警戒色，如火车头、登山服装、背包、救生衣等。由于橙色非常明亮、刺眼，有时会使人有负面、低俗的意象，这种状况尤其容易发生在服饰的运用上，所以在运用橙色时，要注意选择搭配的色彩和表现方式，才能把橙色明亮、活泼的特性发挥出来。常见橙色为鲜橙、橘橙、朱橙。橙色APP如图1.36所示。

图1.36 橙色APP

黄色的色彩意象

黄色明视度高，在工业安全用色中，黄色即是警告危险色，常用来警告危险或提醒注意，如工程用的大型机器、学生雨衣、雨鞋等。常见黄色为大黄、柠檬黄、柳丁黄、米黄。黄色APP如图1.37所示。

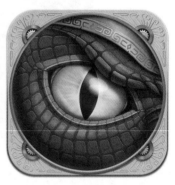

图1.37 黄色APP

绿色的色彩意象

在商业设计中，绿色所传达的是清爽、理想、希望、生长的意象，符合服务业、卫生保健业的诉求。在工厂中为了避免操作时眼睛疲劳，许多工作的机械也是采用绿色；一般的医疗机构场所，也常采用绿色来作为空间色彩规划即标示医疗用品。常见绿色为大绿、翠绿、橄榄绿、墨绿。绿色APP如图1.38所示。

图1.38 绿色APP

蓝色的色彩意象

由于蓝色沉稳的特性，具有理智、准确的意象，在商业设计中，强调科技、效率的商品或企业形象，大多选用蓝色作为标准色、企业色，如电脑、汽车、影印机、摄影器材等。另外，蓝色也代表忧郁，这是受了西方文化的影响，这个意象也运用在文学作品或感性诉求的商业设计中。常见蓝色为大蓝、天蓝、水蓝、深蓝。蓝色APP如图1.39所示。

图1.39 蓝色APP

紫色的色彩意象

由于具有强烈的女性化性格，在商业设计用色中，紫色也受到相当的限制，除了和女性有关的商品或企业形象之外，其他类的设计不常采用为主色。常见紫色为大紫、贵族紫、葡萄酒紫、深紫。紫色APP如图1.40所示。

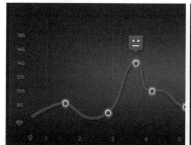

图1.40 紫色APP

褐色的色彩意象

在商业设计中，褐色通常用来表现原始材料的质感，如麻、木材、竹片、软木等，或者用来传达某些饮品原料的色泽即味感，如咖啡、茶、麦类等，或者强调格调古典优雅的企业或商品形象。常见褐色为茶色、可可色、麦芽色、原木色。褐色APP如图1.41所示。

图1.41 褐色APP

白色的色彩意象

在商业设计中，白色具有高级、科技的意象，通常需和其他色彩搭配使用。纯白色会带给人寒冷、严峻的感觉，所以在使用白色时，都会混合一些其他的色彩，如象牙白、米白、乳白、苹果白等。在生活用品及服饰用色上，白色是永远流行的主要颜色，可以和任何颜色搭配。白色APP如图1.42所示。

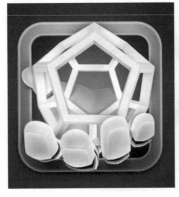

图1.42 白色APP

黑色的色彩意象

在商业设计中，黑色具有高贵、稳重、科技的意象，许多科技产品的用色，如电视、跑车、摄像机、音响、仪器的色彩大多采用黑色。在其他方面，黑色的庄严意象，也常用在一些特殊场合的空间设计中；生活用品和服饰设计大多利用黑色来塑造高贵的形象，也是一种永远流行的主要颜色，适合和许多色彩搭配。

灰色的色彩意象

在商业设计中，灰色具有柔和、高雅的意象，而且属于中间性格，男女皆能接受，所以灰色也是永远流行的主要颜色。在许多高科技产品，尤其是和金属材料有关的，几乎都采用灰色来传达高级、科技的形象。使用灰色时，大多利用不同的层次变化组合或搭配其他色彩，才不会过于沉闷，而有呆板、僵硬的感觉。常见灰色为大灰、老鼠灰、蓝灰、深灰。灰色APP如图1.43所示。

图1.43 灰色APP

1.15 色彩的性格

提起爱情或许大多数人认为她是红色和粉红色，而幸福是什么颜色的?金色和红色，可能这是最常见的答案，嫉妒呢?认为黄色的居多。优雅呢？答案是黑色和银色，由此可见，色彩是有性格的，通过色彩和性格的对比可以与UI设计相结合，同时在进行设计创作时赋予设计独特的性格。下面就是设计中常用到的色彩所具备的性格。色彩的性格表现如图1.44所示。

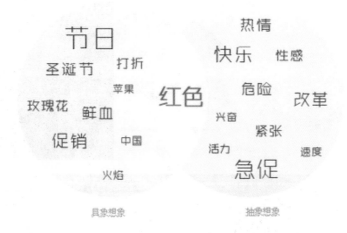

图1.44 色彩的性格表现

- 红色：浪漫、热情、火焰。红色在很多文化中代表的是停止信号，用于警告或禁止动作。
- 紫色：创造、谜、忠诚、神秘、高贵。紫色在传统文化中与死亡有关。
- 蓝色：忠诚、安全、保守、宁静、冷漠、悲伤。
- 绿色：自然、稳定、成长。绿色最显著的特征是与环保相关。
- 黄色：明亮、光辉、疾病、懦弱。黄色能带给人食欲，在一些食品、饮食应用中比较常见。
- 黑色：能力、精致、酷、暗。
- 白色：纯洁、天真、洁净、和平、冷淡、贫乏。

1.16 精彩UI设计赏析

这世界上并没有绝对完美的设计，它是一门需要不断自我完善、学习的学科。在没有扎实的设计基础时需要多看、多学习一些著名的设计，通过观察学习那些成功的设计同时也是一种成长的过程。下面就是一些经过分类的精彩UI设计。

按钮类图形图标设计如图1.45所示。

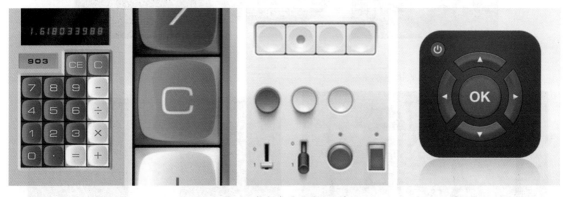

图1.45 按钮类图形图标设计

表盘&转盘类的设计如图1.46所示。

图1.46 表盘&转盘类的设计（续）

圆形元素的设计如图1.47所示。

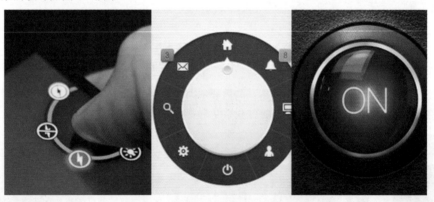

图1.47 圆形元素的设计

优秀天气界面设计如图1.48所示。

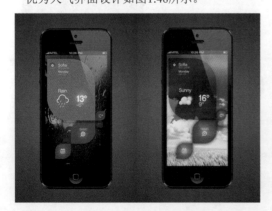

图1.48 优秀天气界面设计

图1.48 优秀天气界面设计（续）

拟物化的图标设计如图1.49所示。

图1.49 拟物化的图标设计

1.17 激发创作灵感的界面欣赏

在设计过程中出现阻碍时，苦于无解决之道，这时就需要欣赏一些具有一定"概念化"的设计界面，以此获取灵感，打开全新的设计之窗。通过下面几个精选界面的赏析一定让你在短时间内灵感而发，如图1.50所示。

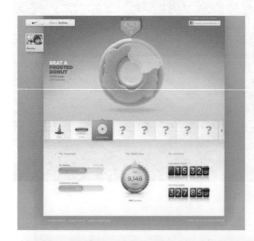

图1.50 优秀界面欣赏

第2章

UI基础控件设计

本章介绍

本章讲解UI基础控件设计，在日常UI设计工作中，基础类控件是整体界面的基础，通过这些基础控件的制作，将其完美组合成为一个整体。本章例举了一些十分实用的控件制作，如触点开关控件、透明按钮、立体按钮、邮箱登录控件、质感滑动控件、调节旋钮及控件按键，通过对这些控件制作的学习，可以掌握大部分基础类UI设计知识，为后面真正的UI设计打下扎实的基础。

要点索引

- ◎ 学习绘制触点开关控件
- ◎ 学习制作透明按钮
- ◎ 学习制作立体按键
- ◎ 掌握邮箱登录控件绘制
- ◎ 学习制作质感滑动控件
- ◎ 学习制作调节旋钮
- ◎ 了解控制按键制作流程

2.1 触点开关控件

设计构思

本例讲解制作触点开关控件，此款控件的制作过程比较简单，主要以笑脸与心形元素组成，整体效果相当出色，最终效果如图2.1所示。

- 难易指数：★☆☆☆☆
- 案例位置：源文件\第2章\触点开关控件.psd
- 视频位置：视频教学\2.1 触点开关控件.avi

图2.1 最终效果

重点分解

轮廓   开关控件

色彩分析

主体色为紫色，白色为辅助色，整体色彩简洁。

紫色 (R:235,G:95,B:144)

操作步骤

步骤 01 执行菜单栏中的【文件】|【新建】命令，在弹出的对话框中设置【宽度】更改为400像素，【高度】为250像素，【分辨率】为72像素/英寸，新建一个空白画布。

步骤 02 选择工具箱中的【圆角矩形工具】，在选项栏中将【填充】更改为紫色（R:235, G:95, B:144），【半径】为42像素，绘制一个圆角矩形，此时将生成一个【圆角矩形 1】图层，如图2.2所示。

步骤 03 选择工具箱中的【椭圆工具】，在选项栏中将【填充】更改为白色，【描边】更改为无，在圆角矩形左侧位置按住Shift键绘制一个正圆图形，将生成一个【椭圆 1】图层，如图2.3所示。

步骤 04 在【图层】面板中选中【椭圆 1】图层，将其拖至面板底部的【创建新图层】按钮上，复制一个【椭圆 1 拷贝】图层，如图2.4所示。

图2.2 绘制圆角矩形

图2.3 绘制正圆

图2.4 复制图层

步骤 05 选中【椭圆 1】图层，将其图层【不透明度】更改为20%，效果如图2.5所示。

图2.5 降低不透明度

步骤 06 选择工具箱中的【自定形状工具】🐾，在画布中单击鼠标右键，在弹出的面板中选择【形状】|【红心形卡】形状，如图2.6所示。

步骤 07 在属性栏中将【填充】更改为白色，【描边】更改为无，在正圆位置按住Shift键绘制一个心形，如图2.7所示。

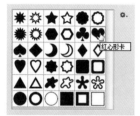

图2.6 选择形状　　　图2.7 绘制心形

步骤 08 选中【椭圆 1 拷贝】图层，将图形向右侧平移，如图2.8所示。

图2.8 移动图形

步骤 09 选择工具箱中的【椭圆工具】⬭，按住Alt键在正圆左上角绘制一个小椭圆路径，将部分图形减去，再选择工具箱中的【路径选择工具】▶，将小椭圆向右侧平移复制一份，制作镂空眼睛效果，如图2.9所示。

图2.9 制作眼睛

步骤 10 选择工具箱中的【钢笔工具】✒，单击属性栏中的【路径操作】▢按钮，在弹出的选项中选择【减去顶层形状】，在眼睛下方绘制一个嘴巴形状路径，制作出镂空嘴巴效果，这样就完成了效果的制作，如图2.10所示。

图2.10 最终效果

2.2 透明按钮

设计构思

本例讲解制作透明按钮，该按钮具有十分出色的透明质感，其制作过程比较简单，以圆角矩形作为主体轮廓，通过图层样式的灵活使用制作出透明按钮效果，最终效果如图2.11所示。

- 难易指数：★★★☆☆
- 案例位置：源文件\第2章\透明按钮.psd
- 视频位置：视频教学\2.2 透明按钮.avi

图2.11 最终效果

重点分解

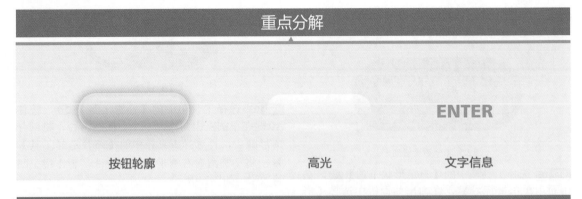

按钮轮廓　　　　　　　高光　　　　　　文字信息

色彩分析

主色调为暖橙色，以黄色及白色作为辅助色调，整体表现出很强的透明质感。

橙色（R:234,G:131,B:0）

操作步骤

步骤 01 执行菜单栏中的【文件】|【新建】命令，在弹出的对话框中设置【宽度】更改为400像素，【高度】为300像素，【分辨率】为72像素/英寸，新建一个空白画布。然后将画布填充为黄色（R:239, G:175, B:0）到橙色（R:254, G:138, B:0）的径向渐变。

步骤 02 选择工具箱中的【圆角矩形工具】，在选项栏中将【填充】更改为白色，【描边】更改为无，【半径】更改为50像素，绘制一个圆角矩形，此时将生成一个【圆角矩形 1】图层，如图2.12所示。

步骤 03 在【图层】面板中选中【圆角矩形 1】图层，将其拖至面板底部的【创建新图层】按钮上，复制一个【圆角矩形1 拷贝】图层，分别将其图层名称更改为【高光】、【轮廓】，如图2.13所示。

图2.12 绘制圆角矩形　　　图2.13 复制图层

步骤 04 在【图层】面板中选中【轮廓】图层，单击面板底部的【添加图层样式】fx按钮，在菜单中选择【内发光】命令，在弹出的对话框中将【混合模式】更改为【正常】，【不透明度】更

改为100%，【颜色】更改为黄色（R:253, G:244, B:0），【大小】更改为10像素，如图2.14所示。

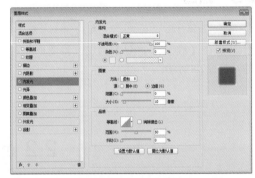

图2.14 设置【内发光】参数

步骤 05 选中【渐变叠加】复选框，将【渐变】更改为橙色（R:254, G:138, B:0）到橙色（R:254, G:138, B:0），将第2个色标的【不透明度】更改为0%，如图2.15所示。

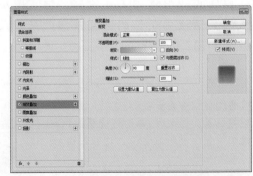

图2.15 设置【渐变叠加】参数

步骤 06 选中【外发光】复选框，将【混合模式】更改为【正片叠底】，【不透明度】更改为40%，【颜色】更改为橙色（R:223, G:138, B:28），【大小】更改为20像素，如图2.16所示。

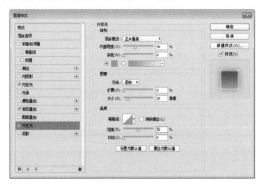

图2.16 设置【外发光】参数

步骤 07 选中【投影】复选框，将【混合模式】更改为【叠加】，【不透明度】更改为20%，【距离】更改为37像素，【大小】更改为20像素，完成之后单击【确定】按钮，如图2.17所示。

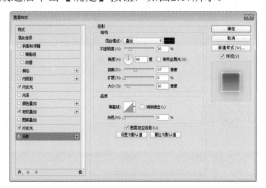

图2.17 设置【投影】参数

步骤 08 在【图层】面板中选中【轮廓】图层，将其图层【填充】更改为0%，效果如图2.18所示。

步骤 09 选中【高光】图层，按Ctrl+T组合键对其执行【自由变换】命令，将图形等比缩小，完成之后按Enter键确认，如图2.19所示。

图2.18 更改填充　　　图2.19 缩小图形

步骤 10 在【图层】面板中选中【高光】图层，单击面板底部的【添加图层蒙版】按钮，为其添加图层蒙版，如图2.20所示。

步骤 11 选择工具箱中的【渐变工具】，编辑黑色到白色的渐变，单击选项栏中的【线性渐变】按钮，在图形上拖动将部分图形隐藏，如图2.21所示。

图2.20 添加图层蒙版　　　图2.21 隐藏图形

步骤 12 选择工具箱中的【椭圆工具】，在选项栏中将【填充】更改为白色，【描边】更改为无，在按钮底部绘制一个椭圆图形，此时将生成一个【椭圆1】图层，如图2.22所示。

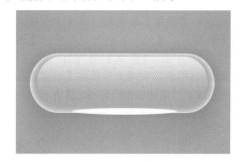

图2.22 绘制图形

步骤 13 执行菜单栏中的【滤镜】|【模糊】|【高斯模糊】命令，在弹出的对话框中单击【栅格化】按钮，然后在弹出的对话框中将【半径】更改为4像素，完成之后单击【确定】按钮，效果如图2.23所示。

步骤 14 执行菜单栏中的【滤镜】|【模糊】|【动感模糊】命令，在弹出的对话框中将【角度】更改为0，【距离】更改为50像素，设置完成之后单击【确定】按钮，效果如图2.24所示。

图2.23 添加高斯模糊　　　图2.24 添加动感模糊

步骤 15 选中【椭圆1】图层，将其图层混合模式设置为【叠加】，效果如图2.25所示。

步骤 16 选择工具箱中的【横排文字工具】 T ，在按钮位置添加文字（Humnst777 Blk BT），如图2.26所示。

图2.25 设置图层混合模式

图2.26 添加文字

步骤 17 在【图层】面板中选中【ENTER】图层，单击面板底部的【添加图层样式】 fx 按钮，在菜单中选择【内发光】命令。

步骤 18 在弹出的对话框中将【混合模式】更改为【正常】，【不透明度】更改为100%，【颜色】更改为橙色（R:231, G:111, B:24），【大小】更改为3像素，如图2.27所示。

步骤 19 选中【投影】复选框，将【混合模式】更改为【叠加】，【颜色】更改为白色，【不透明度】更改为50%，【距离】更改为1像素，【大小】更改为1像素，完成之后单击【确定】按钮，这样就完成了效果的制作，如图2.28所示。

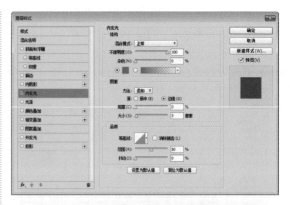

图2.27 设置【内发光】参数

图2.28 最终效果

2.3 立体按键

设计构思

本例讲解制作立体按键，该按键采用立体视觉设计手法，通过图像的组合，在视觉上形成一种立体效果，同时直观的形状标识增强了按键特征，最终效果如图2.29所示。

图2.29 最终效果

- 难易指数：★★★☆☆
- 案例位置：源文件\第2章\立体按键.psd
- 视频位置：视频教学\2.3 立体按键.avi

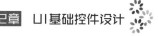

重点分解

凹槽　　　　　　　　　　　　　　　　按键

色彩分析

主色调为科技灰色，以青色为辅助色，灰色体现出按键质感，青色则点明了控制示意。

灰色（R:247,G:247,B:247）　　　　青色（R:0,G:210,B:255）

操作步骤

步骤01 执行菜单栏中的【文件】|【新建】命令，在弹出的对话框中设置【宽度】更改为400像素，【高度】为300像素，【分辨率】为72像素/英寸，新建一个空白画布，并为画布添加【杂色】滤镜，设置【数量】为10。

步骤02 选择工具箱中的【圆角矩形工具】，在选项栏中将【填充】更改为黑色，【描边】更改为无，【半径】更改为50像素，绘制一个圆角矩形，此时将生成一个【圆角矩形 1】图层，如图2.30所示。

步骤03 在【图层】面板中选中【圆角矩形 1】图层，将其拖至面板底部的【创建新图层】按钮上，复制两个拷贝图层，分别将其图层名称更改为【顶部】、【厚度】及【底部】，如图2.31所示。

图2.30 绘制圆角矩形　　图2.31 复制图层

步骤04 在【图层】面板中选中【底部】图层，单击面板底部的【添加图层样式】fx按钮，在菜单中选择【渐变叠加】命令。

步骤05 在弹出的对话框中将【渐变】更改为灰色（R:247, G:247, B:247）到灰色（R:218, G:219, B:223），完成之后单击【确定】按钮，效果如图2.32所示。

图2.32 添加渐变叠加

步骤06 选中【厚度】图层，将其等比缩小，再以刚才同样的方法为其添加灰色（R:194, G:194, B:194）到灰色（R:237, G:237, B:237）的线性渐变，【角度】更改为0，完成之后单击【确定】按钮，效果如图2.33所示。

图2.33 缩小图形并添加渐变

步骤07 选中【外发光】复选框，将【混合模式】更改为【正常】，【不透明度】更改为40%，【颜色】更改为黑色，【大小】更改为2像素，完成之后单击【确定】按钮，如图2.34所示。

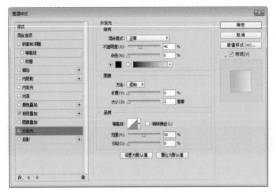

图2.34 设置【外发光】参数

步骤08 选中【顶部】图层，将图形等比缩小，如图2.35所示。

步骤09 选择工具箱中的【添加锚点工具】，在圆角矩形顶部和底部边缘位置单击添加锚点，如图2.36所示。

图2.35 缩小图形　　　图2.36 添加锚点

步骤10 分别选择工具箱中的【转换点工具】及【直接选择工具】，拖动圆角矩形右侧的部分锚点将其变形，如图2.37所示。

步骤11 在【图层】面板中选中【顶部】图层，单击面板底部的【添加图层样式】fx按钮，在菜单中选择【渐变叠加】命令。

步骤12 在弹出的对话框中将【渐变】更改为白色到灰色（R:246, G:246, B:246），【角度】更改为0度，完成之后单击【确定】按钮，效果如图2.38所示。

图2.37 将图形变形　　　图2.38 添加渐变

步骤13 选择工具箱中的【横排文字工具】T，在按钮位置添加文字（Calibri Bold），如图2.39所示。

步骤14 选中【OFF】图层，按Ctrl+T组合键对其执行【自由变换】命令，单击鼠标右键，从弹出的快捷菜单中选择【斜切】命令，拖动变形框控制点将文字变形，完成之后按Enter键确认，如图2.40所示。

图2.39 添加文字　　　图2.40 将文字斜切

步骤15 在【图层】面板中选中【ON】图层，单击面板底部的【添加图层样式】fx按钮，在菜单中选择【内阴影】命令。

步骤16 在弹出的对话框中将【混合模式】更改为【正常】，【颜色】更改为黑色，【不透明度】更改为30%，【距离】更改为1像素，【大小】更改为1像素，如图2.41所示。

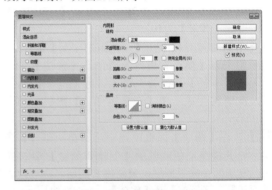

图2.41 设置【内阴影】参数

步骤17 在【ON】图层名称上单击鼠标右键，从弹出的快捷菜单中选择【拷贝图层样式】命令，在【OFF】图层名称上单击鼠标右键，从弹出的快捷菜单中选择【粘贴图层样式】命令，如图2.42所示。

图2.42 拷贝并粘贴图层样式

步骤18 单击【图层】面板底部的【创建新图层】 按钮，新建一个【图层1】图层，如图2.43所示。

步骤19 选择工具箱中的【画笔工具】，在画布中单击鼠标右键，在弹出的面板中选择一种圆角笔触，将【大小】更改为85像素，【硬度】更改为0%，如图2.44所示。

步骤20 将前景色更改为青色（R:0，G:210，B:255），在【ON】文字位置单击添加颜色，如图2.45所示。

步骤21 选中【图层1】图层，将其图层混合模式设置为【叠加】，这样就完成了效果的制作，如图2.46所示。

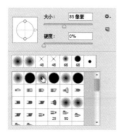

图2.43 新建图层　　　　图2.44 设置笔触　　　　图2.45 添加颜色　　　　图2.46 最终效果

2.4　邮箱登录控件

设计构思

本例讲解制作邮箱登录控件，该控件是以漂亮的标签样式与简洁的按钮搭配，整体表现出很强的控件特征，最终效果如图2.47所示。

- 难易指数：★★★☆☆
- 案例位置：源文件\第2章\邮箱登录控件.psd
- 视频位置：视频教学\2.4 邮箱登录控件.avi

图2.47 最终效果

重点分解

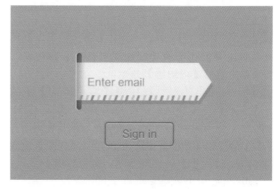

标签　　　　　　　　　　　　按钮

色彩分析

主体色为科技蓝色，浅红色为辅助色，整体色调体现出较强的科技感。

蓝色（R:77,G:179,B:227）　　　红色（R:244,G:106,B:112）

操作步骤

步骤 01 执行菜单栏中的【文件】|【新建】命令，在弹出的对话框中设置【宽度】更改为400像素，【高度】为300像素，【分辨率】为72像素/英寸，新建一个空白画布，将画布填充为蓝色（R:77,G:179,B:227）。

步骤 02 选择工具箱中的【圆角矩形工具】 ，在选项栏中将【填充】更改为蓝色（R:27,G:128,B:176），绘制一个圆角矩形，此时将生成一个【圆角矩形 1】图层，如图2.48所示。

图2.48 绘制圆角矩形

步骤 03 在【图层】面板中选中【圆角矩形 1】图层，单击面板底部的【添加图层样式】 fx 按钮，在菜单中选择【内阴影】命令。

步骤 04 在弹出的对话框中将【混合模式】更改为【正常】，【颜色】更改为深蓝色（R:3,G:51,B:73），【不透明度】更改为80%，取消【使用全局光】复选框，【角度】更改为180度，【距离】更改为2像素，【大小】更改为6像素，如图2.49所示。

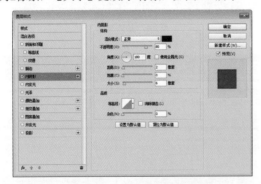

图2.49 设置【内阴影】参数

步骤 05 选中【投影】复选框，将【混合模式】更改为【叠加】，【颜色】更改为白色，【不透明度】更改为100%，取消【使用全局光】复选框，【角度】更改为0度，【距离】更改为1像素，【大小】更改为1像素，完成之后单击【确定】按钮，如图2.50所示。

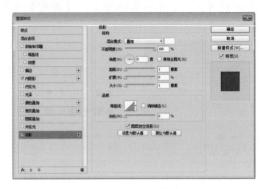

图2.50 设置【投影】参数

步骤 06 选择工具箱中的【矩形工具】 ，在选项栏中将【填充】更改为灰色（R:235,G:235,B:235），【描边】更改为无，绘制一个矩形，此时将生成一个【矩形 1】图层，如图2.51所示。

步骤 07 选择工具箱中的【添加锚点工具】 ，在矩形右侧边缘中间位置单击添加锚点，然后向右侧拖动调整该锚点，形成箭头效果，如图2.52所示。

图2.51 绘制矩形　　　图2.52 添加锚点并调整

步骤 08 选择工具箱中的【直线工具】 ，在选项栏中将【填充】更改为蓝色（R:122,G:206,B:238），【描边】更改为无，【粗细】更改为3像素，按住Shift键绘制一条垂直线段，此时将生成一个【形状1】图层，如图2.53所示。

步骤 09 按住Alt键向右侧平移复制一份，将生成一个【形状 1 拷贝】图层，并将线段【填充】更改为红色（R:244,G:107,B:113），如图2.54所示。

图2.53 绘制线段　　　图2.54 复制线段

步骤 10 同时选中蓝色和红色线段，将其复制多份直到完全覆盖下方图形，如图2.55所示。

步骤 11 同时选中所有和线段相关的图层，按Ctrl+G组合键将其编组，将生成的组名称更改为【条纹】，按Ctrl+E组合键将其合并，将生成一个【条纹】图层，如图2.56所示。

图2.55 复制图形　　　　　图2.56 合并组

步骤 12 按Ctrl+T组合键对其执行【自由变换】命令，将图像适当旋转，完成之后按Enter键确认，如图2.57所示。

步骤 13 选择工具箱中的【矩形选框工具】，在标签底部绘制一个矩形以选中部分所需条纹图像，如图2.58所示。

图2.57 旋转图像　　　　　图2.58 绘制选区

步骤 14 执行菜单栏中的【选择】|【反向】命令，将选区反向；选中【条纹】图层，将多余图像删除，完成之后按Ctrl+D组合键取消选区，如图2.59所示。

步骤 15 按Ctrl+E组合键向下合并，如图2.60所示。

图2.59 删除图像　　　　　图2.60 合并图层

步骤 16 在【图层】面板中选中【条纹】图层，单击面板底部的【添加图层样式】 *fx* 按钮，在菜单中选择【渐变叠加】命令。

步骤 17 在弹出的对话框中将【渐变】更改为深蓝色（R:142, G:174, B:189）到蓝色（R:142, G:174, B:189），将第2个蓝色不透明度色标的【不透明度】更改为0%，【位置】更改为7，并设置渐变又

叠加的【角度】为0，如图2.61所示。

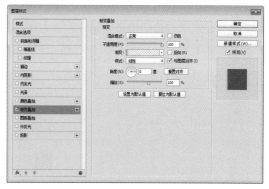

图2.61 设置【渐变叠加】参数

步骤 18 选中【投影】复选框，将【混合模式】更改为【正常】，【颜色】更改为深蓝色（R:37, G:112, B:147），【不透明度】更改为30%，取消【使用全局光】复选框；将【角度】更改为114度，【距离】更改为5像素，【大小】更改为0像素，完成之后单击【确定】按钮，如图2.62所示。

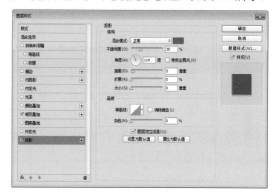

图2.62 设置【投影】参数

步骤 19 选择工具箱中的【横排文字工具】 T，添加文字（方正兰亭细黑），如图2.63所示。

步骤 20 选择工具箱中的【圆角矩形工具】，在选项栏中将【填充】更改为无，【描边】更改为深蓝色（R:27, G:128, B:176），【宽度】更改为2点，【半径】更改为5像素，绘制一个圆角矩形，此时将生成一个【圆角矩形 2】图层，如图2.64所示。

图2.63 添加文字　　　　　图2.64 绘制图形

步骤 21 在【图层】面板中选中【圆角矩形 2】图

层，单击面板底部的【添加图层样式】*fx*按钮，在菜单中选择【投影】命令。

步骤22 在弹出的对话框中将【混合模式】更改为【叠加】，【颜色】更改为白色，【不透明度】更改为60%，【距离】更改为1像素，完成之后单击【确定】按钮，如图2.65所示。

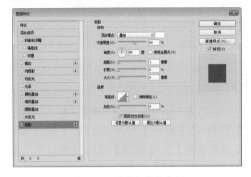

图2.65 设置【投影】参数

步骤23 选择工具箱中的【横排文字工具】 **T**，添加文字（方正兰亭黑），如图2.66所示。

步骤24 在【圆角矩形 2】图层名称上单击鼠标右键，从弹出的快捷菜单中选择【拷贝图层样式】命令，在【Sign in】图层名称上单击鼠标右键，从弹出的快捷菜单中选择【粘贴图层样式】命令，这样就完成了效果的制作，如图2.67所示。

图2.66 添加文字　　　图2.67 最终效果

2.5 质感滑动控件

设计构思

本例讲解制作质感滑动控件，该控件在制作过程中，以突出的高光质感与直观的滑动图像效果，完美表现出控件的特征，最终效果如图2.68所示。

- 难易指数：★★★★☆
- 案例位置：源文件\第2章\质感滑动控件.psd
- 视频位置：视频教学\2.5 质感滑动控件.avi

图2.68 最终效果

重点分解

滑块　　　　　　　　　　　　底座

色彩分析

主体色为质感灰色，以蓝色和红色作为醒目色，整体色调表现出醒目的开关特征。

灰色（R:190,G:190,B:192）　　蓝色（R:62,G:146,B:220）　　红色（R:227,G:50,B:48）

操作步骤

步骤01 执行菜单栏中的【文件】|【新建】命令，在弹出的对话框中设置【宽度】更改为500像素，【高度】为350像素，【分辨率】为72像素/英寸，新建一个空白画布。

步骤02 选择工具箱中的【渐变工具】，编辑浅蓝色（R:194, G:203, B:208）到浅蓝色（R:240, G:243, B:244）再到浅蓝色（R:194, G:203, B:208）的渐变，单击选项栏中的【线性渐变】按钮，在画布中从上至下拖动填充渐变，如图2.69所示。

图2.69 填充渐变

步骤03 选择工具箱中的【圆角矩形工具】，在选项栏中将【填充】更改为灰色（R:210, G:214, B:217），【描边】更改为无，【半径】更改为50像素，绘制一个圆角矩形，此时将生成一个【圆角矩形1】图层，如图2.70所示。

步骤04 在【图层】面板中选中【圆角矩形1】图层，将其拖至面板底部的【创建新图层】按钮上，复制两个拷贝图层，分别将图层名称更改为【边框】、【卡扣】、【底部】，如图2.71所示。

图2.70 绘制图形　　图2.71 复制图层

步骤05 将【边框】及【卡扣】图层隐藏。选择工具箱中的【矩形工具】，在选项栏中将【填充】更改为蓝色（R:62, G:146, B:220），【描边】更改为无，在圆角矩形左侧绘制一个矩形，此时将生成一个【矩形1】图层，将其移至【底部】图层上方，如图2.72所示。

步骤06 选中矩形并向右侧平移复制三份，将生成【矩形1拷贝】、【矩形1拷贝2】、【矩形1拷贝3】图层，如图2.73所示。

图2.72 绘制矩形　　图2.73 复制矩形

步骤07 选中【矩形1】及【矩形1拷贝2】图层，将图层【填充】更改为红色（R:227, G:50, B:48），如图2.74所示。

步骤08 同时选中所有和【矩形1】相关的图层，按Ctrl+T组合键对其执行【自由变换】命令，当出现变形框之后在选项栏的【旋转】文本框中输入45，完成之后按Enter键确认，如图2.75所示。

图2.74 更改填充　　图2.75 旋转图形

步骤09 执行菜单栏中的【图层】|【创建剪贴蒙版】命令，为当前图层创建剪贴蒙版，隐藏部分图形，如图2.76所示。

图2.76 创建剪贴蒙版

提示与技巧

创建剪贴蒙版之后，可适当移至图形将下方圆角矩形完全覆盖。

步骤 10 同时选中所有和矩形相关的图层及【底部】图层，按Ctrl+G组合键将其编组，将生成的组名称更改为【条纹底部】。

步骤 11 在【图层】面板中选中【条纹底部】组，单击面板底部的【添加图层样式】fx按钮，在菜单中选择【内发光】命令，在弹出的对话框中将【混合模式】更改为【正常】，【不透明度】更改为50%，【颜色】更改为黑色，【大小】更改为15像素，完成之后单击【确定】按钮，如图2.77所示。

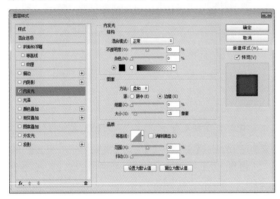

图2.77 设置【内发光】参数

步骤 12 选择工具箱中的【椭圆工具】，在选项栏中将【填充】更改为白色，【描边】更改为无，绘制一个椭圆图形，此时将生成一个【椭圆1】图层，如图2.78所示。

步骤 13 选中【椭圆1】图层，执行菜单栏中的【滤镜】|【模糊】|【高斯模糊】命令，在弹出的对话框中单击【栅格化】按钮，然后在弹出的对话框中将【半径】更改为7像素，完成之后单击【确定】按钮，如图2.79所示。

图2.78 绘制椭圆　　图2.79 添加高斯模糊

步骤 14 选中【椭圆1】图层，执行菜单栏中的【图层】|【创建剪贴蒙版】命令，为当前图层创建剪贴，隐藏部分图像，如图2.80所示。

图2.80 创建剪贴蒙版

步骤 15 选中【卡扣】图层，将其移至【条纹底部】组中，执行菜单栏中的【图层】|【创建剪贴蒙版】命令，为当前图层创建剪贴蒙版，隐藏部分图形，如图2.81所示。

步骤 16 选择工具箱中的【直接选择工具】，选中【卡扣】图层右侧锚点并向左侧拖动缩短其宽度，如图2.82所示。

图2.81 创建剪贴蒙版　　图2.82 拖动锚点

步骤 17 在【图层】面板中选中【卡扣】图层，单击面板底部的【添加图层样式】fx按钮，在菜单中选择【投影】命令，在弹出的对话框中将【不透明度】更改为50%，取消【使用全局光】复选框；将【角度】更改为125度，【距离】更改为3像素，【大小】更改为10像素，完成之后单击【确定】按钮，如图2.83所示。

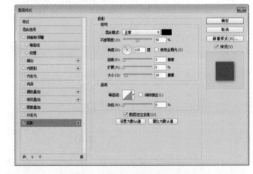

图2.83 设置【投影】参数

步骤 18 选中【边框】图层，在选项栏中将【填充】更改为无，【描边】更改为白色，【宽度】更改为3点，单击【设置形状描边类型】按钮，在弹出的选项中将【对齐】更改为中间对齐样式，效果如图2.84所示。

步骤 19 在【图层】面板中选中【边框】图层，单击面板底部的【添加图层样式】 **fx** 按钮，在菜单中选择【渐变叠加】命令，在弹出的对话框中将【渐变】更改为白色到灰色（R:183, G:187, B:200），完成之后单击【确定】按钮，如图2.85所示。

图2.84 更改属性

图2.85 添加渐变叠加

步骤 20 选择工具箱中的【圆角矩形工具】 ，在选项栏中将【填充】更改为白色，【描边】更改为无，【半径】更改为50像素，绘制一个圆角矩形，此时将生成一个【圆角矩形 1】图层，如图2.86所示。

步骤 21 在【图层】面板中选中【圆角矩形 1】图层，将其拖至面板底部的【创建新图层】 按钮上，复制一个【圆角矩形 1 拷贝】图层，如图2.87所示。

图2.86 绘制圆角矩形

图2.87 复制图层

步骤 22 在【图层】面板中选中【圆角矩形 1 拷贝】图层，单击面板底部的【添加图层样式】 **fx** 按钮，在菜单中选择【斜面和浮雕】命令，在弹出的对话框中将【大小】更改为2像素，取消【使用全局光】复选框；将【角度】更改为90度，【高光模式】及【阴影模式】中的【不透明度】更改为50%，如图2.88所示。

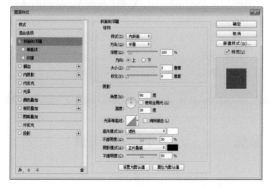

图2.88 设置【斜面和浮雕】参数

步骤 23 选中【渐变叠加】复选框，将【渐变】更改为灰色（R:190, G:190, B:192）到白色再到灰色（R:243, G:243, B:243），将白色色标位置更改为75%，如图2.89所示。

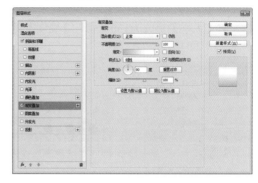

图2.89 设置【渐变叠加】参数

步骤 24 选中【投影】复选框，将【不透明度】更改为50%，取消【使用全局光】复选框；将【角度】更改为90度，【距离】更改为2像素，【大小】为7像素，完成之后单击【确定】按钮，如图2.90所示。

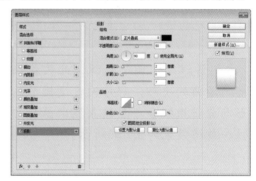

图2.90 设置【投影】参数

步骤 25 选中【圆角矩形 1】图层，将【填充】更改为黑色，执行菜单栏中的【滤镜】|【模糊】|【动感模糊】命令，在弹出的对话框中单击【栅格化】按钮，然后在弹出的对话框中将【角度】更改为90度，【距离】更改为45像素，设置完成之后单击【确定】按钮，如图2.91所示。

步骤 26 执行菜单栏中的【滤镜】|【模糊】|【高斯模糊】命令，在弹出的对话框中将【半径】更改为7像素，完成之后单击【确定】按钮，如图2.92所示。

图2.91 添加动感模糊

图2.92 添加高斯模糊

步骤 27 在【图层】面板中选中【圆角矩形 1】图层,单击面板底部的【添加图层蒙版】 ■ 按钮,为其图层添加图层蒙版,如图2.93所示。

步骤 28 选择工具箱中的【画笔工具】 ✐ ,在画布中单击鼠标右键,在弹出的面板中选择一种圆角笔触,将【大小】更改为130像素,【硬度】更改为0%,如图2.94所示。

步骤 29 将前景色更改为黑色,在其图像上部分区域涂抹将其隐藏,这样就完成了效果的制作,如图2.95所示。

图2.93 添加图层蒙版

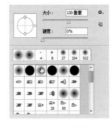

图2.94 设置笔触

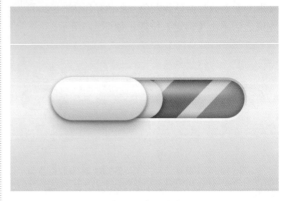

图2.95 最终效果

2.6 调节旋钮

设计构思

本例讲解制作调节旋钮,此款旋钮具有非常不错的质感,醒目的进度提示装饰图形与旋钮相组合,整体表现出很强的实用性,最终效果如图2.96所示。

- 难易指数:★★★☆☆
- 案例位置:源文件\第2章\调节旋钮.psd
- 视频位置:视频教学\2.6 调节旋钮.avi

图2.96 最终效果

重点分解

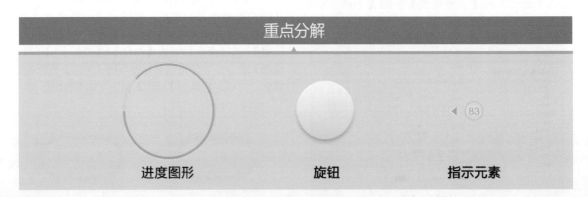

进度图形　　　　　旋钮　　　　　指示元素

色彩分析

主色调为青色，以浅蓝色作为辅助色，整体色调表现出很强的科技感。

青色 (R:5,G:190,B:240)　　浅蓝色 (R:207,G:218,B:225)

操作步骤

步骤01 执行菜单栏中的【文件】|【新建】命令，在弹出的对话框中设置【宽度】更改为400像素，【高度】为300像素，【分辨率】为72像素/英寸，新建一个空白画布。

步骤02 选择工具箱中的【渐变工具】 ■，编辑浅蓝色（R:207, G:218, B:224）到浅蓝色（R:242, G:246, B:252）的渐变，单击选项栏中的【线性渐变】 ■ 按钮，在画布中拖动填充渐变，如图2.97所示。

图2.97 填充渐变

步骤03 选择工具箱中的【椭圆工具】 ○，在选项栏中将【填充】更改为无，【描边】更改为白色，【宽度】更改为5点，在画布中间位置按住Shift键绘制一个正圆图形，此时将生成一个【椭圆】图层，如图2.98所示。

步骤04 在【图层】面板中选中【椭圆 1】图层，将其拖至面板底部的【创建新图层】 ■ 按钮上，复制三个拷贝图层，分别将图层名称更改为【数字】、【旋钮】、【进度】及【凹槽】，如图2.99所示。

图2.98 绘制图形

图2.99 复制图层

步骤05 将【数字】、【旋钮】、【进度】图层暂时隐藏。

步骤06 在【图层】面板中选中【凹槽】图层，单击面板底部的【添加图层样式】 fx 按钮，在菜单中选择【斜面和浮雕】命令，在弹出的对话框中将【样式】更改为【枕状浮雕】，【大小】更改为1像素，取消【使用全局光】复选框；将【角度】更改为90度，【高光模式】中的【不透明度】更改为60%，【阴影模式】中的【不透明度】更改为3%，如图2.100所示。

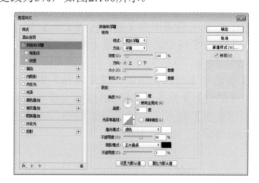

图2.100 设置【斜面和浮雕】参数

步骤07 选中【内发光】复选框，将【不透明度】更改为15%，【大小】更改为2像素，完成之后单击【确定】按钮，如图2.101所示。

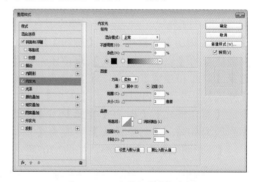

图2.101 设置【内发光】参数

步骤08 在【图层】面板中选中【凹槽】图层，将其图层【填充】更改为0%，如图2.102所示。

图2.102 更改填充

步骤 09 选中【进度】图层，在属性栏中将【描边】颜色更改为青色（R:5, G:190, B:240），【宽度】更改为4点，如图2.103所示。

步骤 10 选择工具箱中的【添加锚点工具】，在形状左上角边缘单击添加锚点，如图2.104所示。

图2.103 更改描边宽度　　　　图2.104 添加锚点

步骤 11 选择工具箱中的【直接选择工具】，选中左上角两个锚点之间的线段，将其删除，如图2.105所示。

步骤 12 选中【旋钮】图层，将【填充】更改为白色，【描边】更改为无，按Ctrl+T组合键对其执行【自由变换】命令，将图形等比缩小，完成之后按Enter键确认，如图2.106所示。

图2.105 删除线段　　　　图2.106 变换图形

步骤 13 在【图层】面板中选中【旋钮】图层，单击面板底部的【添加图层样式】fx按钮，在菜单中选择【斜面和浮雕】命令，在弹出的对话框中将【样式】更改为【内斜面】，【大小】更改为4像素，【高光模式】更改为【叠加】，【不透明度】更改为60%，【阴影模式】更改为【正片叠底】，【不透明度】更改为20%，如图2.107所示。

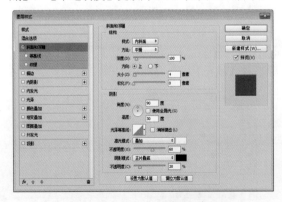

图2.107 设置【斜面和浮雕】参数

步骤 14 选中【渐变叠加】复选框，将【渐变】更改为浅蓝色（R:207, G:218, B:225）到浅蓝色（R:240, G:250, B:255），如图2.108所示。

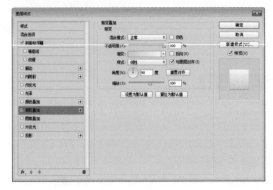

图2.108 设置【渐变叠加】参数

步骤 15 选中【投影】复选框，将【混合模式】更改为【正常】，【不透明度】更改为15%，取消【使用全局光】复选框；将【角度】更改为90度，【距离】更改为4像素，【大小】更改为6像素，完成之后单击【确定】按钮，如图2.109所示。

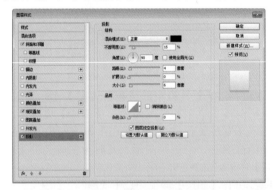

图2.109 设置【投影】参数

步骤 16 选中【数字】图层，将【填充】更改为白色，【描边】更改为无，再按Ctrl+T组合键对其执行【自由变换】命令，将图像等比缩小，完成之后按Enter键确认，如图2.110所示。

图2.110 变换图形

步骤 17 在【图层】面板中选中【数字】图层，单击面板底部的【添加图层样式】fx按钮，在菜单中选择【内发光】命令，在弹出的对话框中将【不透明度】更改为20%，【大小】更改为3像素，完成之后单击【确定】按钮，如图2.111所示。

图2.111 设置内发光

步骤18 在【图层】面板中选中【数字】图层，将其图层【填充】更改为0%，效果如图2.112所示。

步骤19 选择工具箱中的【横排文字工具】 T，在中间位置添加文字（Helvetica LT Std Light），如图2.113所示。

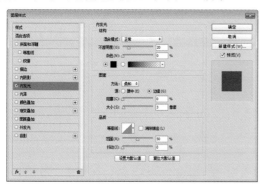

图2.112 更改填充　　　　图2.113 添加文字

步骤20 在【图层】面板中选中【83】图层，单击面板底部的【添加图层样式】 fx 按钮，在菜单中选择【外发光】命令，在弹出的对话框中将【混合模式】更改为叠加，【不透明度】更改为100%，【颜色】更改为青色（R:0, G:204, B:255），【方法】更改为【精确】，【扩展】更改为2%，【大小】更改为5像素，完成之后单击【确定】按钮，如图2.114所示。

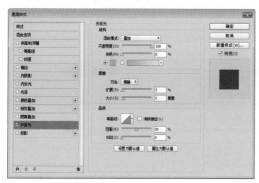

图2.114 设置【外发光】参数

步骤21 选择工具箱中的【矩形工具】 ■，在选项栏中将【填充】更改为青色（R:5, G:190, B:240），【描边】更改为无，再绘制一个矩形，此时将生成一个【矩形 1】图层，如图2.115所示。

步骤22 按Ctrl+T组合键对其执行【自由变换】命令，当出现变形框之后，在选项栏的【旋转】文本框中输入45，完成之后按Enter键确认。

步骤23 选择工具箱中的【直接选择工具】 ，选中矩形右侧的锚点将其删除，再适当缩小图形高度，如图2.116所示。

图2.115 绘制矩形　　　　图2.116 删除锚点

步骤24 在【图层】面板中选中【矩形 1】图层，单击面板底部的【添加图层样式】 fx 按钮，在菜单中选择【投影】命令。

步骤25 在弹出的对话框中将【混合模式】更改为【叠加】，【颜色】更改为白色，【不透明度】更改为100%，取消【使用全局光】复选框；将【角度】更改为0，【距离】更改为2像素，【大小】更改为2像素，完成之后单击【确定】按钮，这样就完成了效果的制作，如图2.117所示。

图2.117 最终效果

2.7 控制按键

设计构思

本例讲解制作控制按键，该控制按键以经典的五维导航样式为结构，通过阴影及质感的添加，使整个按键具有出色的观赏性及实用性，最终效果如图2.118所示。

图2.118 最终效果

- 难易指数：★★★☆☆
- 案例位置：源文件\第2章\控制按键.psd
- 视频位置：视频教学\2.7 控制按键.avi

重点分解

面板

按键

色彩分析

主色调为灰色系渐变，以红色系渐变作为辅助色，整体表现出很强的质感及科技感。

灰色 (R:221,G:222,B:224)   红色 (R:184,G:53,B:93)

操作步骤

2.7.1 绘制面板效果

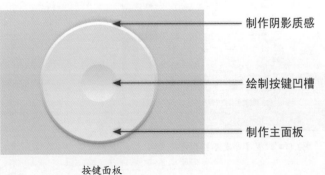

制作阴影质感

绘制按键凹槽

制作主面板

按键面板

步骤 01 执行菜单栏中的【文件】|【新建】命令，在弹出的对话框中设置【宽度】更改为400像素，【高度】为350像素，【分辨率】为72像素/英寸，新建一个空白画布，将画布填充为灰色（R:206,G:211,B:214）。

步骤 02 选择工具箱中的【椭圆工具】 ⬭，在选项栏中将【填充】更改为深蓝色（R:108,G:123,B:132），【描边】更改为无，按住Shift键绘制一个正圆图形，此时将生成一个【椭圆1】图层，如图2.119所示。

步骤 03 在【图层】面板中选中【椭圆1】图层，将其拖至面板底部的【创建新图层】 🔲 按钮上，复制三个拷贝图层，分别将图层名称更改为【按键】、【面板】、【厚度】及【阴影】，如图2.120所示。

图2.119 绘制图形　　　图120 复制图层

步骤 04 在【图层】面板中选中【厚度】图层，单击面板底部的【添加图层样式】 *fx* 按钮，在菜单中选择【斜面和浮雕】命令。

步骤 05 在弹出的对话框中将【大小】更改为5像素，【高光模式】中的【不透明度】更改为100%，【阴影模式】中的【不透明度】更改为50%，如图2.121所示。

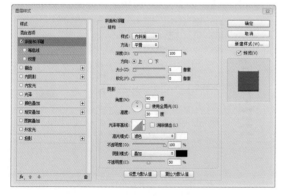

图2.121 设置【斜面和浮雕】参数

步骤 06 选中【渐变叠加】复选框，将【渐变】更改为灰色（R:177, G:182, B:185）到白色，完成之后单击【确定】按钮，如图2.122所示。

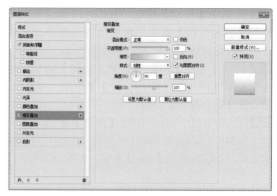

图2.122 设置【渐变叠加】参数

步骤 07 选中【阴影】图层，执行菜单栏中的【滤镜】|【模糊】|【动感模糊】命令，在弹出的对话框中单击【栅格化】按钮，然后在弹出的对话框中将【角度】更改为90度，【距离】更改为15像素，设置完成之后单击【确定】按钮，如图2.123所示。

步骤 08 执行菜单栏中的【滤镜】|【模糊】|【高斯模糊】命令，在弹出的对话框中将【半径】更改为3像素，完成之后单击【确定】按钮，再将其图层【不透明度】更改为60%，如图2.124所示。

图2.123 添加动感模糊　　　图2.124 添加高斯模糊

步骤 09 选中【面板】图层，按Ctrl+T组合键对其执行【自由变换】命令，将图形等比缩小，完成之后按Enter键确认，如图2.125所示。

步骤 10 在【图层】面板中选中【按键】图层，单击面板底部的【添加图层样式】 *fx* 按钮，在菜单中选择【渐变叠加】命令。

步骤 11 在弹出的对话框中将【渐变】更改为浅灰色（R:237,G:237,B:237）到灰色（R:221,G:222,B:224），完成之后单击【确定】按钮，如图2.126所示。

图2.125 缩小图形　　　图2.126 添加渐变

步骤 12 选中【按键】图层，按Ctrl+T组合键对其执行【自由变换】命令，将图形等比缩小，完成之后按Enter键确认，如图2.127所示。

步骤 13 在【图层】面板中选中【按键】图层，单击面板底部的【添加图层样式】*fx*按钮，在菜单中选择【渐变叠加】命令。

步骤 14 在弹出的对话框中将【渐变】更改为浅灰色（R:246, G:246, B:246）到灰色（R:207, G:209, B:212），完成之后单击【确定】按钮，如图2.128所示。

图2.127 缩小图形　　图2.128 添加渐变

2.7.2 制作按键

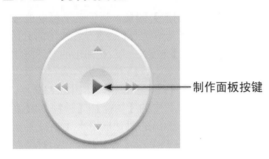

制作面板按键

按键效果

步骤 01 选择工具箱中的【矩形工具】，在选项栏中将【填充】更改为白色，【描边】更改为无，在中间正圆位置按住Shift键绘制一个矩形，此时将生成一个【矩形1】图层，如图2.129所示。

步骤 02 按Ctrl+T组合键对其执行【自由变换】命令，当出现变形框之后，在选项栏的【旋转】文本框中输入45，完成之后按Enter键确认，如图2.130所示。

图2.129 绘制图形　　图2.130 旋转图形

步骤 03 选择工具箱中的【删除锚点工具】，单击矩形左侧锚点将其删除，再将图形高度适当缩小，如图2.131所示。

图2.131 删除锚点

步骤 04 在【图层】面板中选中【矩形1】图层，单击面板底部的【添加图层样式】*fx*按钮，在菜单中选择【渐变叠加】命令。

步骤 05 在弹出的对话框中将【渐变】更改为红色（R:184, G:53, B:93）到红色（R:254, G:142, B:177），如图2.132所示。

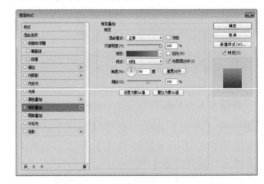

图2.132 设置【渐变叠加】参数

步骤 06 选中【内阴影】复选框，将【混合模式】更改为【正常】，【颜色】更改为白色，【不透明度】更改为60%，【距离】更改为2像素，如图2.133所示。

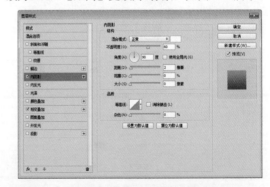

图2.133 设置【内阴影】参数

步骤 07 选中【投影】复选框，将【混合模式】更改为【正常】，【颜色】更改为白色，【不透明度】更改为100%，【距离】更改为2像素，如图2.134所示。

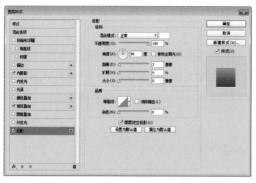

图2.134 设置【投影】参数

步骤08 选中【外发光】复选框，将【混合模式】更改为【线性减淡（添加）】，【不透明度】更改为30%，【颜色】更改为红色（R:255, G:0, B:0），【大小】更改为10像素，完成之后单击【确定】按钮，如图2.135所示。

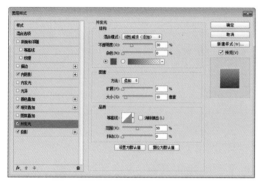

图2.135 设置【外发光】参数

步骤09 选中【矩形 1】图层，将图形向右侧平移复制一份再等比缩小，将生成一个【矩形 1 拷贝】图层，并将【矩形 1 拷贝】图层样式中的【外发光】图层样式删除。

步骤10 双击【矩形 1 拷贝】图层样式名称，在弹出的对话框中选中【渐变叠加】复选框，将【渐变】更改为灰色（R:170, G:173, B:179）到灰色（R:210, G:212, B:217）；再次将图形复制一份，

将生成【矩形 1 拷贝 2】图层，如图2.136所示。

图2.136 复制图形

步骤11 同时选中【矩形 1 拷贝】及【矩形 1】图层，向左侧平移复制。

步骤12 按Ctrl+T组合键对其执行【自由变换】命令，单击鼠标右键，从弹出的快捷菜单中选择【水平翻转】选项，完成之后按Enter键确认，如图2.137所示。

图2.137 复制并变换图形

步骤13 选中【矩形 1 拷贝】图层，将其向上及向下各复制一份并将图形旋转，这样就完成了效果的制作，如图2.138所示。

图2.138 最终效果

第3章
简约扁平化图标设计

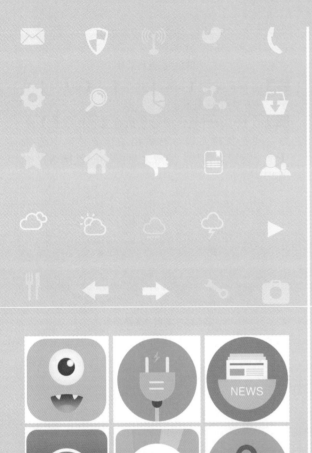

本章介绍

本章讲解简约扁平化图标设计，扁平化图标最大的特点在于去除冗余、厚重和繁杂的装饰，让图标本身重新作为核心突显，在设计元素上，强调了抽象、极简和符号化。扁平化图标让整个UI界面变得干净、整齐，从而带给用户更加良好的操作体验，得益于简洁的图像元素设计，还具有降低功耗、延长待机时间和提高运算速度的效果。通过对本章内容的学习可以掌握简约扁平化图标的设计。

要点索引

- 学会制作简约可爱大眼图标
- 学习制作电量管理图标
- 学会制作新闻图标
- 学习制作元素应用图标
- 掌握通话宝图标绘制
- 了解安全防护图标制作流程
- 学会制作地图应用图标
- 学会制作扁平化相机图标

3.1 简约可爱大眼图标

　　本例讲解制作简约可爱大眼图标，该图标以经典的大眼形象为主视觉，以略微夸张的手法完美表现出图标的主题，最终效果如图3.1所示。

- 难易指数：★★☆☆☆
- 案例位置：源文件\第3章\简约可爱大眼图标.psd
- 视频位置：视频教学\3.1 简约可爱大眼图标.avi

图3.1 最终效果

重点分解

底部轮廓　　　　　　　大眼　　　　　　　嘴巴

色彩分析

　　主体色为醒目黄色，以深蓝为辅助色，整个图标将可爱形象表现的十分完美。

黄色 (R:238,G:196,B:51)　　　　深蓝色 (R:62,G:70,B:83)

操作步骤

步骤01 执行菜单栏中的【文件】|【新建】命令，在弹出的对话框中设置【宽度】为400像素，【高度】为350像素，【分辨率】为72像素/英寸，新建一个空白画布。

步骤02 选择工具箱中的【圆角矩形工具】，在选项栏中将【填充】更改为黄色（R:238, G:196, B:51），【描边】更改为无，【半径】更改为50像素，按住Shift键绘制一个圆角矩形，此时将生成一个【圆角矩形 1】图层，如图3.2所示。

步骤03 选择工具箱中的【椭圆工具】，在选

项栏中将【填充】更改为白色，【描边】更改为无，按住Shift键绘制一个正圆图形，此时将生成一个【椭圆 1】图层，如图3.3所示。

图3.2 绘制圆角矩形　　　图3.3 绘制正圆

步骤 04 选中【椭圆 1】图层，单击面板底部的【添加图层样式】fx按钮，在菜单中选择【渐变叠加】命令。

步骤 05 在弹出的对话框中将【渐变】更改为白色到灰色（R:221, G:226, B:234），【样式】更改为【径向】，【角度】更改为0，【缩放】更改为150%，完成之后单击【确定】按钮，如图3.4所示。

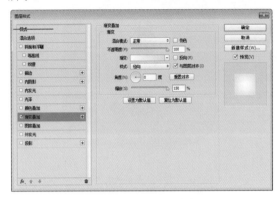

图3.4 添加【渐变叠加】参数

步骤 06 在【图层】面板中选中【椭圆 1】图层，将其拖至面板底部的【创建新图层】按钮上，复制两个拷贝图层，将生成【椭圆 1 拷贝】及【椭圆 1 拷贝 2】图层，如图3.5所示。

步骤 07 双击【椭圆 1 拷贝】图层样式名称，在弹出的对话框中将【渐变】更改为深蓝色（R:62, G:70, B:83）到深蓝色（R:46, G:50, B:59），完成之后单击【确定】按钮，在画布中将图形等比缩小，如图3.6所示。

图3.5 复制图层　　　　图3.6 缩小图形

提示与技巧

为了方便观察效果，在编辑下方图形时，可暂时将上方图层隐藏。

步骤 08 选中【椭圆 1 拷贝 2】图层，按Ctrl+T组合键对其执行【自由变换】命令，将图形等比缩小，完成之后按Enter键确认，向右上角方向移动，如图3.7所示。

图3.7 缩小图形并移动

步骤 09 选择工具箱中的【钢笔工具】，在选项栏中单击【选择工具模式】 路径 按钮，在弹出的选项中选择【形状】，将【填充】更改为任意颜色，【描边】更改为无，在大眼睛下方绘制一个嘴巴图形，将生成一个【形状 1】图层，如图3.8所示。

步骤 10 在【图层】面板中选中【形状 1】图层，单击面板底部的【添加图层样式】fx按钮，在菜单中选择【渐变叠加】命令。

步骤 11 在弹出的对话框中将【渐变】更改为黄色（R:255, G:180, B:0）到深黄色（R:104, G:54, B:0），完成之后单击【确定】按钮，效果如图3.9所示。

图3.8 绘制图形　　　　图3.9 添加渐变

步骤 12 选择工具箱中的【钢笔工具】，在选项栏中单击【选择工具模式】 路径 按钮，在弹出的选项中选择【形状】，将【填充】更改为任意颜色，【描边】更改为无，在嘴巴图形底部绘制一个不规则图形制作舌头，将生成一个【形状 2】图层，如图3.10所示。

步骤 13 选中【形状 2】图层，单击面板底部的【添加图层样式】fx按钮，在菜单中选择【渐变叠加】命令。

步骤 14 在弹出的对话框中将【渐变】更改为黄色（R:255, G:180, B:0）到透明，【样式】更改为【径向】，【角度】更改为0，完成之后单击【确定】按钮，效果如图3.11所示。

图3.10　绘制图形

图3.11　添加渐变

步骤15 选中【形状 2】图层，将其图层【填充】更改为0%，效果如图3.12所示。

步骤16 选择工具箱中的【钢笔工具】，在嘴巴图形左上角绘制一个灰色（R:235, G:238, B:243）三角形图形，以制作牙齿，将生成一个【形状 3】图层，如图3.13所示。

图3.12　更改填充

图3.13　绘制图形

步骤17 在【图层】面板中选中【形状 3】图层，将其拖至面板底部的【创建新图层】按钮上，复制一个【形状 3拷贝】图层。

步骤18 选中【形状 3拷贝】图层，按Ctrl+T组合键对其执行【自由变换】命令，单击鼠标右键，从弹出的快捷菜单中选择【水平翻转】选面，完成之后按Enter键确认，这样就完成了效果的制作，如图3.14所示。

图3.14　最终效果

3.2 电量管理图标

设计构思

本例讲解制作电量管理图标，该图标在制作过程中模拟出插头效果，以舒适的扁平化形式直观展示，整体效果十分自然，具有很高的实用性，最终效果如图3.15所示。

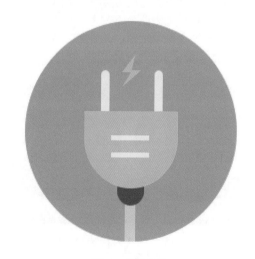

- 难易指数：★★☆☆☆
- 案例位置：源文件\第3章\电量管理图标.psd
- 视频位置：视频教学\3.2 电量管理图标.avi

图3.15　最终效果

重点分解

轮廓　　　　　　　　　　　　　　　插头

色彩分析

主体色为青色，表示安全色，以黄色作为辅助色，体现出醒目警示特征。

青色 (R:23,G:183,B:184)　　　黄色 (R:249,G:191,B:20)

操作步骤

步骤 01 执行菜单栏中的【文件】|【新建】命令，在弹出的对话框中设置【宽度】为400像素，【高度】为350像素，【分辨率】为72像素/英寸，新建一个空白画布。

步骤 02 选择工具箱中的【椭圆工具】，在选项栏中将【填充】更改为青色（R:23, G:183, B:184），【描边】更改为无，按住Shift键绘制一个正圆图形，此时将生成一个【椭圆 1】图层，如图3.16所示。

步骤 03 选择工具箱中的【圆角矩形工具】，在选项栏中将【填充】更改为黄色（R:249, G:191, B:20），【描边】更改为无；【半径】更改为50像素，绘制一个圆角矩形，此时将生成一个【圆角矩形 1】图层，如图3.17所示。

图3.16 绘制正圆　　　图3.17 绘制图形

步骤 04 选择工具箱中的【直接选择工具】，选中圆角矩形顶部的锚点将其删除，如图3.18所示。

步骤 05 同时选中顶部剩余的两个锚点并向上拖动将其变形，如图3.19所示。

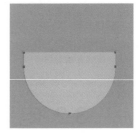 

图3.18 删除锚点　　　图3.19 拖动锚点

步骤 06 选择工具箱中的【圆角矩形工具】，在选项栏中将【填充】更改为深蓝色（R:14, G:87, B:105），【描边】更改为无，【半径】更改为50像素，在图形底部再次绘制一个圆角矩形，将生成一个【圆角矩形 2】图层，并将其移到【圆角矩形 1】图层下方，如图3.20所示。

步骤 07 以同样的方法在圆角矩形底部再次绘制一个稍细的浅蓝色（R:138, G:242, B:251）圆角矩形，将生成一个【圆角矩形 3】，并将其移到【圆角矩形 2】图层下方，如图3.21所示。

图3.20 绘制图形　　　图3.21 绘制稍细图形

步骤 08 选中【圆角矩形 3】图层，执行菜单栏中的【图层】|【创建剪贴蒙版】命令，为当前图层创建剪贴蒙版，隐藏部分图形，如图3.22所示。

制一个矩形，此时将生成一个【矩形 1】图层，并将图形复制一份，如图3.24所示。

图3.24 绘制图形并复制

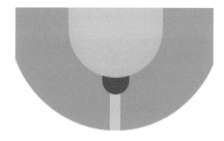

图3.22 创建剪贴蒙版

步骤 09 选择工具箱中的【圆角矩形工具】，在黄色图形左上角位置绘制一个细长的圆角矩形，将【填充】更改为浅蓝色（R:212，G:251，B:255），并将绘制的圆角矩形向右侧平移复制一份，如图3.23所示。

步骤 11 选择工具箱中的【钢笔工具】，在选项栏中单击【选择工具模式】 路径 按钮，在弹出的选项中选择【形状】，将【填充】更改为黄色（R:249，G:191，B:20），【描边】更改为无，在图标靠顶部位置绘制一个电量标识图形，这样就完成了效果的制作，如图3.25所示。

图3.23 绘制图形

步骤 10 选择工具箱中的【矩形工具】，在选项栏中将【填充】更改为浅蓝色（R:212，G:251，B:255），【描边】更改为无，在黄色图形位置绘

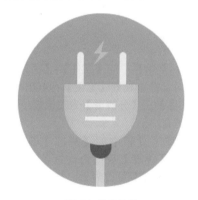

图3.25 最终效果

3.3 新闻图标

设计构思

本例讲解制作新闻图标，此款图标在制作过程中以圆形为主轮廓，与矩形相结合，表现出新闻图标应有的特征，最终效果如图3.26所示。

- 难易指数：★★☆☆☆
- 案例位置：源文件\第3章\新闻图标.psd
- 视频位置：视频教学\3.3 新闻图标.avi

图3.26 最终效果

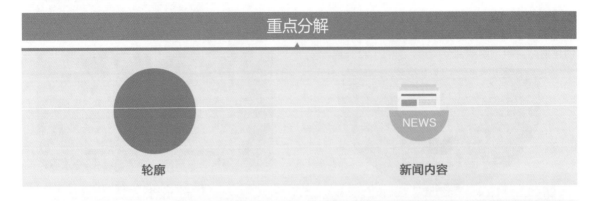

重点分解

轮廓   新闻内容

色彩分析

　　主体色为蓝色，以黄色作为点缀色，蓝色作为新闻标识色，表示科技，而黄色表示警示、新闻内容等信息。

蓝色（R:23,G:152,B:253）　　黄色（R:255,G:195,B:61）

操作步骤

步骤 01 执行菜单栏中的【文件】|【新建】命令，在弹出的对话框中设置【宽度】为400像素，【高度】为350像素，【分辨率】为72像素/英寸，新建一个空白画布。

步骤 02 选择工具箱中的【椭圆工具】 ◯ ，在选项栏中将【填充】更改为蓝色（R:23, G:152, B:253），【描边】更改为无，按住Shift键绘制一个正圆图形，此时将生成一个【椭圆 1】图层，如图3.27所示。

步骤 03 在【图层】面板中选中【椭圆 1】图层，将其拖至面板底部的【创建新图层】 ⬛ 按钮上，复制一个【椭圆 1 拷贝】图层。

步骤 04 将【椭圆 1 拷贝】图层中图形【填充】更改为黄色（R:245, G:195, B:61），再按Ctrl+T组合键对图形执行【自由变换】命令，将图形等比缩小，完成之后按Enter键确认，如图3.28所示。

图3.27 绘制图形　　图3.28 复制并变换图形

步骤 05 选择工具箱中的【直接选择工具】 ▷ ，选中正圆顶部的锚点将其删除，如图3.29所示。

步骤 06 选择工具箱中的【矩形工具】 ⬛ ，在选

项栏中将【填充】更改为灰色（R:246, G:246, B:246），【描边】更改为无，在半圆顶部位置绘制一个矩形，此时将生成一个【矩形 1】图层，如图3.30所示。

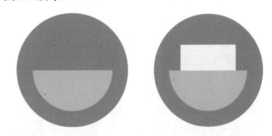

图3.29 删除锚点　　图3.30 绘制矩形

步骤 07 在【图层】面板中选中【矩形 1】图层，将其拖至面板底部的【创建新图层】 ⬛ 按钮上，复制出【矩形 1 拷贝】及【矩形 1 拷贝2】两个新图层，如图3.31所示。

步骤 08 分别选中【矩形 1 拷贝】及【矩形 1】图层，将其更改为稍深的颜色并缩小图形宽度，如图3.32所示。

图3.31 复制图层　　图3.32 缩小图形

步骤 09 选择工具箱中的【矩形工具】，在矩形位置再次绘制数个矩形以制作内容，如图3.33所示。

步骤 10 选择工具箱中的【横排文字工具】 **T**，在画布适当位置添加文字（方正兰亭细黑_GB），这样就完成了效果的制作，如图3.34所示。

图3.33 绘制矩形　　　　　图3.34 最终效果

3.4 无线应用图标

设计构思

　　本例讲解制作无线应用图标，该图标以十分形象的无线符号与渐变轮廓图形组成，整个图标具有十分出色的科技感，最终效果如图3.35所示。

- 难易指数：★☆☆☆☆
- 案例位置：源文件\第3章\无线应用图标.psd
- 视频位置：视频教学\3.4 无线应用图标.avi

图3.35 最终效果

重点分解

轮廓　　　　　　　　　　　　　　无线标识

色彩分析

　　以科技蓝色与神秘紫色搭配，将整个图标的特征及色彩表现的相当完美，同时也具有出色的可识别性。

蓝色 (R:0,G:174,B:255)　　　　　紫色 (R:255,G:195,B:61)

步骤01 执行菜单栏中的【文件】|【新建】命令，在弹出的对话框中设置【宽度】为400像素，【高度】为300像素，【分辨率】为72像素/英寸，新建一个空白画布。

步骤02 选择工具箱中的【圆角矩形工具】 ，在选项栏中将【填充】更改为黑色，【描边】更改为无，【半径】更改为20像素，按住Shift键绘制一个圆角矩形，此时将生成一个【圆角矩形 1】图层，如图3.36所示。

步骤03 在【图层】面板中选中【圆角矩形 1】图层，单击面板底部的【添加图层样式】 fx 按钮，在菜单中选择【渐变叠加】命令。

步骤04 在弹出的对话框中将【渐变】更改为紫色（R:175，G:96，B:255）到蓝色（R:0，G:174，B:255），【缩放】更改为150%，完成之后单击【确定】按钮，效果如图3.37所示。

图3.36 绘制圆角形　　　图3.37 设置渐变

步骤05 选择工具箱中的【椭圆工具】 ，在选项栏中将【填充】更改为无，【描边】更改为白色，【宽度】更改为6点。

步骤06 在图标中间位置按住Shift键绘制一个正圆图形，此时将生成一个【椭圆 1】图层，单击【设置形状描边类型】 按钮，在弹出的选项中单击【端点】按钮，在弹出的选项中选择第二种圆形描边类型，效果如图3.38所示。

步骤07 选择工具箱中的【添加锚点工具】 ，分别在正圆左下角及右下角位置单击添加锚点，如图3.39所示。

图3.38 绘制正圆　　　图3.39 添加锚点

步骤08 选择工具箱中的【直接选择工具】 ，选中正圆底部锚点，将其删除，如图3.40所示。

步骤09 选中【椭圆 1】图层，将其复制两份；再分别选中两个新图层，按Ctrl+T组合键对其执行【自由变换】命令，分别将图形等比缩小，完成之后按Enter键确认，如图3.41所示。

图3.40 删除锚点　　　图3.41 复制图形并变换

步骤10 选择工具箱中的【矩形工具】 ，在选项栏中将【填充】更改为白色，【描边】更改为无，按住Shift键绘制一个矩形，此时将生成一个【矩形 1】图层，如图3.42所示。

步骤11 按Ctrl+T组合键对其执行【自由变换】命令，当出现变形框之后，在选项栏的【旋转】文本框中输入45，再将宽度适当缩小，完成之后按Enter键确认，如图3.43所示。

图3.42 绘制矩形　　　图3.43 变换图形

步骤12 选择工具箱中的【直接选择工具】 ，选中矩形底部锚点，将其删除，这样就完成了效果的制作，如图3.44所示。

图3.44 最终效果

3.5 通话宝图标

设计构思

本例讲解制作通话宝图标，该图标以彩色背景与信息图形相结合，很好地表现出通话特征，最终效果如图3.45所示。

- 难易指数：★☆☆☆☆
- 素材位置：调用素材\第3章\通话宝图标
- 案例位置：源文件\第3章\通话宝图标.psd
- 视频位置：视频教学\3.5 通话宝图标.avi

图3.45 最终效果

重点分解

轮廓   标识

色彩分析

绿色与蓝色相搭配，以醒目的绿色标识突出图标的特征。

绿色（R:98,G:156,B:23）   蓝色（R:118,G:199,B:237）

操作步骤

步骤01 执行菜单栏中的【文件】|【新建】命令，在弹出的对话框中设置【宽度】为400像素，【高度】为300像素，【分辨率】为72像素/英寸，新建一个空白画布。

步骤02 选择工具箱中的【圆角矩形工具】，在选项栏中将【填充】更改为青色（R:118, G:199, B:237），【描边】更改为无，【半径】更改为20像素，按住Shift键绘制一个圆角矩形，此时将生成一个【圆角矩形 1】图层，如图3.46所示。

步骤03 选择工具箱中的【钢笔工具】，在选项栏中单击【选择工具模式】 路径 按钮，在弹出的选项中选择【形状】，将【填充】更改为绿色（R:88, G:236, B:151），【描边】更改为无，在图形右侧位置绘制一个不规则图形，将生成一个【形状 1】图层，如图3.47所示。

图3.46 绘制圆角矩形   图3.47 绘制图形

步骤 **04** 选中【形状 1】图层，执行菜单栏中的【图层】|【创建剪贴蒙版】命令，为当前图层创建剪贴蒙版，隐藏部分图形，如图3.48所示。

图3.48 创建剪贴蒙版

步骤 **05** 选中【形状 1】图层，将其复制两份，并分别更改复制生成的图形颜色，在画布中拖动图形锚点，分别将图形变形，如图3.49所示。

图3.49 复制并变换图形

步骤 **06** 选择工具箱中的【椭圆工具】 ，在选项栏中将【填充】更改为白色，【描边】更改为无，绘制一个椭圆图形，此时将生成一个【椭圆 1】图层，如图3.50所示。

步骤 **07** 选择工具箱中的【添加锚点工具】 ，在椭圆左下角位置单击添加两个锚点，如图3.51所示。

图3.50 绘制椭圆　　　图3.51 添加锚点

步骤 **08** 选择工具箱中的【转换点工具】 及【直接选择工具】 ，单击或拖动锚点控制杆，将图形变形，如图3.52所示。

步骤 **09** 执行菜单栏中的【文件】|【打开】命令，选择"调用素材\第3章\通话宝图标\符号.psd"文件，单击【打开】按钮，将打开的素材拖入画布椭圆位置，将其适当缩小并更改为绿色（R:98，G:156，B:23），这样就完成了效果的制作，如图3.53所示。

图3.52 将椭圆变形　　　图3.53 最终效果

3.6 简洁下载图标

设计构思

　　本例讲解制作简洁下载图标，该图标整体十分简洁，以经典的渐变轮廓与直观的下载样式图标相结合，最终效果如图3.54所示。

- 难易指数：★★☆☆☆
- 案例位置：源文件\第3章\简洁下载图标.psd
- 视频位置：视频教学\3.6 简洁下载图标.avi

图3.54 最终效果

重点分解

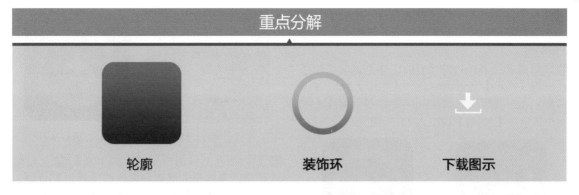

轮廓　　　　　　　　装饰环　　　　　　　　下载图示

色彩分析

主体色为紫色及青色，以白色为辅助色，整体色调表现出很强的图标特征。

紫色（R:106,G:103,B:140）　　　　青色（R:35,G:120,B:240）

操作步骤

步骤01 执行菜单栏中的【文件】|【新建】命令，在弹出的对话框中设置【宽度】为400像素，【高度】为300像素，【分辨率】为72像素/英寸，新建一个空白画布。

步骤02 选择工具箱中的【圆角矩形工具】，在选项栏中将【填充】更改为黑色，【描边】更改为无，【半径】更改为25像素，按住Shift键绘制一个圆角矩形，此时将生成一个【圆角矩形 1】图层，如图3.55所示。

步骤03 在【图层】面板中选中【圆角矩形 1】图层，单击面板底部的【添加图层样式】fx按钮，在菜单中选择【渐变叠加】命令，在弹出的对话框中将【渐变】更改为紫色（R:40, G:40, B:70）到紫色（R:106, G:103, B:140），完成之后单击【确定】按钮，效果如图3.56所示。

图3.55 绘制圆角矩形　　　　图3.56 添加渐变

步骤04 选择工具箱中的【椭圆工具】，在选项栏中将【填充】更改为无，【描边】更改为白色，【宽度】更改为12点，在图标位置按住Shift键绘制一个正圆图形，此时将生成一个【椭圆 1】图层，如图3.57所示。

步骤05 在【图层】面板中选中【椭圆 1】图层，

单击面板底部的【添加图层样式】fx按钮，在菜单中选择【渐变叠加】命令，在弹出的对话框中将【渐变】更改为青色（R:35, G:120, B:240）到蓝色（R:70, G:250, B:218），完成之后单击【确定】按钮，效果如图3.58所示。

图3.57 绘制图形　　　　图3.58 添加渐变

步骤06 选择工具箱中的【矩形工具】，在选项栏中将【填充】更改为白色，【描边】更改为无，再绘制一个矩形，此时将生成一个【矩形 1】图层，如图3.59所示。

步骤07 选中【矩形 1】图层，按Ctrl+T组合键对其执行【自由变换】命令，当出现变形框之后，在选项栏的【旋转】文本框中输入45，完成之后按Enter键确认，如图3.60所示。

图3.59 绘制图形　　　　图3.60 旋转矩形

步骤 08 选择工具箱中的【直接选择工具】，选中矩形顶部锚点，将其删除以制作三角形，如图3.61所示。

步骤 09 选择工具箱中的【直线工具】，在选项栏中将【描边】更改为白色，【粗细】更改为10像素，在三角形上方按住Shift键绘制一条线段，将生成一个【形状1】图层，如图3.62所示。

图3.65 将图层编组

图3.66 添加渐变

图3.61 制作三角形

图3.62 绘制线段

步骤 10 选择工具箱中的【矩形工具】，在选项栏中将【填充】更改为无，【描边】更改为白色，【宽度】更改为3点，在箭头底部绘制一个矩形，此时将生成一个【矩形 2】图层，如图3.63所示。

步骤 11 选择工具箱中的【添加锚点工具】，分别在矩形左侧及右侧边缘位置单击添加锚点，如图3.64所示。

步骤 14 选择工具箱中的【椭圆工具】，在选项栏中将【填充】更改为黑色，【描边】更改为无，在图标底部位置绘制一个椭圆图形，此时将生成一个【椭圆 2】图层，如图3.67所示。

步骤 15 执行菜单栏中的【滤镜】|【模糊】|【高斯模糊】命令，在弹出的对话框中单击【栅格化】按钮，然后在弹出的对话框中将【半径】更改为5像素，完成之后单击【确定】按钮，如图3.68所示。

图3.63 绘制矩形

图3.64 添加锚点

图3.67 绘制椭圆

图3.68 添加高斯模糊

步骤 12 同时选中【矩形 2】、【形状 1】及【矩形 1】图层，按Ctrl+G组合键将其编组，将生成的组名称更改为【图示】，如图3.65所示。

步骤 13 在【图层】面板中选中【图示】图层，单击面板底部的【添加图层样式】 fx 按钮，在菜单中选择【渐变叠加】命令，在弹出的对话框中将【渐变】更改为淡蓝色（R:153, G:149, B:194）到淡蓝色（R:239, G:238, B:247），完成之后单击【确定】按钮，如图3.66所示。

步骤 16 选中【椭圆 2】图层，将其图层【不透明度】更改为60%，这样就完成了效果的制作，如图3.69所示。

图3.69 最终效果

3.7 安全防护图标

设计构思

本例讲解制作安全防护图标，该图标以雨伞作为主体图像，将安全的特征表现的十分形象，最终效果如图3.70所示。

- 难易指数：★★☆☆☆
- 案例位置：源文件\第3章\安全防护图标.psd
- 视频位置：视频教学\3.7 安全防护图标.avi

图3.70 最终效果

重点分解

轮廓　　　　　　　　　　　　　　　　图示

色彩分析

主体色为中性蓝，以浅红色为辅助色，整体色调表现出很强的安全特征及科技感。

蓝色（R:184,G:212,B:231）　　　红色（R:225,G:30,B:47）

操作步骤

3.7.1 绘制主视觉图像

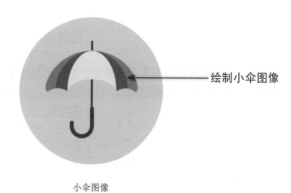

绘制小伞图像

小伞图像

步骤 01 执行菜单栏中的【文件】|【新建】命令，在弹出的对话框中设置【宽度】为400像素，【高度】为350像素，【分辨率】为72像素/英寸，新建一个空白画布。

步骤 02 选择工具箱中的【椭圆工具】 ⬭ ，在选项栏中将【填充】更改为蓝色（R:184，G:212，B:231），【描边】更改为无，按住Shift键绘制一个正圆图形，此时将生成一个【椭圆 1】图层，如图3.71所示。

步骤 03 选择工具箱中的【钢笔工具】 ✒ ，在选项栏中单击【选择工具模式】 路径 ⬍ 按钮，在弹出的选项中选择【形状】，将【填充】更改为红色（R:233，G:90，B:73），【描边】更改为无，在正圆左上角绘制一个1/4圆，如图3.72所示。

图3.71 绘制圆角矩形　　　　图3.72 绘制图形

步骤 04 选择工具箱中的【椭圆工具】 ⬭ ，在选项栏中将【填充】更改为红色（R:225，G:30，B:47），【描边】更改为无，按住Shift键绘制一个正圆，此时将生成一个【椭圆 2】图层，如图3.73所示。

步骤 05 执行菜单栏中的【图层】|【创建剪贴蒙版】命令，为当前图层创建剪贴蒙版，隐藏部分图形，如图3.74所示。

图3.73 绘制正圆　　　　图3.74 创建剪贴蒙版

步骤 06 在【图层】面板中选中【椭圆 2】图层，将其拖至面板底部的【创建新图层】 🗋 按钮上，复制一个【椭圆 2 拷贝】图层，如图3.75所示。

步骤 07 将【椭圆 2 拷贝】图层中图形【填充】更改为灰色（R:235，G:228，B:229），按Ctrl+T组合键对其执行【自由变换】命令，将图像宽度等比缩小，完成之后按Enter键确认，如图3.76所示。

图3.75 复制图层　　　　图3.76 缩小图形

步骤 08 同时选中【形状 1】、【椭圆 2】及【椭圆 2 拷贝】图层，按Ctrl+G组合键将其编组，生成一个【组 1】组，按Ctrl+E组合键将组合并，将生成一个【组 1】图层，如图3.77所示。

步骤 09 选择工具箱中的【钢笔工具】 ✒ ，在图形底部绘制一个不规则封闭路径，如图3.78所示。

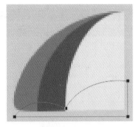

图3.77 合并图层　　　　图3.78 绘制封闭路径

步骤 10 按Ctrl+Enter组合键将路径转换为选区，如图3.79所示。

步骤 11 选中【组 1】图层，将图像删除，完成之后按Ctrl+D组合键取消选区，如图3.80所示。

图3.79 转换选区　　　　图3.80 删除图像

步骤 12 在【图层】面板中选中【组 1】图层，将其拖至面板底部的【创建新图层】 🗋 按钮上，复制一个【组 1 拷贝】图层。

步骤 13 按Ctrl+T组合键对其执行【自由变换】命令，单击鼠标右键，从弹出的快捷菜单中选择【水平翻转】命令，完成之后按Enter键确认，将图像向右侧平移，如图3.81所示。

步骤 14 选择工具箱中的【直线工具】 ／ ，在选项栏中将【填充】更改为深蓝色（R:62，G:70，B:83），【描边】更改为无，【粗细】更改为3像素，按住Shift键绘制一条线段，将生成一个【形状1】图层，如图3.82所示。

图3.81 复制图像　　　图3.82 绘制线段

图3.83 绘制圆角矩形　　　图3.84 删除锚点

步骤15 选择工具箱中的【圆角矩形工具】，在选项栏中将【填充】更改为无，【描边】更改为深蓝色（R:62, G:70, B:83），【宽度】更改为6点，【半径】更改为50像素。

步骤16 绘制一个圆角矩形，此时将生成一个【圆角矩形 1】图层，单击【设置形状描边类型】按钮，在弹出的面板中单击【端点】下方按钮，在弹出的选项中选择第二种圆形类型，效果如图3.83所示。

步骤17 选择工具箱中的【直接选择工具】，选中圆角矩形顶部锚点，将其删除，如图3.84所示。

步骤18 选择工具箱中的【直接选择工具】，选中左侧锚点并向下拖动缩短左侧高度，如图3.85所示。

图3.85 变换图形

3.7.2 制作装饰效果

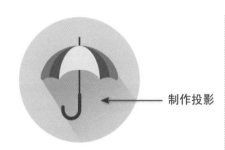

制作投影

投影效果

步骤01 选择工具箱中的【钢笔工具】，在选项栏中单击【选择工具模式】 路径 按钮，在弹出的选项中选择【形状】，将【填充】更改为蓝色（R:146, G:175, B:194），【描边】更改为无，在雨伞图像位置绘制一个不规则图形，将生成的【形状 2】图层移至【椭圆 1】图层上方，如图3.86所示。

图3.86 绘制不规则图形

步骤02 选中【形状 2】图层，执行菜单栏中的【图层】|【创建剪贴蒙版】命令，为当前图层创建剪贴蒙版，隐藏部分图像，如图3.87所示。

图3.87 创建剪贴蒙版

步骤03 选择工具箱中的【渐变工具】，编辑黑色到白色的渐变，单击选项栏中的【线性渐变】按钮，在图形上拖动，将部分图形隐藏以制作阴影效果，这样就完成了效果的制作，如图3.88所示。

图3.88 最终效果

3.8 画板图标

设计构思

本例讲解制作画板图标，该画板图标
以多彩的图形组成，很好地表现出画板的
色彩特征，最终效果如图3.89所示。

- 难易指数：★★☆☆☆
- 案例位置：源文件\第3章\画板图标.psd
- 视频位置：视频教学\3.8 画板图标.avi

图3.89 最终效果

重点分解

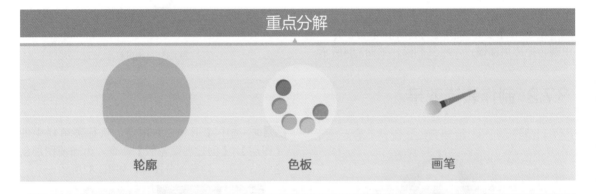

轮廓　　　　　　　色板　　　　　　　画笔

色彩分析

以蓝色作为整体画板主体色，橙色作为辅助色，多彩的颜色将整个画板的特征表现得十分
完美。

蓝色 (R:104,G:206,B:226)　　橙色 (R:251,G:74,B:27)

操作步骤

3.8.1 制作主视觉图形

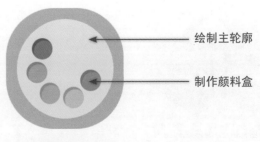

绘制主轮廓

制作颜料盒

主视觉图形

步骤 01 执行菜单栏中的【文件】|【新建】命令，在弹出的对话框中设置【宽度】为400像素，【高度】为350像素，【分辨率】为72像素/英寸，新建一个空白画布。

步骤 02 选择工具箱中的【圆角矩形工具】，在选项栏中将【填充】更改为蓝色（R:104, G:206, B:226），【描边】更改为无，【半径】更改为80像素，按住Shift键绘制一个圆角矩形，此时将生成一个【圆角矩形 1】图层，如图3.90所示。

步骤 03 选择工具箱中的【椭圆工具】，在选项栏中将【填充】更改为浅黄色（R:240, G:233, B:223），【描边】更改为无，按住Shift键绘制一个正圆图形，此时将生成一个【椭圆 1】图层，如图3.91所示。

图3.90 绘制圆角矩形　　图3.91 绘制正圆

步骤 04 在正圆左上角再次绘制一个小正圆，将其【填充】更改为红色（R:243, G:54, B:41），【描边】更改为无，将生成一个【椭圆 2】图层，如图3.92所示。

步骤 05 在【图层】面板中选中【椭圆 2】图层，单击面板底部的【添加图层样式】fx按钮，在菜单中选择【内阴影】命令。

步骤 06 在弹出的对话框中将【混合模式】更改为【正常】，【不透明度】更改为20%，取消【使用全局光】复选框；将【角度】更改为123度，【距离】更改为5像素，完成之后单击【确定】按钮，如图3.93所示。

图3.92 绘制正圆　　图3.93 添加内阴影

步骤 07 选中【椭圆 2】图层，在画布中将小正圆复制数份，并分别更改小正圆颜色，如图3.94所示。

图3.94 复制图形

3.8.2 制作辅助图像

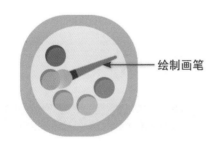

绘制画笔

画笔图形

步骤 01 选择工具箱中的【矩形工具】，在选项栏中将【填充】更改为橙色（R:251, G:74, B:27），【描边】更改为无，绘制一个矩形，此时将生成一个【矩形 1】图层，如图3.95所示。

步骤 02 按Ctrl+T组合键对其执行【自由变换】命令，单击鼠标右键，从弹出的快捷菜单中选择【透视】命令，拖动变形框控制点，将图形变

形，完成之后按Enter键确认，如图3.96所示。

图3.95 绘制矩形　　图3.96 将图形变形

步骤 03 选择工具箱中的【椭圆工具】，在图形顶部位置按住Shift键以合并形状的形式绘制一个正圆图形，将尖头变成圆头，如图3.97所示。

步骤 04 在【矩形 1】图层名称上单击鼠标右键，从弹出的快捷菜单中选择【栅格化图层】命令。

步骤 05 选择工具箱中的【矩形选框工具】，在图像底部绘制一个矩形选区，以选中部分图像，

如图3.98所示。

图3.97 绘制图形　　　　图3.98 绘制选区

步骤 06 在【图层】面板中选中【矩形 1】图层，单击面板上方的【锁定透明像素】 ⊠ 按钮，锁定透明像素，将选区中图像填充为深灰色（R:61, G:64, B:71），填充完成之后再次单击此按钮解除锁定，如图3.99所示。

图3.99 锁定透明像素并填充颜色

步骤 07 选择工具箱中的【钢笔工具】 ✐ ，在选项栏中单击【选择工具模式】 路径 ÷ 按钮，在弹出的选项中选择【形状】，将【填充】更改为黄色（R:247, G:172, B:104），【描边】更改为无，在图形底部绘制一个不规则图形，以制作笔头效果，如图3.100所示。

步骤 08 同时选中【矩形 1】及【形状 1】图层，按Ctrl+T组合键对其执行【自由变换】命令，将图形适当旋转，完成之后按Enter键确认，如图3.101所示。

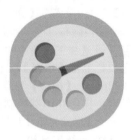

图3.100 绘制笔头图形　　　　图3.101 旋转图形

步骤 09 在【图层】面板中选中【形状 1】图层，单击面板底部的【添加图层蒙版】 ▣ 按钮，为其添加图层蒙版。

步骤 10 选择工具箱中的【渐变工具】 ▮ ，编辑黑色到白色的渐变，单击选项栏中的【线性渐变】 ▮ 按钮，在图形上拖动，将部分图形隐藏，这样就完成了效果的制作，如图3.102所示。

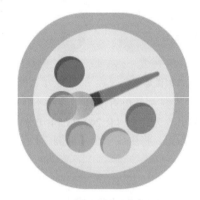

图3.102 最终效果

3.9 个性化手表图标

设计构思

　　本例讲解制作个性化手表图标，该图标制作过程非常简单，通过绘制手表轮廓及表盘即可完成效果制作，最终效果如图3.103所示。

- 难易指数：★★☆☆☆
- 案例位置：源文件\第3章\个性化手表图标.psd
- 视频位置：视频教学\3.9 个性化手表图标.avi

图3.103 最终效果

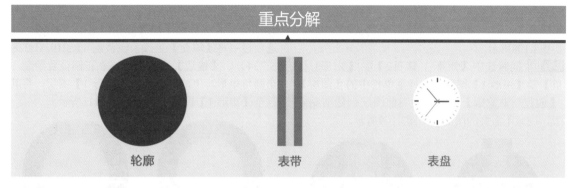

重点分解

轮廓　　　　　　　　表带　　　　　　　　表盘

色彩分析

主体色为高雅紫，与暖黄色搭配，整体色调给人一种十分时尚的视觉感。

紫色（R:85,G:24,B:109）　　　浅紫色（R:176,G:65,B:158）　　　黄色（R:255,G:228,B:0）

操作步骤

3.9.1　制作主轮廓

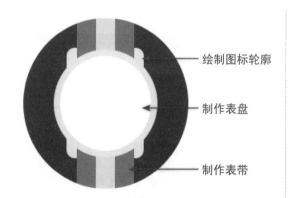

绘制图标轮廓

制作表盘

制作表带

主轮廓图形

步骤 01 执行菜单栏中的【文件】|【新建】命令，在弹出的对话框中设置【宽度】为400像素，【高度】为350像素，【分辨率】为72像素/英寸，新建一个空白画布。

步骤 02 选择工具箱中的【椭圆工具】 ，在选项栏中将【填充】更改为紫色（R:85, G:24, B:109），【描边】更改为无，按住Shift键绘制一个正圆图形，将生成一个【椭圆 1】图层，如图3.104所示。

步骤 03 在【图层】面板中选中【椭圆 1】图层，将其拖至面板底部的【创建新图层】 按钮上，复制一个拷贝图层，分别将图层名称更改为【表盘】、【轮廓】，如图3.105所示。

图3.104 绘制图形　　　图3.105 复制图层

步骤 04 选择工具箱中的【矩形工具】 ，在选项栏中将【填充】更改为黄色（R:255, G:228, B:0），【描边】更改为无，在正圆中间绘制一个矩形，此时将生成一个【矩形 1】图层，如图3.106所示。

步骤 05 将矩形向左侧平移复制一份，生成一个【矩形 1 拷贝】图层，并将【矩形 1 拷贝】图层中图形【填充】更改为浅紫色（R:176, G:65, B:158），如图3.107所示。

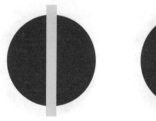

图3.106 绘制矩形　　　图3.107 复制矩形

步骤 06 选中【矩形 1 拷贝】图层，将图形向右侧平移复制一份，生成一个【矩形 1 拷贝2】图层，如图3.108所示。

步骤 07 同时选中【矩形 1 拷贝2】、【矩形1 拷贝】及【矩形 1】图层，执行菜单栏中的【图层】|【创建剪贴蒙版】命令，为当前图层创建剪贴蒙版，隐藏不需要的图形，如图3.109所示。

图3.108 复制图形　　　　图3.109 创建剪贴蒙版

步骤 08 选中【表盘】图层，按Ctrl+T组合键对其执行【自由变换】命令，将图形等比缩小，在选项栏中将【填充】更改为白色，【描边】更改为浅蓝色（R:219, G:228, B:234），【宽度】更改为8

点，效果如图3.110所示。

步骤 09 选择工具箱中的【圆角矩形工具】，在选项栏中将【填充】更改为浅蓝色（R:219, G:228, B:234），【描边】更改为无，在正圆位置绘制一个圆角矩形，生成一个【圆角矩形 1】图层，将其移至【矩形 1】图层下方，如图3.111所示。

图3.110 缩小图形　　　　图3.111 绘制图形

─── 提示与技巧 ───

将【圆角矩形 1】图层移至【矩形 1】图层下方之后，将自动创建剪贴蒙版，不会影响图形显示效果，因此无须理会。

3.9.2 绘制细节元素

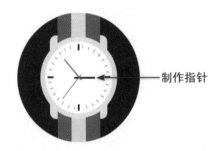

制作指针

指针效果

步骤 01 选择工具箱中的【矩形工具】，在选项栏中将【填充】更改为紫色（R:85, G:24, B:109），【描边】更改为无，在表盘位置绘制一个细长矩形，此时将生成一个【矩形 2】图层，如图3.112所示。

步骤 02 按住Alt键在矩形位置再次绘制一个矩形路径，将部分矩形减去，如图3.113所示。

─── 提示与技巧 ───

在制作指针时，可利用【矩形工具】制作，也可以使用【直线工具】制作，用户可以选择一种自己习惯的方法。

步骤 03 在【图层】面板中选中【矩形 2】图层，将其拖至面板底部的【创建新图层】按钮上，复制一个【矩形 2 拷贝】图层，如图3.114所示。

步骤 04 按Ctrl+T组合键执行【自由变换】命令，单击鼠标右键，从弹出的快捷菜单中选择【旋转90度（顺时针）】命令，完成之后按Enter键确认，如图3.115所示。

图3.114 复制图层　　　　图3.115 旋转图形

步骤 05 选择工具箱中的【椭圆工具】，在表盘中间位置按住Alt+Shift组合键以中心为起点，绘制一个正圆路径，如图3.116所示。

图3.112 绘制细长矩形　　　　图3.113 减去图形

步骤 06 选择工具箱中的【横排文字工具】**T**，在路径上单击输入多个"|"字符（Humnst777）以制作刻度，如图3.117所示。

图3.116 绘制路径

图3.117 制作刻度

提示与技巧

在绘制路径时，需要注意在选项栏中确认为【路径】选项。

步骤 07 在字符图层名称上单击鼠标右键，从弹出的快捷菜单中选择【栅格化文字】命令，栅格化文字，如图3.118所示。

步骤 08 选择工具箱中的【矩形选框工具】**□**，在左侧刻度位置绘制一个选区，如图3.119所示。

图3.118 栅格化文字

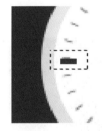
图3.119 绘制选区

步骤 09 按Delete键将选区中的图像删除，完成之后按Ctrl+D组合键取消选区，如图3.120所示。

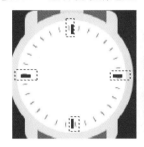
图3.120 删除图像

步骤 10 选择工具箱中的【直线工具】**／**，在选项栏中将【填充】更改为紫色（R:85，G:24，B:109），【描边】更改为无，【粗细】更改为3像素，在表盘中间位置绘制一条线段，将生成一个【形状1】图层，如图3.121所示。

步骤 11 以同样的方法分别绘制两条【粗细】为2像素和1像素的线段，以制作分针和秒针，这样就完成了效果的制作，如图3.122所示。

图3.121 绘制时针

图3.122 最终效果

3.10 云盘图标

设计构思

本例讲解制作云盘图标，该图标以云朵为主图形，与下载样式图形相结合完成整个图标的制作，最终效果如图3.123所示。

图3.123 最终效果

- 难易指数：★★☆☆☆
- 案例位置：源文件\第3章\云盘图标.psd
- 视频位置：视频教学\3.10 云盘图标.avi

重点分解

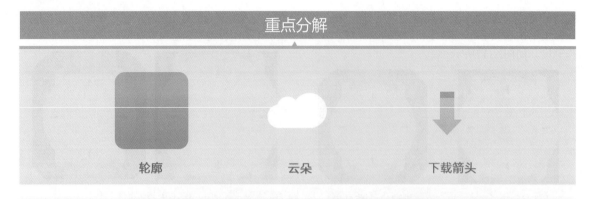

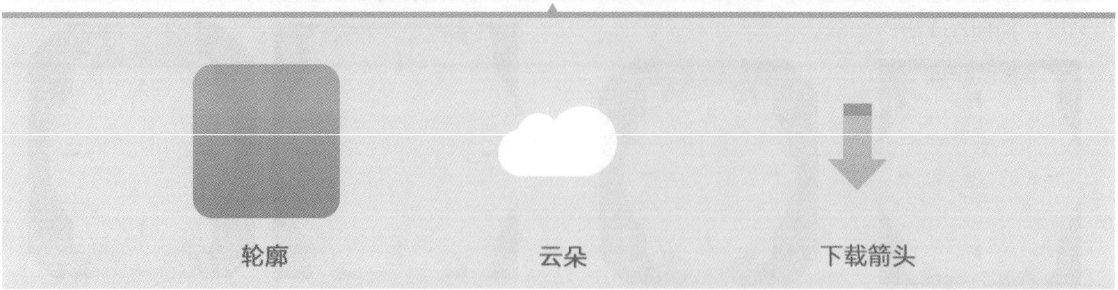
轮廓
云朵
下载箭头

色彩分析

主色调为蓝色，以橙色为辅助色，整体色调体现出云盘科技的特点。

蓝色（R:63,G:188,B:232）　　橙色（R:255,G:174,B:0）

操作步骤

3.10.1 绘制图标主轮廓

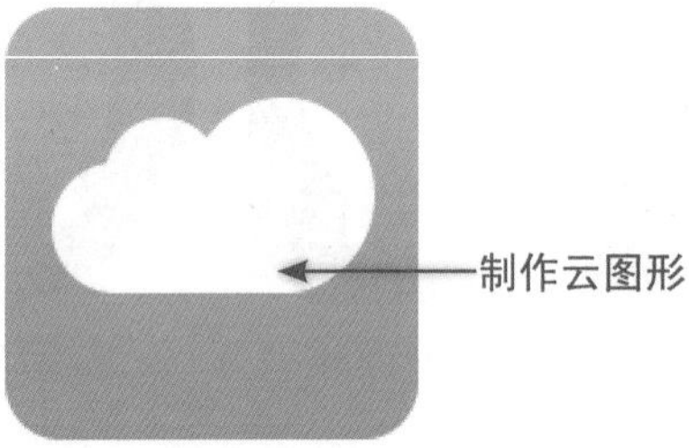
制作云图形

主体轮廓

步骤 01 执行菜单栏中的【文件】|【新建】命令，在弹出的对话框中设置【宽度】为400像素，【高度】为350像素，【分辨率】为72像素/英寸，新建一个空白画布。

步骤 02 选择工具箱中的【圆角矩形工具】，在选项栏中将【填充】更改为黑色，【描边】更改为无，【半径】更改为20像素，按住Shift键绘制一个圆角矩形，此时将生成一个【圆角矩形 1】图层，如图3.124所示。

步骤 03 在【图层】面板中选中【圆角矩形 1】图层，单击面板底部的【添加图层样式】fx按钮，在菜单中选择【渐变叠加】命令。

步骤 04 在弹出的对话框中将【渐变】更改为蓝色（R:52, G:154, B:203）到蓝色（R:63, G:188, B:232），完成之后单击【确定】按钮，效果如图3.125所示。

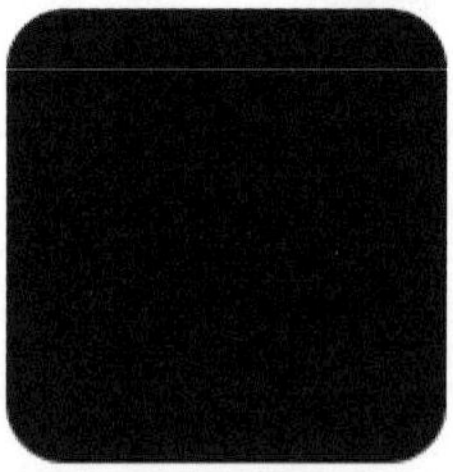

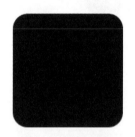

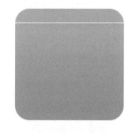

图3.124 绘制圆角矩形

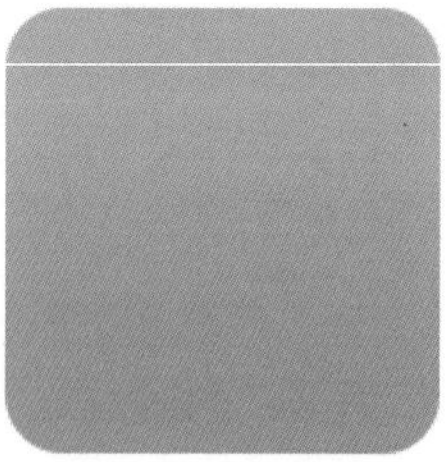

图3.125 添加渐变

步骤 05 选择工具箱中的【圆角矩形工具】，在选项栏中将【填充】更改为白色，【描边】更改为无，【半径】更改为50像素，绘制一个圆角矩形，此时将生成一个【圆角矩形 2】图层，如图3.126所示。

步骤 06 选择工具箱中的【椭圆工具】，按住Shift键在圆角矩形右侧位置绘制一个正圆，如图3.127所示。

图3.126 绘制圆角矩形

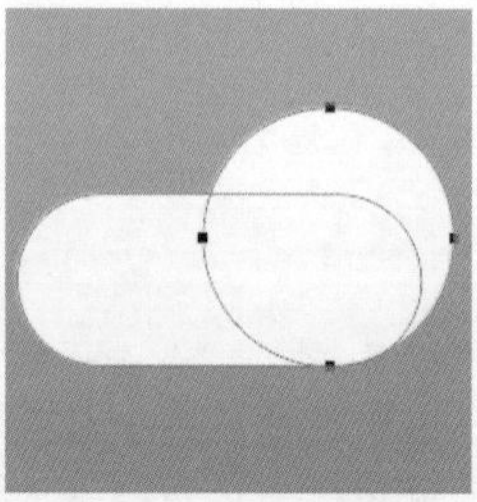

图3.127 绘制正圆

步骤 07 选择工具箱中的【路径选择工具】，按住Alt键拖动，将正圆复制一份，如图3.128所示。

图3.128 复制图形

3.10.2 绘制特征图示

制作下载图示

下载图示

步骤 01 选择工具箱中的【矩形工具】，在选项栏中将【填充】更改为橙色（R:255, G:174, B:0），【描边】更改为无，在云朵图形位置绘制一个矩形，此时将生成一个【矩形1】图层，如图3.129所示。

图3.129 绘制矩形

步骤 02 在【图层】面板中选中【矩形 1】图层，将其拖至面板底部的【创建新图层】按钮上，复制一个【矩形 1拷贝】图层，如图3.130所示。

步骤 03 选中【矩形 1拷贝】图层，将图形【填充】更改为蓝色（R:0, G:178, B:255），按Ctrl+T组合键对其执行【自由变换】命令，将图形高度缩小，完成之后按Enter键确认，如图3.131所示。

图3.130 复制图层　　图3.131 缩小图形

步骤 04 选择工具箱中的【矩形工具】，在选项栏中将【填充】更改为橙色（R:255, G:174, B:0），【描边】更改为无，在矩形底部按住Shift键绘制一个矩形，此时将生成一个【矩形 2】图层，如图3.132所示。

步骤 05 按Ctrl+T组合键对其执行【自由变换】命令，当出现变形框之后，在选项栏的【旋转】文本框中输入45，完成之后按Enter键确认。

步骤 06 选择工具箱中的【直接选择工具】，选中矩形顶部锚点，将其删除以制作箭头，如图3.133所示。

图3.132 绘制矩形　　图3.133 制作箭头

步骤 07 同时选中【矩形 2】及【矩形1】图层，按Ctrl+E组合键将图层合并，此时将生成一个【矩形2】图层。

步骤 08 在【图层】面板中选中【矩形2】图层，单击面板底部的【添加图层样式】fx按钮，在菜单中选择【渐变叠加】命令。

步骤 09 在弹出的对话框中将【混合模式】更改为【柔光】，【不透明度】更改为50%，【渐变】更改为黑色到白色，完成之后单击【确定】按钮，这样就完成了效果的制作，如图3.134所示。

图3.134 最终效果

3.11 催眠应用图标

设计构思

本例讲解制作催眠应用图标，此款图标采用超简洁的设计手法，通过简单的图形组合制作出美妙的夜晚星空效果，传递给浏览者一种舒适的视觉及心理体验，最终效果如图3.135所示。

- 难易指数：★★☆☆☆
- 案例位置：源文件\第3章\催眠应用图标.psd
- 视频位置：视频教学\3.11 催眠应用图标.avi

图3.135 最终效果

重点分解

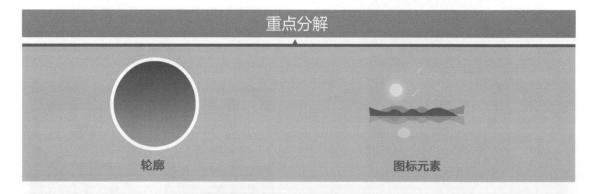

轮廓   图标元素

色彩分析

主体色为冷艳紫色，以黄色为点缀色，主色调突出了图标的特征，同时以天空元素对图标进行点缀。

紫色 (R:63,G:188,B:232)　　　浅黄色 (R:255,G:236,B:185)

操作步骤

3.11.1 绘制图标轮廓

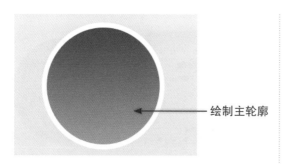

绘制主轮廓

主轮廓

步骤 01 执行菜单栏中的【文件】|【新建】命令，在弹出的对话框中设置【宽度】为400像素，【高度】为350像素，【分辨率】为72像素/英寸，新建一个空白画布，将画布填充为淡蓝色（R:224, G:230, B:255）。

步骤 02 选择工具箱中的【椭圆工具】，在选项栏中将【填充】更改为白色，【描边】更改为无，在画布靠左侧位置按住Shift键绘制一个正圆图形，此时将生成一个【椭圆 1】图层，如图3.136所示。

步骤 03 在【图层】面板中选中【椭圆 1】图层，将其拖至面板底部的【创建新图层】按钮上，复制一个【椭圆 1 拷贝】图层，如图3.137所示。

步骤 04 在【图层】面板中选中【椭圆 1 拷贝】图

层，单击面板底部的【添加图层样式】*fx*按钮，在菜单中选择【渐变叠加】命令。

图3.136 绘制图形

图3.137 复制图层

步骤 05 在弹出的对话框中将【渐变】更改为蓝色（R:135, G:167, B:245）到紫色（R:85, G:69, B:133），完成之后单击【确定】按钮，如图3.138所示。

步骤 06 选中【椭圆 1 拷贝】图层，按Ctrl+T组合键对其执行【自由变换】命令，将图形等比缩小，完成之后按Enter键确认，如图3.139所示。

图3.138 添加渐变叠加

图3.139 变换图形

3.11.2 绘制装饰元素

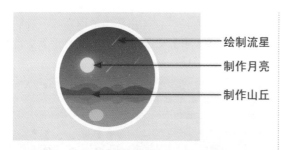

绘制流星

制作月亮

制作山丘

装饰元素

步骤 01 选择工具箱中的【钢笔工具】，在选项栏中单击【选择工具模式】【路径】按钮，在弹出的选项中选择【形状】，将【填充】更改为紫色（R:98, G:78, B:163），【描边】更改为无。

步骤 02 绘制一个不规则图形，此时将生成一个【形状 1】图层，如图3.140所示。

步骤 03 在【图层】面板中选中【形状 1】图层，将其拖至面板底部的【创建新图层】按钮上，复制一个【形状 1 拷贝】图层，如图3.141所示。

图3.140 绘制图形

图3.141 复制图层

步骤 04 选中【形状 1】图层，将图层【不透明度】更改为40%，再按Ctrl+T组合键对其执行【自由变换】命令，单击鼠标右键，从弹出的快捷菜单中选择【水平垂直翻转】命令，完成之后按Enter键确认，如图3.142所示。

步骤05 在【椭圆 1 拷贝】图层名称上单击鼠标右键，从弹出的快捷菜单中选择【栅格化图层样式】命令。

步骤06 同时选中【形状 1 拷贝】及【形状 1】图层，执行菜单栏中的【图层】|【创建剪贴蒙版】命令，为当前图层创建剪贴蒙版，隐藏正圆以外的图形，如图3.143所示。

图3.142 变换图形　　图3.143 创建剪贴蒙版

步骤07 同时选中【形状 1 拷贝】及【形状 1】图层，将其拖至面板底部的【创建新图层】按钮上，复制两个拷贝图层。

步骤08 按Ctrl+T组合键对其执行【自由变换】命令，单击鼠标右键，从弹出的快捷菜单中选择【垂直翻转】命令，完成之后按Enter键确认，再将图层【不透明度】更改为20%，如图3.144所示。

图3.144 变换图形

步骤09 选择工具箱中的【直线工具】，在选项栏中将【填充】更改为白色，【描边】更改为无，【粗细】更改为1像素，在图标靠上方位置绘制一条倾斜线段，将生成一个【形状 2】图层，如图3.145所示。

图3.145 绘制线段

步骤10 在【图层】面板中选中【形状 2】图层，单击面板底部的【添加图层蒙版】按钮，为其

添加图层蒙版，如图3.146所示。

步骤11 选择工具箱中的【渐变工具】，编辑黑色到白色的渐变，单击选项栏中的【线性渐变】按钮，在线段上拖动，将部分图形隐藏，如图3.147所示。

图3.146 添加图层蒙版　　图3.147 隐藏图形

步骤12 选中【形状 2】图层，在画布中按住Alt键拖动，将线段复制两份，生成【形状 2 拷贝】及【形状 2 拷贝2】图层，如图3.148所示。

步骤13 同时选中【形状 2 拷贝2】、【形状 2 拷贝】及【形状 2】图层，将其图层混合模式设置为【叠加】，效果如图3.149所示。

 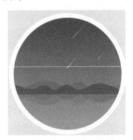

图3.148 复制图形　　图3.149 设置图层混合模式

步骤14 单击【图层】面板底部的【创建新图层】按钮，新建一个【图层1】图层，将其图层混合模式设置为【叠加】，如图3.150所示。

步骤15 选择工具箱中的【画笔工具】，在画布中单击鼠标右键，在弹出的面板中选择一种圆角笔触，将【大小】更改为1像素，【硬度】更改为0%，如图3.151所示。

 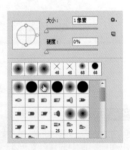

图3.150 新建图层　　图3.151 设置笔触

步骤16 将前景色更改为白色，在适当的位置单击添加图像，如图3.152所示。

步骤 17 选择工具箱中的【椭圆工具】 ●，在选项栏中将【填充】更改为浅黄色（R:255, G:236, B:185），【描边】更改为无，在适当的位置按住Shift键绘制一个正圆图形，将生成一个【椭圆 2】图层，如图3.153所示。

图3.152 添加图像　　　图3.153 绘制图形

步骤 18 在【图层】面板中选中【椭圆 2】图层，单击面板底部的【添加图层样式】 fx 按钮，在菜单中选择【外发光】命令，在弹出的对话框中将【混合模式】更改为【正常】，【不透明度】更改为30%，【颜色】更改为白色，【大小】更改为20像素，完成之后单击【确定】按钮，如图3.154所示。

步骤 19 选中【椭圆 2】图层，在画布中按住Alt键向下拖动，将图形复制一份，生成一个【椭圆 2 拷贝】图层，适当缩小图形高度，删除【外发光】效果，如图3.155所示。

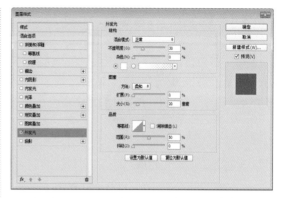

图3.154 设置【外发光】参数

步骤 20 选中【椭圆 2 拷贝】图层，将其图层混合模式设置为【柔光】，这样就完成了效果的制作，如图3.156所示。

图3.155 复制图形　　　图3.156 最终效果

3.12 地图应用图标

设计构思

本例讲解制作地图应用图标，该图标以绿色正圆图形为主轮廓，通过绘制不规则图形制作出地图图形，具有很强的可识别性，最终效果如图3.157所示。

- 难易指数：★★☆☆☆
- 案例位置：源文件\第3章\地图应用图标.psd
- 视频位置：视频教学\3.12 地图应用图标.avi

图3.157 最终效果

重点分解

轮廓   地图   标记

色彩分析

以自然浅绿色与蓝色搭配，以醒目的橙色标识突出图标的特征。

浅绿色（R:216,G:248,B:236）   蓝色（R:216,G:248,B:236）   橙色（R:228,G:58,B:19）

操作步骤

3.12.1 绘制主轮廓

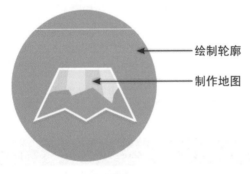

绘制轮廓

制作地图

主体轮廓

步骤01 执行菜单栏中的【文件】|【新建】命令，在弹出的对话框中设置【宽度】为400像素，【高度】为350像素，【分辨率】为72像素/英寸，新建一个空白画布。

步骤02 选择工具箱中的【椭圆工具】，在选项栏中将【填充】更改为绿色（R:70, G:217, B:164），【描边】更改为无，按住Shift键绘制一个正圆图形，此时将生成一个【椭圆 1】图层，如图3.158所示。

步骤03 选择工具箱中的【矩形工具】，在选项栏中将【填充】更改为浅绿色（R:216, G:248, B:236），【描边】更改为无，在正圆中间位置绘制一个矩形，此时将生成一个【矩形 1】图层，如图3.159所示。

图3.158 绘制正圆   图3.159 绘制矩形

步骤04 选中【矩形 1】图层，按Ctrl+T组合键对其执行【自由变换】命令，单击鼠标右键，从弹出的快捷菜单中选择【透视】命令，拖动变形框控制点变换图形，完成之后按Enter键确认，如图3.160所示。

步骤05 选择工具箱中的【钢笔工具】，在选项栏中单击【路径操作】按钮，在弹出的选项中选择【减去顶层形状】选项，在图形底部绘制不规则形状，将部分图形减去，如图3.161所示。

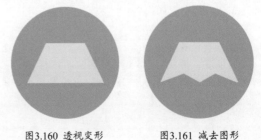

图3.160 透视变形   图3.161 减去图形

步骤 06 选中【矩形 1】，在属性栏中将【描边】更改为白色，【宽度】更改为3点，如图3.162所示。

步骤 07 选择工具箱中的【钢笔工具】 ✎，在选项栏中单击【选择工具模式】 路径 ↕ 按钮，在弹出的选项中选择【形状】，将【填充】更改为黑色，【描边】更改为无，在图形左侧位置绘制一个不规则图形，将生成一个【形状 1】图层，如图3.163所示。

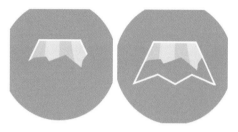

图3.165 绘制图形

图3.162 添加描边   图3.163 绘制图形

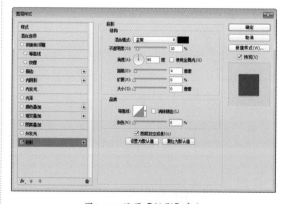

图3.166 绘制图形

步骤 08 选中【形状 1】图层，执行菜单栏中的【图层】|【创建剪贴蒙版】命令，为当前图层创建剪贴蒙版，隐藏部分图形，并将其图层混合模式更改为【柔光】，如图3.164所示。

图3.164 创建剪贴蒙版

步骤 09 选择工具箱中的【钢笔工具】 ✎，以刚才同样的方法绘制一个黑色图形，并为其设置图层混合模式，如图3.165所示。

步骤 10 选择工具箱中的【钢笔工具】 ✎，绘制一个蓝色（R:216，G:248，B:236）图形，并为图形所在图层创建剪贴蒙版，如图3.166所示。

步骤 11 在【图层】面板中选中【矩形 1】图层，单击面板底部的【添加图层样式】 *fx* 按钮，在菜单中选择【投影】命令。

步骤 12 在弹出的对话框中将【混合模式】更改为【正常】，【不透明度】更改为10%，【距离】更改为4像素，完成之后单击【确定】按钮，如图3.167所示。

图3.167 设置【投影】参数

3.12.2 制作标记图标

————— 制作标记图形

标记图形

步骤 01 选择工具箱中的【椭圆工具】 ⬤，在选项栏中将【填充】更改为橙色（R:228，G:58，B:19），【描边】更改为无，按住Shift键绘制一个正圆图形，此时将生成一个【椭圆 2】图层，如图3.168所示。

步骤 02 选择工具箱中的【钢笔工具】 ✎，在选项栏中单击【路径操作】 ▣ 按钮，在弹出的选项中选择【合并形状】，在正圆底部绘制一个图形，如图3.169所示。

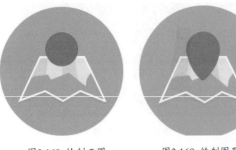

图3.168 绘制正圆　　　　　图3.169 绘制图形

步骤 03 选择工具箱中的【椭圆工具】 ，按住Alt 键绘制一个正圆路径，将部分图形减去，这样就完成了效果的制作，如图3.170所示。

图3.170 最终效果

3.13 扁平化相机图标

设计构思

本例讲解制作扁平化相机图标，此款图标的特点是具有素雅的外观，在色彩及轮廓的制作过程中追求简洁、舒适，最终效果如图3.171所示。

- 难易指数：★★☆☆☆
- 案例位置：源文件\第3章\扁平化相机图标.psd
- 视频位置：视频教学\3.13 扁平化相机图标.avi

图3.171 最终效果

重点分解

轮廓　　　　　　　　　　　细节元素　　　　　　　　　　镜头

色彩分析

主体色为蓝色及深蓝色调，以浅红色为辅助色，整体色调体现出较强的科技感。

蓝色 (R:190,G:230,B:0)　　　浅红色 (R:235,G:240,B:242)　　　深蓝色 (R:30,G:54,B:102)

操作步骤

3.13.1 制作主题图像

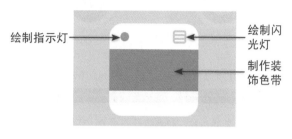

绘制指示灯 ——

绘制闪光灯

制作装饰色带

主题图像

步骤 01 执行菜单栏中的【文件】|【新建】命令，在弹出的对话框中设置【宽度】为400像素，【高度】为300像素，【分辨率】为72像素/英寸，新建一个空白画布，将画布填充为浅蓝色（R:178，G:218，B:250）。

步骤 02 选择工具箱中的【圆角矩形工具】，在选项栏中将【填充】更改为白色，【描边】更改为无，【半径】更改为25像素，按住Shift键绘制一个圆角矩形，此时将生成一个【圆角矩形 1】图层，如图3.172所示。

步骤 03 选择工具箱中的【矩形工具】，在选项栏中将【填充】更改为蓝色（R:92，G:163，B:225），【描边】更改为无，绘制一个矩形，将生成一个【矩形1】图层，如图3.173所示。

图3.172 绘制圆角矩形　　图3.173 绘制矩形

步骤 04 选中【矩形1】图层，执行菜单栏中的【图层】|【创建剪贴蒙版】命令，为当前图层创建剪贴蒙版，隐藏部分图像，如图3.174所示。

步骤 05 选择工具箱中的【椭圆工具】，在选项栏中将【填充】更改为浅红色（R:255，G:120，B:120），【描边】更改为无，在图标左上角位置

3.13.2 制作镜头图像

按住Shift键绘制一个正圆图形，此时将生成一个【椭圆1】图层，如图3.175所示。

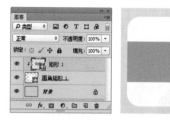

图3.174 创建剪贴蒙版

步骤 06 选择工具箱中的【圆角矩形工具】，在选项栏中将【填充】更改为浅蓝色（R:168，G:210，B:243），【描边】更改为无，【半径】更改为5像素，在图标右上角绘制一个圆角矩形，此时将生成一个【圆角矩形2】图层，如图3.176所示。

图3.175 绘制正圆　　　图3.176 绘制圆角矩形

步骤 07 选择工具箱中的【矩形工具】，在圆角矩形顶部位置按住Alt键绘制一个细长路径，将部分图形减去。

步骤 08 选择工具箱中的【路径选择工具】，选中路径，将路径向下复制两份，如图3.177所示。

图3.177 减去图形

—— 制作镜头

镜头图像

步骤 01 选择工具箱中的【椭圆工具】 ⬭ ，在选项栏中将【填充】更改为深蓝色（R:30, G:54, B:102），【描边】更改为白色，【宽度】更改为10点，在图标中间按住Shift键绘制一个正圆图形，此时将生成一个【椭圆 2】图层，如图3.178所示。

步骤 02 在【图层】面板中选中【椭圆 2】图层，将其拖至面板底部的【创建新图层】 🔳 按钮上，复制一个【椭圆 2 拷贝】图层，如图3.179所示。

图3.178 绘制正圆　　　　图3.179 复制图层

步骤 03 在【图层】面板中选中【椭圆 2】图层，单击面板底部的【添加图层样式】 *fx* 按钮，在菜单中选择【投影】命令，在弹出的对话框中将【不透明度】更改为30%，取消【使用全局光】复选框；将【角度】更改为90度，【距离】更改为3像素，【大小】更改为7像素，完成之后单击【确定】按钮，如图3.180所示。

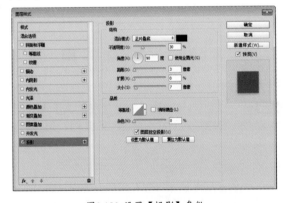

图3.180 设置【投影】参数

步骤 04 将【椭圆 2 拷贝】图层中正圆【填充】更改为无，再将其等比缩小，如图3.181所示。

步骤 05 在【图层】面板中选中【椭圆 2 拷贝】图层，单击面板底部的【添加图层样式】 *fx* 按钮，在菜单中选择【渐变叠加】命令，在弹出的对话框中将【渐变】更改为蓝色系渐变，完成之后单击【确定】按钮，效果如图3.182所示。

图3.181 变换图形　　　　图3.182 添加渐变

提示与技巧

在设置渐变颜色时，颜色值并非固定，可根据下方颜色自由调整。

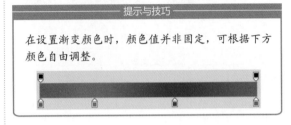

步骤 06 选择工具箱中的【画笔工具】 🖌 ，在画布中单击鼠标右键，在弹出的面板中选择一种圆角笔触，将【大小】更改为10像素，【硬度】更改为0%，如图3.183所示。

步骤 07 将前景色更改为白色，在图标中心位置单击添加高光，如图3.184所示。

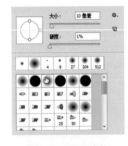

图3.183 设置笔触　　　　图3.184 添加高光

步骤 08 适当缩小画笔笔触，在高光旁边位置再次单击添加高光效果，这样就完成了效果的制作，如图3.185所示。

图3.186 最终效果

第4章
超写实图标设计

本章介绍

本章讲解超写实图标设计，写实可以直接理解为还原真实，它意在如实描绘事物，或者照物体进行写实描绘，并且做到与对象基本相符的目的。本章中写实元素主要以日常实用的设计元素为主，比如质感麦克风图标、CD播放图标、音箱写实图标、纽扣写实图标、购物图标、质感笔记图标及质感插座图标等。通过对本章内容的学习可以掌握超写实图标的设计。

要点索引

- 学会制作超质感麦克风图标
- 学习绘制CD播放图标
- 学会制作超质感播放图标
- 了解音箱写实图标制作流程
- 学会制作购物图标
- 掌握质感笔记图标绘制

4.1 超质感麦克风图标

设计构思

本例讲解制作超质感麦克风图标，此款麦克图标具有超强的质感，很好的可识别性与极佳的拟物化形象，使这款图标的最终效果相当出色，最终效果如图4.1所示。

- 难易指数：★☆☆☆☆
- 素材位置：调用素材\第4章\超质感麦克风图标
- 案例位置：源文件\第4章\超质感麦克风图标.psd
- 视频位置：视频教学\4.1 超质感麦克风图标.avi

图4.1 最终效果

重点分解

轮廓　　　　　　　　　网状背景　　　　　　　　　话筒

色彩分析

以灰色和深灰色作为冷色调，以浅灰色为辅助色，整个图标表现出超强的质感。

灰色 (R:122,G:126,B:129)　　　深灰色 (R:46,G:46,B:46)

操作步骤

4.1.1 制作图标轮廓

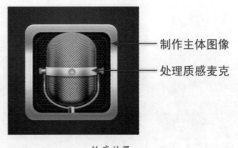

————制作主体图像

————处理质感麦克

轮廓效果

步骤 01 执行菜单栏中的【文件】|【新建】命令，在弹出的对话框中设置【宽度】为500像素，【高度】为400像素，【分辨率】为72像素/英寸，新建一个空白画布，将画布填充为蓝色（R:37, G:70, B:90）到深蓝色（R:12, G:26, B:38）的径向渐变。

步骤 02 选择工具箱中的【圆角矩形工具】，在选项栏中将【填充】更改为白色，【描边】更改为无，【半径】更改为20像素，按住Shift键绘制一个圆角矩形，此时将生成一个【圆角矩形 1】图层，如图4.2所示。

图4.2 绘制圆角矩形

步骤 03 在【图层】面板中选中【圆角矩形 1】图层，单击面板底部的【添加图层样式】fx按钮，在菜单中选择【渐变叠加】命令。

步骤 04 在弹出的对话框中将【渐变】更改为灰色系渐变，如图4.3所示。

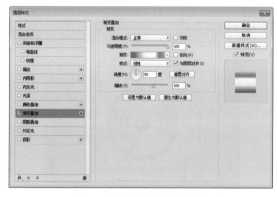

图4.3 设置【渐变叠加】参数

---提示与技巧---

此处的渐变颜色可参照下图中进行设置，只需要达到金属过渡质感效果即可。

步骤 05 选中【内阴影】复选框，将【混合模式】更改为【正常】，【颜色】更改为白色，【不透明度】更改为100%，【距离】更改为2像素，【大

小】更改为2像素，完成之后单击【确定】按钮，如图4.4所示。

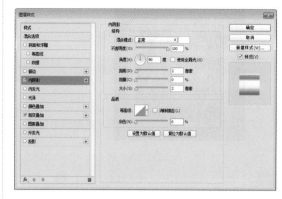

图4.4 设置【内阴影】参数

步骤 06 执行菜单栏中的【文件】|【打开】命令，选择"调用素材\第4章\超质感麦克风图标\话筒.psd、网状背景.psd"文件，单击【打开】按钮，将打开的素材拖入画布中并适当缩小，如图4.5所示。

图4.5 添加素材

步骤 07 在【图层】面板中选中【话筒】图层，单击面板底部的【添加图层样式】fx按钮，在菜单中选择【投影】命令。

步骤 08 在弹出的对话框中将【混合模式】更改为【正常】，【颜色】更改为黑色，【不透明度】更改为80%，【距离】更改为2像素，【大小】更改为6像素，完成之后单击【确定】按钮，如图4.6所示。

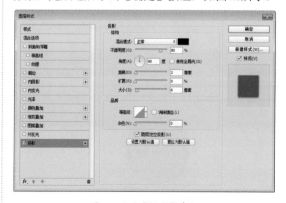

图4.6 设置【投影】参数

4.1.2 处理真实阴影

← 处理阴影效果

阴影效果

步骤 01 选择工具箱中的【椭圆工具】 ⬭ ，在选项栏中将【填充】更改为黑色，【描边】更改为无，在图标底部绘制一个椭圆图形，此时将生成一个【椭圆 1】图层，如图4.7所示。

图4.7 绘制椭圆

步骤 02 执行菜单栏中的【滤镜】|【模糊】|【高斯模糊】命令，在弹出的对话框中单击【栅格化】按钮，然后在弹出的对话框中将【半径】更改为4像素，完成之后单击【确定】按钮，效果如图4.8所示。

步骤 03 执行菜单栏中的【滤镜】|【模糊】|【动感模糊】命令，在弹出的对话框中将【角度】更改为0，【距离】更改为100像素，设置完成之后单击【确定】按钮，这样就完成了效果的制作，如图4.9所示。

图4.8 添加高斯模糊　　　　　图4.9 最终效果

4.2 CD播放图标

设计构思

　　本例讲解制作CD播放图标，该图标在制作过程中利用图层样式制作出真实的唱片图像，整体效果相当出色，最终效果如图4.10所示。

- 难易指数：★★★★☆
- 案例位置：源文件\第4章\CD播放图标.psd
- 视频位置：视频教学\4.2 CD播放图标.avi

图4.10 最终效果

重点分解

轮廓　　　　　　　　　　光盘　　　　　　　　　　镜头

色彩分析

主色调为激情红，以光盘彩色及灰色卡扣作为金属辅助色，将真实的CD唱片表现的十分完美。

红色 (R:7,G:141,B:188)　　灰色 (R:216,G:0,B:38)

4.2.1 绘制图标主轮廓

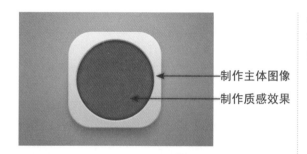

制作主体图像
制作质感效果

主体轮廓

步骤01 执行菜单栏中的【文件】|【新建】命令，在弹出的对话框中设置【宽度】为400像素，【高度】为300像素，【分辨率】为72像素/英寸，新建一个空白画布，将画布填充为灰色（R:176, G:183, B:192）到深灰色（R:107, G:117, B:130）的径向渐变。

步骤02 选择工具箱中的【圆角矩形工具】，在选项栏中将【填充】更改为白色，【描边】更改为无，【半径】更改为40像素，按住Shift键绘制一个圆角矩形，此时将生成一个【圆角矩形1】图层，如图4.11所示。

步骤03 在【图层】面板中选中【椭圆 1】图层，将其拖至面板底部的【创建新图层】按钮上，复制两个拷贝图层，分别将图层名称更改为【质感】、【轮廓】及【阴影】，如图4.12所示。

图4.11 绘制图形　　图4.12 复制图层

步骤04 选中【质感】图层，执行菜单栏中的【滤

镜】|【杂色】|【添加杂色】命令，在弹出的对话框中分别选中【高斯分布】单选按钮及【单色】复选框，将【数量】更改为1%，完成之后单击【确定】按钮，如图4.13所示。

图4.13 设置【添加杂色】参数及效果

步骤05 选中【质感】图层，将其图层混合模式设置为【正片叠底】，如图4.14所示。

图4.14 设置图层混合模式

步骤06 在【图层】面板中选中【轮廓】图层，单击面板底部的【添加图层样式】fx按钮，在菜单中选择【斜面和浮雕】命令。

步骤07 在弹出的对话框中将【大小】更改为2像素，取消【使用全局光】复选框；将【角度】更改为90度，【高光模式】中的【不透明度】更改为70%，【阴影模式】中的【不透明度】更改为30%，如图4.15所示。

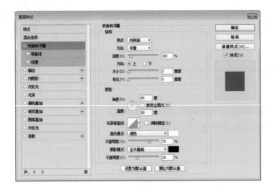

图4.15 设置【斜面和浮雕】参数

步骤 08 选中【渐变叠加】复选框，将【渐变】更改为灰色（R:194, G:194, B:194）到灰色（R:242, G:242, B:242），完成之后单击【确定】按钮，如图4.16所示。

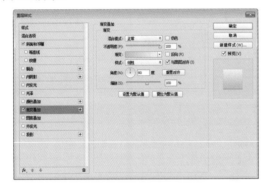

图4.16 设置【渐变叠加】参数

步骤 09 选择工具箱中的【椭圆工具】 ，在选项栏中将【填充】更改为红色（R:210, G:63, B:63），【描边】更改为无，在图标中间按住Shift键绘制一个正圆图形，此时将生成一个【椭圆 1】图层，如图4.17所示。

步骤 10 在【图层】面板中选中【椭圆 1】图层，将其拖至面板底部的【创建新图层】 按钮上，复制三个拷贝图层，分别将图层名称更改为【卡扣】、【光盘孔】、【光盘】及【凹槽】，如图4.18所示。

图4.17 绘制正圆　　　图4.18 复制图层

步骤 11 选中【凹槽】图层，单击面板底部的【添加图层样式】 fx 按钮，在菜单中选择【描边】命令，

在弹出的对话框中将【大小】更改为2像素，【位置】更改为【内部】，【填充类型】更改为【渐变】，【渐变】更改为灰色（R:229, G:229, B:229）到黄色（R:152, G:152, B:152），如图4.19所示。

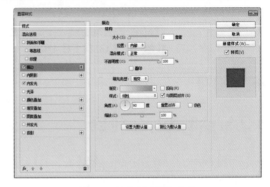

图4.19 设置【描边】参数

步骤 12 选中【内发光】复选框，将【混合模式】更改为【正常】，【不透明度】更改为50%，【颜色】更改为黑色，【大小】更改为10像素，完成之后单击【确定】按钮，如图4.20所示。

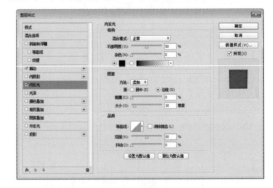

图4.20 设置【内发光】参数

步骤 13 选中【光盘】图层，将其【填充】更改为黑色并等比缩小，如图4.21所示。

图4.21 变换图形

步骤 14 在【图层】面板中选中【光盘】图层，单击面板底部的【添加图层样式】 fx 按钮，在菜单中选择【渐变叠加】命令，在弹出的对话框中将【渐变】更改为彩色系渐变，【样式】更改为【角度】，如图4.22所示。

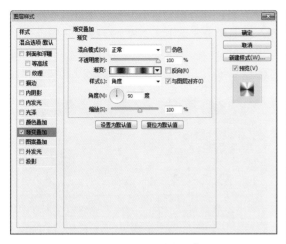

图4.22 设置【渐变叠加】参数

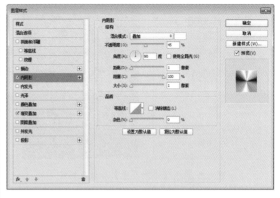

图4.23 设置【内发光】参数

提示与技巧

在设置渐变的时候，需要注意色标的数量及颜色深浅，可以真实的光盘图像作为参考对色标数量及数值进行设置。

步骤15 选中【内阴影】复选框，将【混合模式】更改为【叠加】，【颜色】更改为白色，【不透明度】更改为45%，【距离】更改为1像素，【阻塞】更改为100%，【大小】更改为1像素，如图4.23所示。

步骤16 选中【投影】复选框，将【不透明度】更改为60%，【距离】更改为3像素，【大小】更改为7像素，完成之后单击【确定】按钮，如图4.24所示。

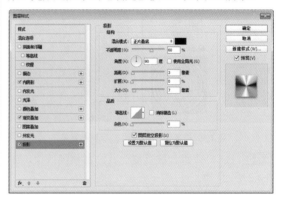

图4.24 设置【投影】参数

4.2.2 处理光盘

制作光盘效果

光盘效果

步骤01 选中【光盘】图层，单击面板底部的【创建新图层】按钮，新建一个【图层1】图层，将其填充为灰色（R:148, G:148, B:148）。

步骤02 执行菜单栏中的【滤镜】|【杂色】|【添加杂色】命令，在弹出的对话框中将【数量】更改为100%，分别选中【平均分布】单选按钮及【单色】复选框，完成之后单击【确定】按钮，如图4.25所示。

图4.25 设置【添加杂色】参数及效果

步骤03 执行菜单栏中的【滤镜】|【模糊】|【径向模糊】命令，在弹出的对话框中分别选中【旋转】及【最好】单选按钮，将【数量】更改为100，完成之后单击【确定】按钮，如图4.26所示。

图4.26 设置【径向模糊】参数及效果

步骤04 按Ctrl+F组合键重复为其添加模糊效果，如图4.27所示。

图4.27 重复添加模糊效果

步骤05 执行菜单栏中的【滤镜】|【锐化】|【锐化】命令，锐化图像，如图4.28所示。

步骤06 按Ctrl+F组合键重复为其添加锐化效果，如图4.29所示。

图4.28 锐化图像　　　　图4.29 重复添加锐化效果

步骤07 按Ctrl+T组合键对其执行【自由变换】命令，将图像等比缩小，完成之后按Enter键确认，如图4.30所示。

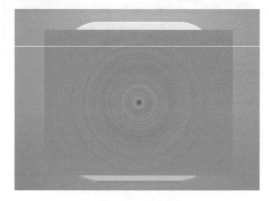

图4.30 缩小图像

步骤08 在【图层】面板中选中【图层1】图层，单击面板底部的【添加图层蒙版】 按钮，为其添加图层蒙版，如图4.31所示。

步骤09 按住Ctrl键单击【光盘】图层缩览图，将其载入选区，执行菜单栏中的【选择】|【反向】命令，将选区反向，将选区填充为黑色，隐藏部分图像，完成之后按Ctrl+D组合键取消选区，如图4.32所示。

图4.31 添加图层蒙版　　　　图4.2 隐藏图像

步骤10 将【图层1】图层混合模式设置为【强光】，效果如图4.33所示。

图4.33 设置图层混合模式

4.2.3 绘制光盘卡扣

制作卡扣轮廓

光盘卡扣

步骤 01 选中【光盘孔】图层，将【填充】更改为灰色（R:229, G:229, B:229），再按Ctrl+T组合键对其执行【自由变换】命令，将图像等比缩小，完成之后按Enter键确认，如图4.34所示。

图4.34 缩小图形

步骤 02 在【图层】面板中选中【光盘孔】图层，单击面板底部的【添加图层样式】 fx 按钮，在菜单中选择【外发光】命令，在弹出的对话框中将【混合模式】更改为【正常】，【不透明度】更改为40%，【颜色】更改为黑色，【大小】更改为2像素，完成之后单击【确定】按钮，如图4.35所示。

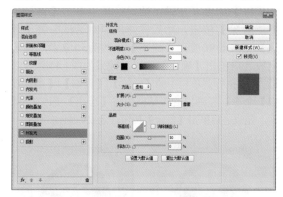

图4.35 设置【外发光】参数

步骤 03 选中【卡扣】图层，按Ctrl+T组合键对其执行【自由变换】命令，将图像等比缩小，完成之后按Enter键确认，如图4.36所示。

图4.36 缩小图形

步骤 04 在【图层】面板中选中【卡扣】图层，单击面板底部的【添加图层样式】 fx 按钮，在菜单中选择【斜面和浮雕】命令。

步骤 05 在弹出的对话框中将【样式】更改为【内斜面】，【方法】更改为【雕刻清晰】，【大小】更改为0像素，取消【使用全局光】复选框；将【角度】更改为-90度，【光泽等高线】更改为环形，【高光模式】中的【不透明度】更改为70%，【阴影模式】中的【不透明度】更改为60%，如图4.37所示。

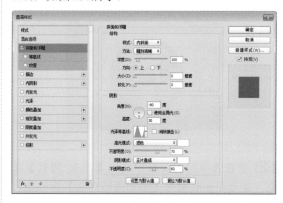

图4.37 设置【斜面和浮雕】参数

步骤 06 选中【渐变叠加】复选框，将【渐变】更改为灰色（R:34, G:34, B:34）到灰色（R:85, G:85, B:85），如图4.38所示。

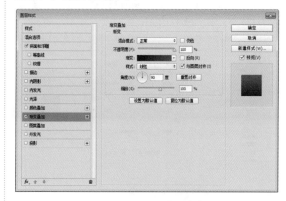

图4.38 设置【渐变叠加】参数

93

步骤 07 选中【投影】复选框，将【不透明度】更改为70%，【距离】更改为2像素，【大小】更改为3像素，完成之后单击【确定】按钮，如图4.39所示。

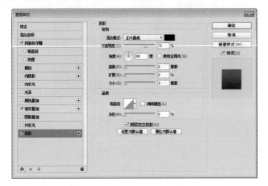

图4.39 设置【投影】参数

步骤 08 在【图层】面板中选中【卡扣】图层，将其拖至面板底部的【创建新图层】 按钮上，复制一个【卡扣 拷贝】图层。

步骤 09 选中【卡扣 拷贝】图层，按Ctrl+T组合键对其执行【自由变换】命令，将图像等比缩小，完成之后按Enter键确认，如图4.40所示。

图4.40 缩小图形

步骤 10 在【图层】面板中选中【卡扣 拷贝】图层，单击面板底部的【添加图层样式】 *fx* 按钮，在菜单中选择【内阴影】命令。

步骤 11 在弹出的对话框中将【颜色】更改为红色（R:189, G:57, B:57），【不透明度】更改为100%，取消【使用全局光】复选框；将【角度】更改为-90度，【距离】更改为1像素，【大小】更改为1像素，如图4.41所示。

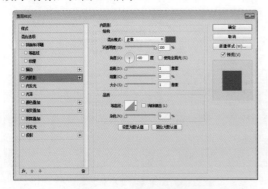

图4.41 设置【内阴影】参数

步骤 12 选中【渐变叠加】复选框，将【渐变】更改为白色到灰色（R:55, G:55, B:55），【样式】更改为【径向】，【缩放】更改为75%，如图4.42所示。

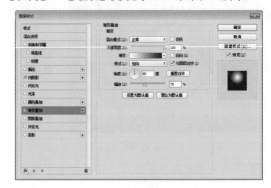

图4.42 设置【渐变叠加】参数

步骤 13 选中【投影】复选框，将【不透明度】更改为60%，【距离】更改为1像素，【大小】更改为1像素，完成之后单击【确定】按钮，如图4.43所示。

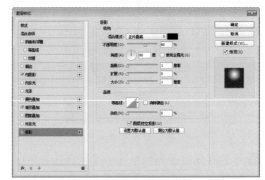

图4.43 设置【投影】参数

步骤 14 选中【阴影】图层，将【填充】更改为灰色（R:39, G:39, B:39）。

步骤 15 执行菜单栏中的【滤镜】|【模糊】|【动感模糊】命令，在弹出的对话框中单击【转换为智能对象】按钮，然后在弹出的对话框中将【角度】更改为90度，【距离】更改为50像素，设置完成之后单击【确定】按钮，效果如图4.44所示。

步骤 16 执行菜单栏中的【滤镜】|【模糊】|【高斯模糊】命令，在弹出的对话框中将【半径】更改为5像素，完成之后单击【确定】按钮，效果如图4.45所示。

图4.44 添加动感模糊　　　　图4.45 添加高斯模糊

步骤17 在【图层】面板中选中【阴影】图层，单击面板底部的【添加图层蒙版】 ◙ 按钮，为其添加图层蒙版，如图4.46所示。

步骤18 选择工具箱中的【画笔工具】 ✎，在画布中单击鼠标右键，在弹出的面板中选择一种圆角笔触，将【大小】更改为100像素，【硬度】更改为0%，如图4.47所示。

步骤19 将前景色更改为黑色，在其图像部分区域涂抹将其隐藏，这样就完成了的效果制作，如图4.48所示。

图4.48 最终效果

图4.46 添加图层蒙版

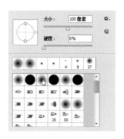

图4.47 设置笔触

4.3 超质感播放图标

设计构思

本例讲解制作超质感播放图标，此款图标具有十分真实的质感，通过对图层样式的灵活运用，使按钮的观赏性及实用性大大提高，最终效果如图4.49所示。

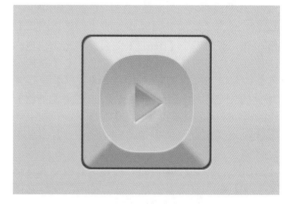

图4.49 最终效果

- 难易指数：★★★☆☆
- 案例位置：源文件\第4章\超质感播放图标.psd
- 视频位置：视频教学\4.3 超质感播放图标.avi

重点分解

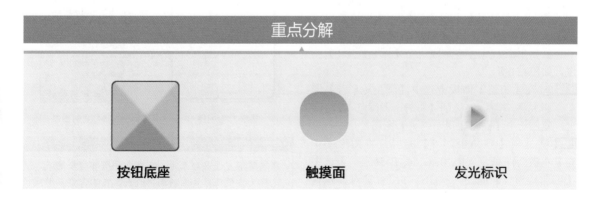

按钮底座　　　　触摸面　　　　发光标识

色彩分析

将灰色作为亲肤材质色调，以蓝色作为科技辅助色，整体表现出出色的按键质感。

灰色（R:160,G:153,B:137）　　蓝色（R:0,G:164,B:240）

操作步骤

4.3.1 绘制按钮轮廓

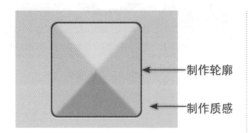

→ 制作轮廓

→ 制作质感

按钮轮廓

步骤01 执行菜单栏中的【文件】|【新建】命令，在弹出的对话框中设置【宽度】为300像素，【高度】为300像素，【分辨率】为72像素/英寸，新建一个空白画布，将画布填充为灰色（R:211,G:207,B:196）。

步骤02 单击【图层】面板底部的【创建新图形】按钮，新建一个【图层1】图层并填充为白色。执行菜单栏中的【滤镜】|【杂色】|【添加杂色】命令，在弹出的对话框中将【数量】更改为2%，分别选中【高斯分布】单选按钮及【单色】复选框，完成之后单击【确定】按钮。

步骤03 在【图层】面板中，将【图层 1】图层混合模式更改为【正片叠底】，单击面板底部的【添加图层蒙版】按钮，选择工具箱中的【渐变工具】，编辑黑色到白色的径向渐变，在图像上拖动，将部分杂色图像隐藏。

步骤04 选择工具箱中的【圆角矩形工具】，在选项栏中将【填充】更改为白色，【描边】更改为无，【半径】更改为10像素，按住Shift键绘制一个圆角矩形，此时将生成一个【圆角矩形1】图层，如图4.50所示。

步骤05 在【图层】面板中选中【圆角矩形 1】图层，将其拖至面板底部的【创建新图层】按钮上，复制一个【圆角矩形 1拷贝】图层。

步骤06 选中【圆角矩形 1】图层，将图形【填充】更改为深黄色（R:70, G:64, B:56）；再选中【圆角矩形 1】图层，按Ctrl+T组合键对其执行【自由变换】命令，将图形等比缩小，完成之后按Enter键确认，如图4.51所示。

图4.50 绘制图形

图4.51 变换图形

步骤07 在图形中间位置，创建水平和垂直两条交叉参考线，并使交叉点置于图形中间位置，如图4.52所示。

步骤08 选择工具箱中的【钢笔工具】，在选项栏中单击【选择工具模式】

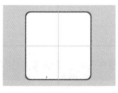

图4.52 创建参考线

路径 按钮，在弹出的选项中选择【形状】，将【填充】更改为黄色（R:228, G:224, B:213），【描边】更改为无。

步骤09 在圆角矩形顶部位置绘制一个不规则图形，此时将生成一个【形状 1】图层，如图4.53所示。

步骤10 在【图层】面板中选中【形状 1】图层，将其拖至面板底部的【创建新图层】按钮上，复制三个拷贝图层，分别将图层名称更改为【右】、【左】、【下】及【上】，如图4.54所示。

图4.53 绘制图形

图4.54 复制图层

提示与技巧

在编辑下方图层对象时，可将上方所有对象隐藏，这样更方便观察实际的编辑效果。在不需要参考线时，也可将其隐藏。

步骤11 选中【上】图层，执行菜单栏中的【滤镜】|【模糊】|【高斯模糊】命令，在弹出的对话框中单击【栅格化】按钮，然后在弹出的对话框中将【半径】更改为2像素，完成之后单击【确定】按钮，如图4.55所示。

步骤12 选中【下】图层，将其【填充】更改为灰色（R:160, G:153, B:142）；按Ctrl+T组合键对其执行【自由变换】命令，单击鼠标右键，从弹出的快捷菜单中选择【垂直翻转】命令，完成之后按Enter键确认，并将图形向下移动，如图4.56所示。

图4.55 设置高斯模糊　　　图4.56 变换图形

步骤13 按Ctrl+F组合键为其添加高斯模糊效果，如图4.57所示。

步骤14 选中【左】图层，将其【填充】更改为灰色（R:200, G:195, B:184）；按Ctrl+T组合键执行【自由变换】命令，单击鼠标右键，从弹出的快捷菜单中选择【逆时针旋转90度】命令，完成之后按Enter键确认，并将其适当移动，如图4.58所示。

图4.57 添加高斯模糊　　　图4.58 变换图形

步骤15 按Ctrl+F组合键为其添加高斯模糊效果。

步骤16 选中【右】图层，以同样的方法将其顺时针旋转，并更改【填充】为灰色（R:200, G:195, B:184），最后为其添加高斯模糊效果，如图4.59所示。

图4.59 添加高斯模糊

步骤17 同时选中【右】、【左】、【下】及【上】图层，执行菜单栏中的【图层】|【创建剪贴蒙版】命令，为当前图层创建剪贴蒙版，隐藏部分图像，如图4.60所示。

图4.60 创建剪贴蒙版

步骤18 在【图层】面板中选中【圆角矩形1】图层，单击面板底部的【添加图层样式】*fx*按钮，在菜单中选择【投影】命令。

步骤19 在弹出的对话框中将【混合模式】更改为【叠加】，【颜色】更改为白色，【距离】更改为1像素，【大小】更改为1像素，完成之后单击【确定】按钮，如图4.61所示。

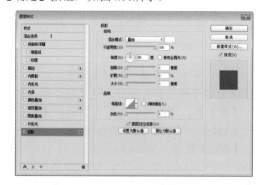

图4.61 设置【投影】参数

4.3.2 制作触摸面图形

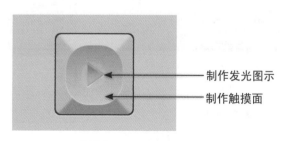

制作发光图示

制作触摸面

触摸面

步骤 01 选择工具箱中的【圆角矩形工具】█，在选项栏中将【填充】更改为任意颜色，【描边】更改为无，【半径】更改为45像素，在中间位置按住Shift键绘制一个圆角矩形，此时将生成一个【圆角矩形 2】图层，如图4.62所示。

图4.62 绘制图形

步骤 02 在【图层】面板中选中【圆角矩形 2】图层，单击面板底部的【添加图层样式】*fx*按钮，在菜单中选择【渐变叠加】命令，在弹出的对话框中将【渐变】更改为灰色（R:220, G:216, B:210）到灰色（R:160, G:153, B:137），【缩放】更改为150%，如图4.63所示。

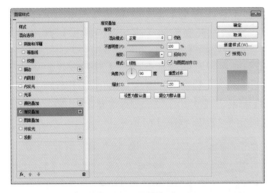

图4.63 设置【渐变叠加】参数

步骤 03 选中【投影】复选框，将【混合模式】更改为【叠加】，【颜色】更改为白色，【距离】更改为1像素，【大小】更改为1像素，完成之后单击【确定】按钮，如图4.64所示。

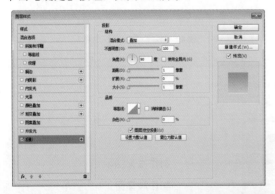

图4.64 设置【投影】参数

步骤 04 选择工具箱中的【矩形工具】█，在选项栏中将【填充】更改为白色，【描边】更改为无，在图标中间绘制一个矩形，此时将生成一个【矩形 1】图层，如图4.65所示。

步骤 05 按Ctrl+T组合键对其执行【自由变换】命令，当出现变形框之后，在选项栏的【旋转】文本框中输入45，完成之后按Enter键确认。

步骤 06 选择工具箱中的【直接选择工具】，选中矩形左侧锚点，将其删除，如图4.66所示。

图4.65 绘制矩形　　　　图4.66 删除描点

步骤 07 在【图层】面板中选中【矩形 1】图层，单击面板底部的【添加图层样式】*fx*按钮，在菜单中选择【斜面和浮雕】命令。

步骤 08 在弹出的对话框中将【样式】更改为【枕状浮雕】，【大小】更改为1像素，【高光模式】更改为【叠加】，【不透明度】更改为100%，【阴影模式】中的【不透明度】更改为20%，如图4.67所示。

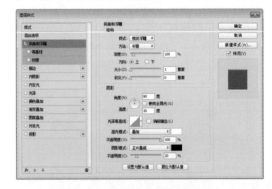

图4.67 设置【斜面和浮雕】参数

步骤 09 选中【渐变叠加】复选框，将【渐变】更改为青色（R:66, G:230, B:255）到蓝色（R:0, G:164, B:240），【缩放】更改为50%，如图4.68所示。

图4.68 设置【渐变叠加】参数

步骤 10 选中【外发光】复选框，将【混合模式】更改为【线性光】，【不透明度】更改为60%，【颜色】更改为青色（R:0, G:192, B:255），【大小】更改为25像素，完成之后单击【确定】按钮，这样就完成了效果的制作，如图4.69所示。

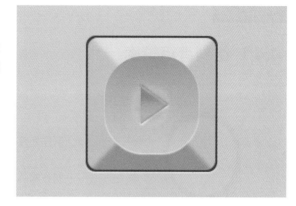

图4.69 最终效果

4.4 音箱写实图标

设计构思

本例讲解绘制音箱写实图标，该音箱图标十分精致，以侧视的角度进行绘制，突显立体效果的同时体现出更丰富的细节及质感，最终效果如图4.70所示。

- 难易指数：★★★☆☆
- 案例位置：源文件\第4章\音箱写实图标.psd
- 视频位置：视频教学\4.4 音箱写实图标.avi

图4.70 最终效果

重点分解

音箱外壳   扬声器

色彩分析

主色调为暖橙色，以黄色及浅灰色作为辅助色，整体色调与音箱特征十分协调。

橙色（R:31,G:153,B:216）   黄色（R:248,G:211,B:114）

4.4.1 绘制音箱轮廓

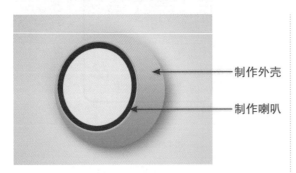

音箱轮廓
- 制作外壳
- 制作喇叭

步骤 01 执行菜单栏中的【文件】|【新建】命令，在弹出的对话框中设置【宽度】为400像素，【高度】为300像素，【分辨率】为72像素/英寸，新建一个空白画布，将画布填充为灰色（R:240, G:245, B:250）到灰色（R:190, G:200, B:206）的径向渐变。

步骤 02 选择工具箱中的【椭圆工具】 ⬭ ，在选项栏中将【填充】更改为黑色，【描边】更改为无，按住Shift键绘制一个正圆图形，此时将生成一个【椭圆1】图层，如图4.71所示。

步骤 03 在【图层】面板中选中【椭圆1】图层，将其拖至面板底部的【创建新图层】 ⬛ 按钮上，复制一个拷贝图层，分别将图层名称更改为【外壳】和【阴影】，如图4.72所示。

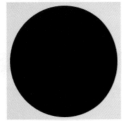

图4.71 绘制正圆　　　图4.72 复制图层

步骤 04 在【图层】面板中选中【外壳】图层，单击面板底部的【添加图层样式】 fx 按钮，在菜单中选择【渐变叠加】命令，在弹出的对话框中将【渐变】更改为橙色（R:213, G:114, B:13）到黄色（R:248, G:211, B:114），完成之后单击【确定】按钮，如图4.73所示。

步骤 05 选中【阴影】图层，执行菜单栏中的【滤镜】|【模糊】|【高斯模糊】命令，在弹出的对话框中单击【栅格化】按钮，然后在弹出的对话框中将【半径】更改为8像素，完成之后单击【确定】按钮，效果如图4.74所示。

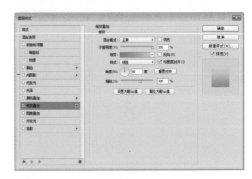

图4.73 设置【渐变叠加】参数

步骤 06 执行菜单栏中的【滤镜】|【模糊】|【动感模糊】命令，在弹出的对话框中将【角度】更改为-38度，【距离】更改为50像素，设置完成之后单击【确定】按钮，效果如图4.75所示。

图4.74 添加高斯模糊　　　图4.75 添加动感模糊

步骤 07 在【图层】面板中选中【阴影】图层，单击面板底部的【添加图层蒙版】 ◉ 按钮，为其添加图层蒙版，如图4.76所示。

步骤 08 选择工具箱中的【画笔工具】 ✎ ，在画布中单击鼠标右键，在弹出的面板中选择一种圆角笔触，将【大小】更改为130像素，【硬度】更改为0%，如图4.77所示。

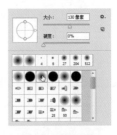

图4.76 添加图层蒙版　　　图4.77 设置笔触

步骤 09 将前景色更改为黑色，在其图像部分区域涂抹，将其隐藏，如图4.78所示。

步骤 10 选择工具箱中的【椭圆工具】 ⬭ ，在选项栏中将

图4.78 隐藏图像

【填充】更改为浅黄色（R:244, G:238, B:203），【描边】更改为无，绘制一个椭圆图形，此时将生成一个【椭圆1】图层，如图4.79所示。

步骤 11 在【图层】面板中选中【椭圆1】图层，将其拖至面板底部的【创建新图层】按钮上，复制三个拷贝图层，分别将图层名称更改为【防尘罩】、【面盆】、【边缘】及【轮廓】，如图4.80所示。

图4.79 绘制椭圆　　　　图4.80 复制图层

步骤 12 在【图层】面板中同时选中【防尘罩】、【面盆】及【边缘】图层，将其暂时隐藏。

步骤 13 选中【轮廓】图层，单击面板底部的【添加图层样式】fx按钮，在菜单中选择【描边】命令。

步骤 14 在弹出的对话框中将【大小】更改为2像素，【位置】更改为【内部】，【填充类型】更改为【渐变】，【渐变】更改为黄色（R:247, G:183, B:17）到黄色（R:230, G:177, B:35），完成之后单击【确定】按钮，如图4.81所示。

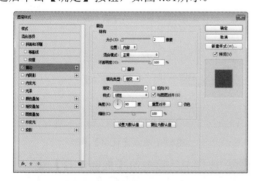

图4.81 设置【描边】参数

步骤 15 同时选中【防尘罩】、【面盆】及【边缘】图层，将图形等比缩小，如图4.82所示。

步骤 16 再选中【边缘】图层，将图形【填充】更改为深红色（R:64, G:48, B:46）；同时选中【防尘罩】、【面盆】图层，将图形再次等比缩小，如图4.83所示。

图4.82 缩小图形　　　　图4.83 变换图形

步骤 17 在【图层】面板中选中【边缘】图层，单击面板底部的【添加图层样式】fx按钮，在菜单中选择【斜面和浮雕】命令。

步骤 18 在弹出的对话框中将【大小】更改为6像素，取消【使用全局光】复选框，【角度】更改为0，【高光模式】中的【不透明度】更改为40%，【阴影模式】中的【不透明度】更改为40%，完成之后单击【确定】按钮，如图4.84所示。

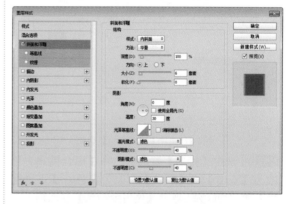

图4.84 设置【斜面和浮雕】参数

4.4.2 处理细节元素

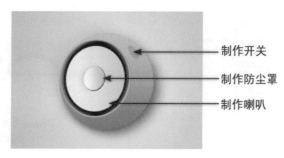

制作开关

制作防尘罩

制作喇叭

细节元素

步骤 01 在【图层】面板中选中【面盆】图层，单击面板底部的【添加图层样式】fx按钮，在菜单中选择【渐变叠加】命令，在弹出的对话框中将【渐变】更改为灰色（R:243, G:243, B:243）到灰色（R:213, G:213, B:213），【角度】更改为0，完成之后单击【确定】按钮，如图4.85所示。

步骤 02 选中【防尘罩】图层，按Ctrl+T组合键对其执行【自由变换】命令，将图形等比缩小，完成之后按Enter键确认，如图4.86所示。

图4.85 添加渐变　　　　图4.86 缩小图形

步骤 03 在【图层】面板中选中【防尘罩】图层，单击面板底部的【添加图层样式】fx按钮，在菜单中选择【渐变叠加】命令，在弹出的对话框中将【渐变】更改为红色（R:158, G:4, B:0）到橙色（R:250, G:142, B:85），【角度】更改为85度，如图4.87所示。

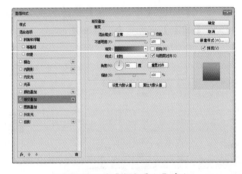

图4.87 设置【渐变叠加】参数

步骤 04 选中【投影】复选框，将【混合模式】更改为【正常】，【颜色】更改为白色，【不透明度】更改为60%，取消【使用全局光】复选框，将【角度】更改为113度，【距离】更改为3像素，【大小】更改为5像素，完成之后单击【确定】按钮，如图4.88所示。

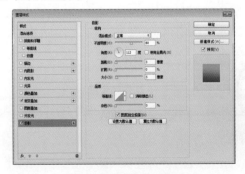

图4.88 设置【投影】参数

步骤 05 在【图层】面板中选中【防尖罩】图层，将其复制一份。选择【防尖罩 拷贝】图层，并稍微向左侧移动，双击【添加图层样式】fx按钮，在弹出的对话框中将【渐变】更改为白色到灰色（R:197, G:197, B:197），【角度】更改为0，如图4.89所示。

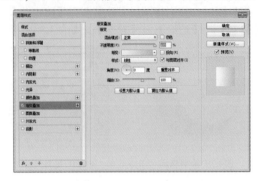

图4.89 更改【渐变叠加】参数

步骤 06 选中【投影】复选框，将【混合模式】更改为【正常】，【颜色】更改为深红色（R:48, G:30, B:32），【不透明度】更改为15%，【角度】更改为18度，【大小】更改为12像素，完成之后单击【确定】按钮，如图4.90所示。

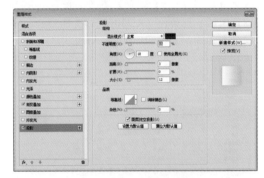

图4.90 更改【投影】参数

步骤 07 选择工具箱中的【椭圆工具】 ，在选项栏中将【填充】更改为黑色，【描边】更改为无，在右上角位置绘制一个椭圆图形，此时将生成一个【椭圆 1】图层，如图4.91所示。

步骤 08 选中【椭圆 1】图层，将其图层混合模式设置为【叠加】，【不透明度】更改为50%，这样就完成了效果的制作，如图4.92所示。

图4.91 绘制椭圆　　　　图4.92 最终效果

4.5 纽扣写实图标

设计构思

本例讲解制作纽扣写实图标，此款图标在制作过程中以格子纹理为背景，将纽扣图形与之搭配，通过拟物化的手法完美表现出图标的特点，最终效果如图4.93所示。

- 难易指数：★★★☆☆
- 案例位置：源文件\第4章\纽扣写实图标.psd
- 视频位置：视频教学\4.5 纽扣写实图标.avi

图4.93 最终效果

重点分解

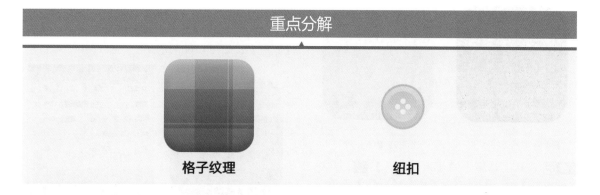

格子纹理   纽扣

色彩分析

主色调为柔和红色，以黄色为辅助色，红色格子纹理与黄色纽扣搭配十分协调。

红色 (R:255,G:160,B:120)   黄色 (R:218,G:190,B:175)

操作步骤

4.5.1 绘制图标轮廓

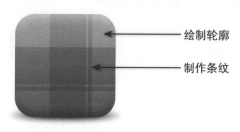

绘制轮廓

制作条纹

图标轮廓

步骤01 执行菜单栏中的【文件】|【新建】命令，在弹出的对话框中设置【宽度】为400像素，【高度】为300像素，【分辨率】为72像素/英寸，新建一个空白画布。

步骤02 选择工具箱中的【圆角矩形工具】■，在选项栏中将【填充】更改为黑色，【描边】更改为无，【半径】更改为35像素，按住Shift键绘制一个圆角矩形，此时将生成一个【圆角矩形1】图层，如图4.94所示。

步骤03 在【图层】面板中选中【圆角矩形1】图层，单击面板底部的【添加图层样式】**fx**按钮，在菜单中选择【渐变叠加】命令，在弹出的对话框中将【渐变】更改为红色（R:232, G:56, B:45）到红色（R:255, G:160, B:120），完成之后单击【确定】按钮，效果如图4.95所示。

图4.94 绘制圆角矩形　　　图4.95 添加渐变

步骤04 选择工具箱中的【矩形工具】■，在选项栏中将【填充】更改为黑色，【描边】更改为无，在图标中间绘制一个与其宽度相同的矩形，此时将生成一个【矩形1】图层，如图4.96所示。

步骤05 选中【矩形1】图层，向下移动复制一份，并缩小宽度使其变成细长型矩形，将生成一个【矩形1拷贝】图层，如图4.97所示。

图4.96 绘制矩形　　　图4.97 复制并变换矩形

步骤06 同时选中【矩形1拷贝】及【矩形】图层，按Ctrl+E组合键将其合并，此时将生成一个【矩形1拷贝】图层。

步骤07 选中【矩形1拷贝】图层，将其图层混合模式设置为【叠加】，【不透明度】更改为30%，如图4.98所示。

图4.98 设置图层混合模式

步骤08 在【图层】面板中选中【矩形1拷贝】图层，将其拖至面板底部的【创建新图层】■按钮上，复制一个【矩形1拷贝2】图层。

步骤09 按Ctrl+T组合键执行【自由变换】命令，单击鼠标右键，从弹出的快捷菜单中选择【逆时针旋转90度】命令，完成之后按Enter键确认，如图4.99所示。

步骤10 同时选中除【背景】之外的所有图层，按Ctrl+G组合键将其编组，将生成的组名称更改为【底座】，如图4.100所示。

图4.99 旋转图形　　　图4.100 将图层编组

步骤11 在【图层】面板中选中【底座】组，单击面板底部的【添加图层样式】**fx**按钮，在菜单中选择【斜面和浮雕】命令，在弹出的对话框中将【大小】更改为13像素，【软化】更改为13像素，【高光模式】中的【不透明度】更改为40%，【阴影模式】中的【不透明度】更改为20%，完成之后单击【确定】按钮，如图4.101所示。

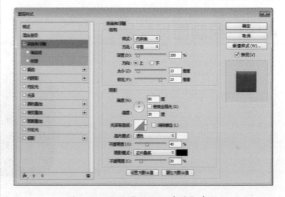

图4.101 设置【斜面和浮雕】参数

4.5.2 绘制纽扣轮廓

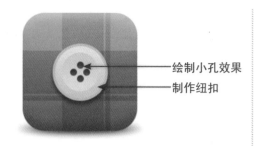

绘制小孔效果
制作纽扣

纽扣效果

步骤 01 选择工具箱中的【椭圆工具】，在选项栏中将【填充】更改为浅粉色（R:218, G:190, B:175），【描边】更改为无，在图标中间位置按住Shift键绘制一个正圆图形，此时将生成一个【椭圆1】图层，如图4.102所示。

步骤 02 选中【椭圆1】图层，将其拖至面板底部的【创建新图层】按钮上，复制两个拷贝图层，如图4.103所示。

图4.102 绘制图形　　　　图4.103 复制图层

步骤 03 在【图层】面板中选中【椭圆1拷贝】图层，单击面板底部的【添加图层样式】按钮，在菜单中选择【渐变叠加】命令，在弹出的对话框中将【渐变】更改为浅粉色（R:224, G:204, B:190）到浅粉色（R:235, G:226, B:220），完成之后单击【确定】按钮，如图4.104所示。

步骤 04 选中【椭圆1拷贝】图层，按Ctrl+T组合键对其执行【自由变换】命令，将图形等比缩小，完成之后按Enter键确认，如图4.105所示。

图4.104 添加渐变　　　　图4.105 缩小图形

步骤 05 在【椭圆1拷贝】图层名称上单击鼠标右键，从弹出的快捷菜单中选择【拷贝图层样式】命令，在【椭圆1拷贝2】图层名称上单击鼠标右键，从弹出的快捷菜单中选择【粘贴图层样式】命令。

步骤 06 双击【椭圆1拷贝2】图层样式名称，在弹出的对话框中选中【渐变叠加】复选框，选中【反向】复选框，完成之后单击【确定】按钮，效果如图4.106所示。

步骤 07 按Ctrl+T组合键对其执行【自由变换】命令，将图形等比缩小，完成之后按Enter键确认，如图4.107所示。

图4.106 渐变效果　　　　图4.107 缩小图形

步骤 08 选择工具箱中的【椭圆工具】，在选项栏中将【填充】更改为任意颜色，【描边】更改为无，在适当位置按住Shift键绘制一个正圆图形，此时将生成一个【椭圆2】图层，如图4.108所示。

步骤 09 选中【椭圆2】图层，向右侧平移复制一份，将生成一个【椭圆2拷贝】图层，如图4.109所示。

图4.108 绘制正圆　　　　图4.109 复制图形

步骤 10 同时选中【椭圆2拷贝】及【椭圆2】图层，按Ctrl+E组合键将其合并，此时将生成一个【椭圆2拷贝】图层。

步骤 11 在【图层】面板中选中【椭圆2拷贝】图层，将其拖至面板底部的【创建新图层】按钮上，复制一个【椭圆2拷贝2】图层。

步骤 12 按Ctrl+T组合键执行【自由变换】命令，单击鼠标右键，从弹出的快捷菜单中选择【顺时针旋转90度】命令，完成之后按Enter键确认，按Ctrl+E组合键向下合并，将生成一个【椭圆 2 拷贝 2】图层，如图4.110所示。

步骤 13 在【图层】面板中，同时选中【椭圆 1 拷贝 2】、【椭圆 1 拷贝】及【椭圆 1】图层，按Ctrl+G组合键将其编组，此时将生成一个【组1】组，再单击面板底部的【添加图层蒙版】 按钮，为其添加图层蒙版，如图4.111所示。

图4.110 复制图形　　　图4.111 添加图层蒙版

步骤 14 按住Ctrl键单击【椭圆 2 拷贝 2】图层缩览图，将其载入选区，如图4.112所示。

步骤 15 将选区填充为黑色，隐藏部分图形，完成之后按Ctrl+D组合键取消选区，再将【椭圆 2 拷贝 2】图层删除，如图4.113所示。

图4.112 载入选区　　　图4.113 隐藏图形

步骤 16 在【图层】面板中选中【组 1】组，单击面板底部的【添加图层样式】 *fx* 按钮，在菜单中选择【投影】命令。

步骤 17 在弹出的对话框中将【混合模式】更改为【正常】，【颜色】更改为深红色（R:48, G:30, B:32），【不透明度】更改为50%，取消【使用全局光】复选框；将【角度】更改为90度，【距离】更改为6像素，【大小】更改为6像素，完成之后单击【确定】按钮，如图4.114所示。

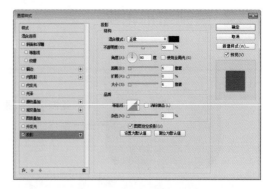

图4.114 设置【投影】参数

步骤 18 选择工具箱中的【椭圆工具】 ，在选项栏中将【填充】更改为黑色，【描边】更改为无，在图标底部绘制一个椭圆图形，此时将生成一个【椭圆 2】图层，如图4.115所示。

步骤 19 执行菜单栏中的【滤镜】|【模糊】|【高斯模糊】命令，在弹出的对话框中单击【栅格化】按钮，然后在弹出的对话框中将【半径】更改为5像素，完成之后单击【确定】按钮，如图4.116所示。

图4.115 绘制图形　　　图4.116 添加高斯模糊

步骤 20 执行菜单栏中的【滤镜】|【模糊】|【动感模糊】命令。

步骤 21 在弹出的对话框中将【角度】更改为0，【距离】更改为50像素，设置完成之后单击【确定】按钮，这样就完成了效果的制作，如图4.117所示。

图4.117 最终效果

4.6 购物图标

　　本例讲解绘制购物图标，此款图标在制作过程中以购物特征为基础，通过色彩的灵活运用及特征元素的添加，表现出整个图标的可识别性，最终效果如图4.118所示。

图4.118 最终效果

- 难易指数：★★★★☆
- 案例位置：源文件\第4章\购物图标.psd
- 视频位置：视频教学\4.6 购物图标.avi

底部轮廓　　　　　　　标签　　　　　　　绳子

主色调为高雅紫色，以干净黄色作为辅助色，整体色调与购物主题十分搭配。

紫色 (R:196,G:135,B:231)　　黄色 (R:249,G:232,B:186)

4.6.1 制作图标轮廓

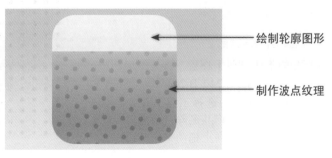

绘制轮廓图形

制作波点纹理

图标轮廓

步骤01 执行菜单栏中的【文件】|【新建】命令，在弹出的对话框中设置【宽度】为500像素，【高度】为380像素，【分辨率】为72像素/英寸，新建一个空白画布，将画布填充为紫色（R:228, G:190, B:221）到黄色（R:248, G:235, B:215）的线性渐变。

步骤02 选择工具箱中的【圆角矩形工具】，在选项栏中将【填充】更改为黑色，【描边】更改为无，【半径】更改为40像素，按住Shift键绘制一个圆角矩形，此时将生成一个【圆角矩形 1】图层，如图4.119所示。

步骤03 在【图层】面板中选中【圆角矩形 1】图层，将其拖至面板底部的【创建新图层】按钮上，复制一个【圆角矩形 1 拷贝】图层，如图4.120所示。

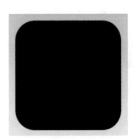

图4.119 绘制圆角矩形　　　图4.120 复制图层

步骤04 在【图层】面板中选中【圆角矩形 1】图层，单击面板底部的【添加图层样式】fx按钮，在菜单中选择【渐变叠加】命令。

步骤05 在弹出的对话框中将【渐变】更改为紫色（R:196, G:135, B:231）到浅紫色（R:249, G:228, B:243），完成之后单击【确定】按钮，效果如图4.121所示。

图4.121 添加渐变

步骤06 选中【圆角矩形 1 拷贝】图层，将其图形【填充】更改为灰色（R:240, G:240, B:240）。

步骤07 选择工具箱中的【直接选择工具】，同时选中图形底部两个锚点，将其删除；再同时选中图形左下角和右下角锚点向上拖动缩短其高度，如图4.122所示。

图4.122 缩小图形高度

步骤08 选择工具箱中的【椭圆工具】，在选项栏中将【填充】更改为黑色，【描边】更改为无，在画布左上角位置按住Shift键绘制一个正圆图形，此时将生成一个【椭圆 1】图层，如图4.123所示。

图4.123 绘制图形

步骤09 按Ctrl+Alt+T组合键将正圆向右侧平移复制一份，如图4.124所示。

步骤10 按住Ctrl+Alt+Shift组合键的同时按T键多次，执行多重复制命令，将图形复制多份，如图4.125所示。

图4.124 变换复制　　　图4.125 多重复制

步骤11 同时选中所有和【椭圆 1】图层相关的图层，按Ctrl+E组合键将其合并；再以同样的方法将其向下垂直复制多份，直到铺满整个画布，如图4.126所示。

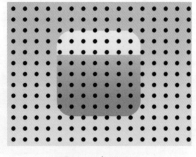

图4.126 复制图形

步骤 12 同时选中所有和小圆相关的图层，按Ctrl+E组合键将其合并，将生成的图层名称更改为【波点】，如图4.127所示。

步骤 13 选中【波点】图层，按Ctrl+T组合键对其执行【自由变换】命令，当出现变形框之后，在选项栏的【旋转】文本框中输入45，完成之后按Enter键确认，如图4.128所示。

图4.129 添加图层蒙版

图4.130 载入选区

步骤 16 执行菜单栏中的【选择】|【反向】命令，将选区反向，将选区填充为黑色，隐藏部分图形，完成之后按Ctrl+D组合键取消选区，如图4.131所示。

图4.127 合并图层

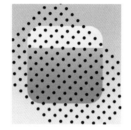

图4.128 旋转图形

步骤 14 在【图层】面板中选中【波点】图层，将其图层混合模式更改为【叠加】，【不透明度】更改为30%，再移至【圆角矩形 1 拷贝】图层下方，并单击面板底部的【添加图层蒙版】 按钮，为其添加图层蒙版，如图4.129所示。

步骤 15 按住Ctrl键单击【圆角矩形 1】图层缩览图，将其载入选区，如图4.130所示。

图4.131 隐藏图形

4.6.2 绘制绳子

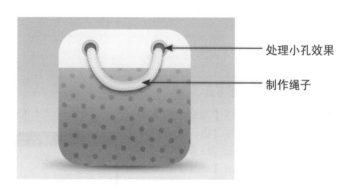

处理小孔效果

制作绳子

绳子效果

步骤 01 选择工具箱中的【椭圆工具】 ，在选项栏中将【填充】更改为灰色（R:144，G:133，B:127），【描边】更改为无，在图标左上角位置按住Shift键绘制一个正圆图形，此时将生成一个【椭圆 1】图层，如图4.132所示。

步骤 02 在【图层】面板中选中【椭圆 1】图层，将其拖至面板底部的【创建新图层】 按钮上，复制一个拷贝图层，分别将图层名称更改为【内孔】和【边缘】，如图4.133所示。

图4.132 绘制正圆

图4.133 复制图层

步骤 03 在【图层】面板中选中【边缘】图层，单击面板底部的【添加图层样式】**fx**按钮，在菜单中选择【渐变叠加】命令。

步骤 04 在弹出的对话框中将【渐变】更改为黄色（R:239, G:195, B:115）到黄色（R:255, G:236, B:169），如图4.134所示。

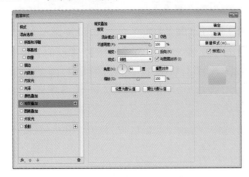

图4.134 设置【渐变叠加】参数

步骤 05 选中【外发光】复选框，将【混合模式】更改为【正常】，【不透明度】更改为40%，【颜色】更改为深黄色（R:54, G:38, B:6），【大小】更改为3像素，如图4.135所示。

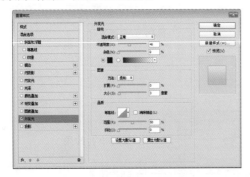

图4.135 设置【外发光】参数

步骤 06 选中【投影】复选框，将【混合模式】更改为【叠加】，【颜色】更改为白色，【不透明度】更改为100%，【距离】更改为3像素，【大小】更改为3像素，完成之后单击【确定】按钮，如图4.136所示。

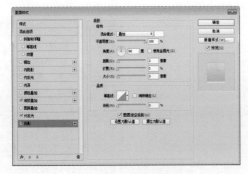

图4.136 设置【投影】参数

步骤 07 在【图层】面板中选中【内孔】图层，将其适当缩小，单击面板底部的【添加图层样式】**fx**按钮，在菜单中选择【内发光】命令，在弹出的对话框中将【混合模式】更改为【正常】，【不透明度】更改为30%，【颜色】更改为黑色，【大小】更改为8像素，完成之后单击【确定】按钮，如图4.137所示。

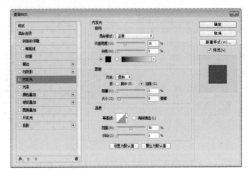

图4.137 设置【内发光】参数

步骤 08 同时选中【内孔】及【边缘】图层，向右侧平移复制一份，如图4.138所示。

步骤 09 同时选中【内孔】、【边缘】、【内孔拷贝】及【边缘拷贝】图层，按Ctrl+G组合键将其编组，将生成的组名称更改为【绳子孔】，如图4.139所示。

图4.138 复制图形　　　　图4.139 将图层编组

提示与技巧

将图层编组是为了更好地管理图层，特别是在图层数量较多的情况下，要养成编组管理图层的好习惯。

步骤 10 选择工具箱中的【钢笔工具】，在选项栏中单击【选择工具模式】按钮，在弹出的选项中选择【形状】，将【填充】更改为无，【描边】更改为白色，【宽度】更改为15点，在两个孔之间绘制一条线段，将生成一个【形状1】图层。

步骤 11 单击【设置形状描边类型】按钮，在弹出的面板中单击【端点】按钮，在弹出的选项中选择第二种圆形类型，如图4.140所示。

步骤 12 在【图层】面板中选中【形状 1】图层，将其拖至面板底部的【创建新图层】按钮上，复制两个拷贝图层，分别将图层名称更改为【高光】、【绳子】及【阴影】，如图4.141所示。

图4.140 绘制线段　　　图4.141 复制图层

步骤13 在【图层】面板中选中【绳子】图层，单击面板底部的【添加图层样式】**fx**按钮，在菜单中选择【渐变叠加】命令。

步骤14 在弹出的对话框中将【渐变】更改为灰色（R:205, G:205, B:205）到灰色（R:232, G:232, B:232），【缩放】更改为50%，如图4.142所示。

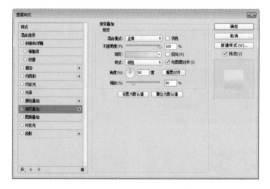

图4.142 设置【渐变叠加】参数

步骤15 选中【投影】复选框，将【混合模式】更改为【正常】，【颜色】更改为黑色，【不透明度】更改为30%，取消【使用全局光】复选框，将【角度】更改为90度，【距离】更改为2像素，【大小】更改为3像素，完成之后单击【确定】按钮，如图4.143所示。

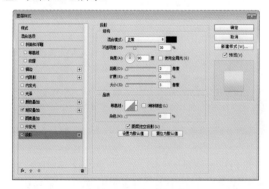

图4.143 设置【投影】参数

步骤16 选中【高光】图层，将其图形【描边】更

改为白色，【宽度】更改为5点，如图4.144所示。

步骤17 选择工具箱中的【直接选择工具】，拖动线段锚点，将其变形，如图4.145所示。

图4.144 更改描边　　　图4.145 调整锚点

步骤18 执行菜单栏中的【滤镜】|【模糊】|【高斯模糊】命令，在弹出的对话框中单击【栅格化】按钮，然后在弹出的对话框中将【半径】更改为3像素，完成之后单击【确定】按钮，效果如图4.146所示。

步骤19 选择工具箱中的【钢笔工具】，在选项栏中单击【选择工具模式】 路径 按钮，在弹出的选项中选择【形状】，将【填充】更改为无，【描边】更改为灰色（R:171, G:171, B:171），【宽度】更改为0.5点，在绳子左上角位置绘制一条线条，如图4.147所示。

 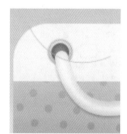

图4.146 添加高斯模糊　　　图4.147 绘制线条

步骤20 按Ctrl+Alt+T组合键，当出现变形框之后，将中心点移至右侧位置，将旋转复制一份，完成之后按Enter键确认，如图4.148所示。

步骤21 按住Ctrl+Alt+Shift组合键的同时按T键多次，执行多重复制命令，将线段复制多份，如图4.149所示。

图4.148 变换复制　　　图4.149 多重复制

步骤22 同时选中所有和线条相关的图层，按

Ctrl+G组合键将其编组,将生成的组名称更改为【纹理】,按Ctrl+E组合键将其合并,将生成一个【纹理】图层,如图4.150所示。

步骤23 按Ctrl+T组合键对其执行【自由变换】命令,将图像适当旋转,完成之后按Enter键确认,如图4.151所示。

图4.150 合并组   图4.151 旋转图像

步骤24 同时选中【高光】及【绳子】图层,按Ctrl+G组合键将其编组,将生成的组名称更改为【绳子】。

步骤25 选中【纹理】图层,执行菜单栏中的【图层】|【创建剪贴蒙版】命令,为当前图层创建剪贴蒙版,隐藏部分图像,再将其图层【不透明度】更改为50%,如图4.152所示。

图4.152 创建剪贴蒙版

4.6.3 绘制标签

制作标签轮廓
处理阴影效果

标签图像

步骤01 选择工具箱中的【圆角矩形工具】▢,在选项栏中将【填充】更改为黄色(R:249, G:232, B:186),【描边】更改为无,【半径】更改为5像素,绘制一个圆角矩形,此时将生成一个【圆角矩形 2】图层,如图4.156所示。

步骤26 选中【阴影】图层,将其图形【描边】更改为黑色,再按Ctrl+T组合键对其执行【自由变换】命令,将其宽度缩小,完成之后按Enter键确认,如图4.153所示。

步骤27 执行菜单栏中的【滤镜】|【模糊】|【高斯模糊】命令,在弹出的对话框中单击【栅格化】按钮,然后在弹出的对话框中将【半径】更改为3像素,完成之后单击【确定】按钮,效果如图4.154所示。

图4.153 将线段变形   图4.154 添加高斯模糊

步骤28 选中【阴影】图层,将其图层【不透明度】更改为35%,如图4.155所示。

图4.155 更改图层不透明度

步骤02 选择工具箱中的【添加锚点工具】✐,在圆角矩形右侧边缘单击添加锚点,如图4.157所示。

图4.156 绘制圆角矩形   图4.157 添加锚点

步骤03 选择工具箱中的【删除锚点工具】✐,分别在圆角矩形右上角和右下角锚点上单击,将其删除,如图4.158所示。

步骤04 选择工具箱中的【转换点工具】，在添加的锚点上单击，选择工具箱中的【直接选择工具】，拖动锚点，将图形变形，如图4.159所示。

图4.158 删除锚点　　　　图4.159 将图形变形

步骤05 选择工具箱中的【横排文字工具】，在圆角矩形位置添加文字（方正兰亭细黑_GB），如图4.160所示。

步骤06 同时选中【SALE】及【圆角矩形 2】图层，按Ctrl+G组合键将其编组，将生成的组名称更改为【标签】。

步骤07 选中【标签】组，按Ctrl+T组合键对其执行【自由变换】命令，单击鼠标右键，从弹出的快捷菜单中选择【斜切】命令，拖动变形框控制点将图形变形，再适当旋转，完成之后按Enter键确认，如图4.161所示。

图4.160 添加文字　　　　图4.161 将图形变形

步骤08 同时选中所有和标签相关的图层，按Ctrl+G组合键将其编组，将生成的组名称更改为【标签】，再单击【添加图层蒙版】按钮为其添加图层蒙版，如图4.162所示。

步骤09 选择工具箱中的【钢笔工具】，沿标签与绳子重叠的左半部分区域绘制一个封闭路径，如图4.163所示。

图4.162 添加图层蒙版　　　　图4.163 绘制路径

步骤10 将路径转换为选区，将选区填充为黑色，隐藏部分图形，完成之后按Ctrl+D组合键取消选区，如图4.164所示。

步骤11 选择工具箱中的【钢笔工具】，在选项栏中单击【选择工具模式】 路径 按钮，在弹出的选项中选择【形状】，将【填充】更改为灰色（R:103, G:103, B:103），【描边】更改为无。

步骤12 在隐藏图形后的位置绘制一个不规则图形，此时将生成一个【形状 1】图层，如图4.165所示。

图4.164 隐藏图形　　　　图4.165 绘制图形

步骤13 选择工具箱中的【钢笔工具】，在标签图形底部绘制一个灰色（R:127, G:127, B:127）不规则图形，将生成一个【形状 2】图层，将其移至【标签】组下方，如图4.166所示。

步骤14 执行菜单栏中的【滤镜】|【模糊】|【高斯模糊】命令，在弹出的对话框中单击【栅格化】按钮，然后在弹出的对话框中将【半径】更改为3像素，完成之后单击【确定】按钮，如图4.167所示。

图4.166 绘制图形　　　　图4.167 制作投影

步骤15 选中【形状 2】图层，将其图层【不透明度】更改为60%，如图4.168所示。

步骤16 选择工具箱中的【椭圆工具】，在选项栏中将【填充】更改为黑色，【描边】更改为无，在图标底部绘制一个椭圆图形，此时将生成一个【椭圆 1】图层，将其移至【背景】图层上方，如图4.169所示。

图4.168 降低不透明度　　　　图4.169 绘制椭圆

步骤 17 执行菜单栏中的【滤镜】|【模糊】|【高斯模糊】命令，在弹出的对话框中单击【栅格化】按钮，然后在弹出的对话框中将【半径】更改为5像素，完成之后单击【确定】按钮，如图4.170所示。

步骤 18 执行菜单栏中的【滤镜】|【模糊】|【动感模糊】命令，在弹出的对话框中将【角度】更改为0，【距离】更改为100像素，设置完成之后单击【确定】按钮，这样就完成了效果的制作，如图4.171所示。

图4.170 添加高斯模糊　　　　图4.171 最终效果

4.7 质感笔记图标

设计构思

本例讲解绘制质感笔记图标，该图标以牛皮纹理作为主体轮廓，通过绘制真实纸张及铅笔图像，全面提升了图标的可识别性及实用性，最终效果如图4.172所示。

- 难易指数：★★★★☆
- 素材位置：调用素材\第4章\质感笔记图标
- 案例位置：源文件\第4章\质感笔记图标.psd
- 视频位置：视频教学\4.7 质感笔记图标.avi

图4.172 最终效果

重点分解

皮质底纹　　　　纸张　　　　铅笔

色彩分析

主色调为科技蓝，以浅黄色作为辅助色，协调的颜色组合保证了图标真实性。

蓝色 (R:31,G:153,B:216)　　　浅黄色 (R:252,G:237,B:217)　　　粉色 (R:248,G:126,B:198)

4.7.1 制作质感轮廓

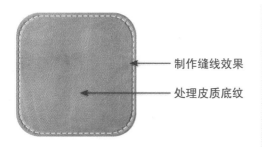

制作缝线效果

处理皮质底纹

轮廓效果

图4.175 添加素材　　图4.176 创建剪贴蒙版

步骤01 执行菜单栏中的【文件】|【新建】命令，在弹出的对话框中设置【宽度】为500像素，【高度】为500像素，【分辨率】为72像素/英寸，新建一个空白画布。

步骤02 选择工具箱中的【圆角矩形工具】 ，在选项栏中将【填充】更改为黑色，【描边】更改为无，【半径】更改为50像素，按住Shift键绘制一个圆角矩形，此时将生成一个【圆角矩形 1】图层，如图4.173所示。

步骤03 在【图层】面板中选中【圆角矩形 1】图层，将其拖至面板底部的【创建新图层】 按钮上，复制一个【圆角矩形 1 拷贝】图层，如图4.174所示。

图4.173 绘制圆角矩形　　图4.174 复制图层

步骤04 执行菜单栏中的【文件】|【打开】命令，选择"调用素材\第4章\质感笔记图标\牛皮纹理.jpg"文件，单击【打开】按钮，将打开的素材拖入画布中并适当缩小，更改其图层名称为【图层1】，并将其移至【圆角矩形 1 拷贝】图层下方，如图4.175所示。

步骤05 选中【图层 1】图层，执行菜单栏中的【图层】|【创建剪贴蒙版】命令，为当前图层创建剪贴蒙版，隐藏部分图像，再将图像等比缩小，如图4.176所示。

步骤06 同时选中【图层 1】及【圆角矩形 1】图层，按Ctrl+G组合键将其编组，生成一个【组 1】组。

步骤07 在【图层】面板中选中【组 1】组，单击面板底部的【添加图层样式】 *fx* 按钮，在菜单中选择【斜面和浮雕】命令。

步骤08 在弹出的对话框中将【大小】更改为1像素，取消【使用全局光】复选框；将【角度】更改为0，【光泽等高线】更改为环形，【高光模式】更改为【柔光】，【不透明度】更改为35%，【阴影模式】更改为【柔光】，【不透明度】更改为50%，完成之后单击【确定】按钮，如图4.177所示。

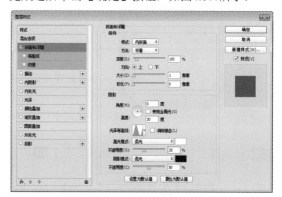

图4.177 设置【斜面和浮雕】参数

步骤09 选中【圆角矩形 1 拷贝】图层，在选项栏中将【填充】更改为无，【描边】更改为浅黄色（R:255，G:243，B:231），【宽度】更改为2点，单击【设置形状描边类型】 按钮，在弹出的选项中选择第二种描边类型，再将图形等比缩小，如图4.178所示。

图4.178 更改属性

步骤10 在【图层】面板中选中【圆角矩形 1 拷贝】图层，单击面板底部的【添加图层样式】 *fx* 按钮，在菜单中选择【斜面和浮雕】命令。

步骤11 在弹出的对话框中将【样式】更改为【枕状浮雕】，【方法】更改为【雕刻清晰】，【大小】

更改为0像素，取消【使用全局光】复选框；将【角度】更改为0，【光泽等高线】更改为环形，【高光模式】更改为【叠加】，【不透明度】更改为50%，【阴影模式】更改为【叠加】，【不透明度】更改为50%，如图4.179所示。

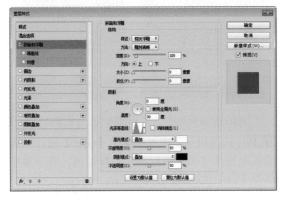

图4.179 设置【斜面和浮雕】参数

步骤12 选中【投影】复选框，将【混合模式】更改为【正常】，【不透明度】更改为80%，取消【使用全局光】复选框；将【大小】更改为1像素，完成之后单击【确定】按钮，如图4.180所示。

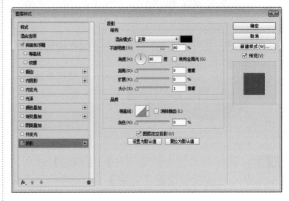

图4.180 设置【投影】参数

4.7.2 制作纸张图像

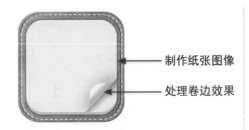

制作纸张图像

处理卷边效果

纸张图像

步骤01 选择工具箱中的【圆角矩形工具】，在选项栏中将【填充】更改为浅黄色（R:252, G:237, B:217），【描边】更改为无，【半径】更改为40像素，按住Shift键绘制一个圆角矩形，此时将生成一个【圆角矩形2】图层，如图4.181所示。

步骤02 在【图层】面板中选中【圆角矩形 2】图层，将其拖至面板底部的【创建新图层】按钮上，复制三个拷贝图层，分别将图层名称更改为【纸张】、【纸张 2】、【纸张 3】及【纸张 4】图层，如图4.182所示。

图4.181 绘制圆角矩形

图4.182 复制图层

步骤03 在【图层】面板中选中【纸张4】图层，单击面板底部的【添加图层样式】 *fx* 按钮，在菜单中选择【投影】命令。

步骤04 在弹出的对话框中将【混合模式】更改为【正常】，【不透明度】更改为30%，【距离】更改为1像素，完成之后单击【确定】按钮，如图4.183所示。

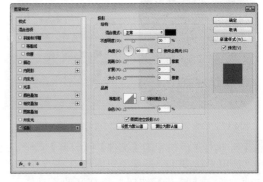

图4.183 设置【投影】参数

步骤05 在【纸张 4】图层名称上单击鼠标右键，从弹出的快捷菜单中选择【拷贝图层样式】命令，同时选中【纸张 3】、【纸张 2】及【纸张】图层，在图层名称上单击鼠标右键，从弹出的快捷菜单中选择【粘贴图层样式】命令，如图4.184所示。

步骤06 选中【纸张 3】图层，按Ctrl+T组合键对其执行【自由变换】命令，拖动变形框底部控制点，将图形高度稍微缩小，完成之后按Enter键确认，如图4.185所示。

图4.184 粘贴图层样式

图4.185 缩小图形高度

步骤 07 以同样的方法分别选中【纸张 2】及【纸张】图层，在画布中将图形高度适当缩小，如图4.186所示。

图4.186 缩小图形高度

提示与技巧

在缩小当前图形高度时，可将上方图层暂时隐藏。

步骤 08 选择工具箱中的【钢笔工具】，在选项栏中单击【选择工具模式】【路径】按钮，在弹出的选项中选择【形状】，将【填充】更改为黑色，【描边】更改为无，在纸张右下角绘制一个不规则图形，将生成一个【形状 1】图层，如图4.187所示。

图4.187 绘制图形

步骤 09 在【图层】面板中选中【形状 1】图层，单击面板底部的【添加图层样式】fx按钮，在菜单中选择【渐变叠加】命令。

步骤 10 在弹出的对话框中将【渐变】更改为黄色

系渐变，【角度】更改为-47度，完成之后单击【确定】按钮，如图4.188所示。

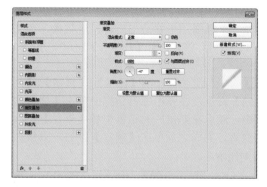
图4.188 设置【渐变叠加】参数

步骤 11 选择工具箱中的【钢笔工具】，在选项栏中单击【选择工具模式】【路径】按钮，在弹出的选项中选择【形状】，将【填充】更改为深黄色（R:159, G:136, B:104），【描边】更改为无，在图标右下位置绘制一个三角形，此时将生成一个【形状 2】图层，如图4.189所示。

步骤 12 将其移至【形状 1】图层下方，执行菜单栏中的【图层】|【创建剪贴蒙版】命令，为当前图层创建剪贴蒙版，如图4.190所示。

图4.189 绘制图形

图4.190 创建剪贴蒙版

步骤 13 在【图层】面板中选中【形状 2】图层，单击面板底部的【添加图层蒙版】按钮，为其添加图层蒙版，如图4.191所示。

步骤 14 选择工具箱中的【渐变工具】，编辑黑色到白色的渐变，单击选项栏中的【线性渐变】按钮，在图形上拖动，隐藏部分图形，如图4.192所示。

图4.191 添加图层蒙版

图4.192 隐藏图形

步骤 15 选择工具箱中的【椭圆工具】 ⬭ ，在选项栏中将【填充】更改为深黄色（R:159, G:136, B:104），【描边】更改为无，在卷边图形位置绘制一个椭圆图形并适当旋转，将生成一个【椭圆 1】图层，将其移至【形状 1】图层下方，如图4.193所示。

步骤 16 执行菜单栏中的【滤镜】|【模糊】|【高斯模糊】命令，在弹出的对话框中单击【栅格化】按钮，然后在弹出的对话框中将【半径】更改为15像素，完成之后单击【确定】按钮，效果如图4.194所示。

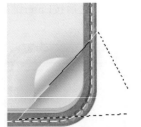

图4.195 绘制选区　　　　图4.196 删除图像

步骤 19 同时选中所有和纸张相关的图层，按Ctrl+G组合键将其编组，将生成一个【组 2】组。

步骤 20 在【图层】面板中选中【组 2】组，单击面板底部的【添加图层样式】 *fx* 按钮，在菜单中选择【外发光】命令，在弹出的对话框中将【混合模式】更改为【正常】，【不透明度】更改为30%，【颜色】更改为黑色，【大小】更改为5像素，完成之后单击【确定】按钮，如图4.197所示。

图4.193 绘制椭圆　　　　图4.194 添加高斯模糊

步骤 17 选择工具箱中的【多边形套索工具】 ，在图像右下角位置绘制一个三角形选区，以选中部分多余的图像，如图4.195所示。

步骤 18 选中【椭圆 1】图层，按Dlete键将选区中的图像删除，完成之后按Ctrl+D组合键取消选区，再将其图层【不透明度】更改为80%，效果如图4.196所示。

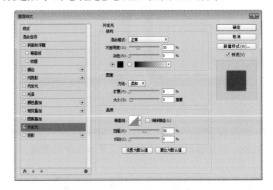

图4.197 设置【外发光】参数

4.7.3 绘制铅笔

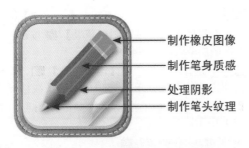

制作橡皮图像
制作笔身质感
处理阴影
制作笔头纹理

铅笔图像

步骤 01 选择工具箱中的【矩形工具】 ，在选项栏中将【填充】更改为蓝色（R:31, G:153, B:216），【描边】更改为无，绘制一个矩形，此时将生成一个【矩形 1】图层，如图4.198所示。

步骤 02 选择工具箱中的【钢笔工具】 ，在选项栏中单击【选择工具模式】 路径 按钮，在弹出的选项中选择【形状】，将【填充】更改为黑

色，【描边】更改为无，在矩形左侧位置绘制一个不规则图形，将生成一个【形状 3】图层，如图4.199所示。

图4.198 绘制矩形　　　　图4.199 绘制图形

步骤 03 在【形状 3】图层上单击鼠标右键，在弹出的快捷菜单中选择【栅格化图层】命令；选择工具箱中的【椭圆选区工具】 ，在图像左侧绘制一个椭圆，如图4.200所示。

步骤 04 执行菜单栏中的【图层】|【新建】|【通过

118

剪切的图层】命令，此时将生成一个【图层2】图层，如图4.201所示。

图4.200 绘制椭圆　　图4.201 通过剪切的图层

步骤05 在【图层】面板中选中【图层2】图层，单击面板底部的【添加图层样式】*fx*按钮，在菜单中选择【渐变叠加】命令。

步骤06 在弹出的对话框中将【渐变】更改为灰色（R:52, G:54, B:53）到灰色（R:224, G:224, B:224）再到灰色（R:209, G:209, B:209），将中间灰色色标的位置更改为65%，【缩放】更改为70%，完成之后单击【确定】按钮，如图4.202所示。

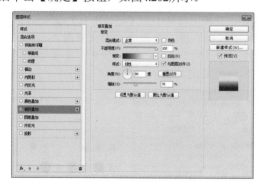

图4.202 设置【渐变叠加】参数

步骤07 在【图层】面板中选中【形状3】图层，单击面板底部的【添加图层样式】*fx*按钮，在菜单中选择【渐变叠加】命令。

步骤08 在弹出的对话框中将【渐变】更改为深橙色（R:167, G:72, B:33）到黄色（R:252, G:214, B:163），完成之后单击【确定】按钮，如图4.203所示。

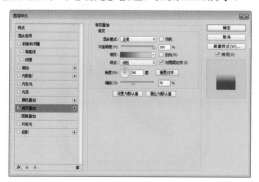

图4.203 添加【渐变叠加】参数

步骤09 在【图层】面板中选中【矩形1】图层，单击面板底部的【添加图层样式】*fx*按钮，在菜单中选择【渐变叠加】命令。

步骤10 在弹出的对话框中将【渐变】更改为蓝色系渐变，完成之后单击【确定】按钮，如图4.204所示。

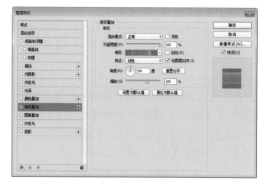

图4.204 设置【渐变叠加】参数

提示与技巧

此处渐变颜色色标设置建议如下图所示。

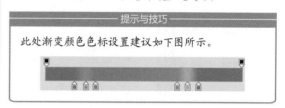

步骤11 在【图层】面板中选中【矩形1】图层，将其拖至面板底部的【创建新图层】按钮上，复制两个拷贝图层，分别将图层名称更改为【橡皮】、【金属】及【笔身】，如图4.205所示。

图4.205 复制图层

步骤12 选中【金属】图层，在画布中将图形宽度缩小，并更改其渐变颜色；以同样的方法选中【橡皮】图层，更改图形宽度及渐变颜色，如图4.206所示。

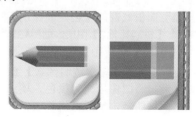

图4.206 更改渐变颜色

提示与技巧

在更改橡皮渐变颜色时，可根据实际的橡皮颜色进行设置，颜色值并非固定，只需要与笔身保持协调即可。

步骤 13 选择工具箱中的【椭圆工具】，在选项栏中将【填充】更改为粉红色（R:248, G:126, B:198），【描边】更改为无，在橡皮右侧绘制一个椭圆图形，此时将生成一个【椭圆 2】图层，如图4.207所示。

步骤 14 同时选中所有和铅笔相关的图层，按Ctrl+G组合键将其编组，将生成的组名称更改为【铅笔】。

步骤 15 在【图层】面板中选中【铅笔】组，将其拖至面板底部的【创建新图层】按钮上，复制一个【铅笔 拷贝】组，如图4.208所示。

图4.207 绘制图形　　　图4.208 将图层编组

步骤 16 在【图层】面板中选中【铅笔 拷贝】组，按Ctrl+E组合键将其合并，再将【铅笔】图层隐藏，如图4.209所示。

步骤 17 选中【铅笔 拷贝】图层，按Ctrl+T组合键对其执行【自由变换】命令，将图形适当旋转，完成之后按Enter键确认，如图4.210所示。

图4.209 合并组　　　图4.210 旋转图像

步骤 18 在【图层】面板中选中【铅笔 拷贝】图层，将其拖至面板底部的【创建新图层】按钮上，复制一个【铅笔拷贝2】图层，如图4.211所示。

步骤 19 在【图层】面板中选中【铅笔 拷贝】图层，单击面板上方的【锁定透明像素】按钮，锁定透明像素，将图像填充为黑色，填充完成之后再次单击此按钮锁定解除，再将图像向下稍微多动，如图4.212所示。

图4.211 锁定透明像素并填充颜色　　图4.212 移动图像

步骤 20 执行菜单栏中的【滤镜】|【模糊】|【高斯模糊】命令，在弹出的对话框中单击【栅格化】按钮，然后在弹出的对话框中将【半径】更改为5像素，完成之后单击【确定】按钮，效果如图4.213所示。

图4.213 添加高斯模糊

步骤 21 在【图层】面板中选中【铅笔 拷贝】图层，单击面板底部的【添加图层蒙版】按钮，为其添加图层蒙版，如图4.214所示。

步骤 22 选择工具箱中的【画笔工具】，在画布中单击鼠标右键，在弹出的面板中选择一种圆角笔触，将【大小】更改为50像素，【硬度】更改为0%，如图4.215所示。

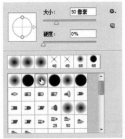

图4.214 添加图层蒙版　　　图4.215 设置笔触

步骤 23 将前景色更改为黑色，在其图像部分区域涂抹，将其隐藏制作出真实的阴影效果，这样就完成了效果的制作，如图4.216所示。

图4.216 最终效果

4.8 质感插座图标

本例讲解制作质感插座图标，该图标以真实的插座为基础图像，进行拟物化写实制作，最终效果如图4.217所示。

图4.217 最终效果

- 难易指数：★★★☆☆
- 案例位置：源文件\第4章\质感插座图标.psd
- 视频位置：视频教学\4.8 质感插座图标.avi

重点分解

面板

插孔

色彩分析

主色调为质感金属黄，以蓝色作为辅助色，黄色面板与蓝色指示灯完美表现出科技插座的效果。

黄色 (R:222,G:216,B:204)   蓝色 (R:0,G:168,B:255)

操作步骤

4.8.1 绘制插座轮廓

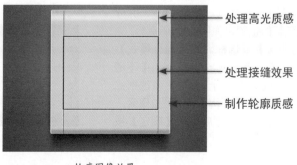

处理高光质感

处理接缝效果

制作轮廓质感

轮廓图像效果

步骤01 执行菜单栏中的【文件】|【新建】命令，在弹出的对话框中设置【宽度】为500像素，【高度】为380像素，【分辨率】为72像素/英寸，新建一个空白画布，将画布填充为蓝色（R:122, G:145, B:173）到蓝色（R:44, G:60, B:79）的径向渐变。

步骤02 选择工具箱中的【圆角矩形工具】 ，在选项栏中将【填充】更改为黄色（R:222, G:216, B:204），【描边】更改为无，【半径】更改为2像素，按住Shift键绘制一个圆角矩形，此时将生成一个【圆角矩形1】图层，如图4.218所示。

图4.218 绘制圆角矩形

步骤03 单击面板底部的【添加图层样式】 fx 按钮，在菜单中选择【斜面和浮雕】命令。

步骤04 在弹出的对话框中将【大小】更改为2像素，取消【使用全局光】复选框；将【角度】更改为0，【高光模式】更改为【正常】，【颜色】更改为白色，【不透明度】更改为70%，【阴影模式】更改为【正常】，【不透明度】更改为70%，【颜色】更改为白色，如图4.219所示。

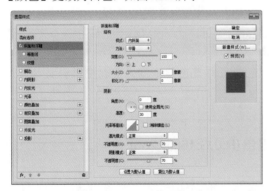

图4.219 设置【斜面和浮雕】参数

步骤05 选中【渐变叠加】复选框，将【不透明度】更改为30%，【渐变】更改为深黄色（R:49, G:43, B:31）到深黄色（R:49, G:43, B:31），并分别调整两个渐变色标的位置，如图4.220所示。

步骤06 选中【内阴影】复选框，将【混合模式】更改为【正常】，【颜色】更改为白色，【不透明度】更改为50%，取消【使用全局光】复选框；将【角度】更改为90度，【距离】更改为2像素，【大小】更改为4像素，完成之后单击【确定】按钮，如图4.221所示。

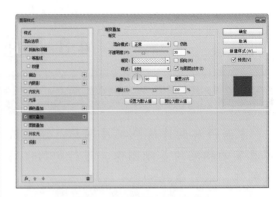

图4.220 设置【渐变叠加】参数

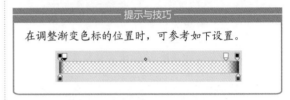

提示与技巧

在调整渐变色标的位置时，可参考如下设置。

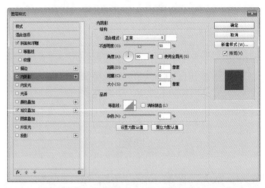

图4.221 设置【内阴影】参数

步骤07 选择工具箱中的【矩形工具】 ，在选项栏中将【填充】更改为白色，【描边】更改为无，在插座靠顶部绘制一个矩形，此时将生成一个【矩形1】图层，如图4.222所示。

步骤08 将【矩形1】图层【填充】更改为0%，再单击面板底部的【添加图层样式】 fx 按钮，在菜单中选择【渐变叠加】命令。

步骤09 在弹出的对话框中，将【不透明度】更改为60%，将【渐变】更改为白色到白色再到白色，将两头白色色标的【不透明度】更改为0%，完成之后单击【确定】按钮，效果如图4.223所示。

图4.222 绘制矩形

图4.223 添加渐变

步骤 10 执行菜单栏中的【图层】|【创建剪贴蒙版】命令，为当前图层创建剪贴蒙版，隐藏部分图形，如图4.224所示。

图4.224 创建剪贴蒙版

步骤 11 选择工具箱中的【矩形工具】，在选项栏中将【填充】更改为无，【描边】更改为黑色，【宽度】更改为1点，绘制一个矩形，此时将生成一个【矩形 2】图层，如图4.225所示。

步骤 12 在【图层】面板中选中【矩形 2】图层，将其拖至面板底部的【创建新图层】按钮上，复制一个【矩形 2拷贝】图层，如图4.226所示。

图4.225 绘制矩形　　图4.226 复制图层

步骤 13 在【图层】面板中选中【矩形 2】图层，单击面板底部的【添加图层样式】fx按钮，在菜单中选择【投影】命令。

步骤 14 在弹出的对话框中将【混合模式】更改为【叠加】，【颜色】更改为白色，【不透明度】更改为100%，取消【使用全局光】复选框；将【角度】更改为0，【距离】更改为1像素，完成之后单击【确定】按钮，如图4.227所示。

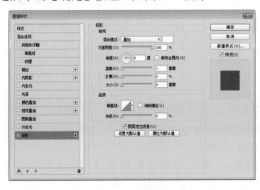

图4.227 添加【投影】参数

步骤 15 在【矩形 2】图层名称上单击鼠标右键，从弹出的快捷菜单中选择【拷贝图层样式】命令，在【矩形 2 拷贝】图层名称上单击鼠标右键，从弹出的快捷菜单中选择【粘贴图层样式】命令，如图4.228所示。

图4.228 拷贝并粘贴图层样式

步骤 16 选中【矩形 2拷贝】图层，按Ctrl+T组合键对其执行【自由变换】命令，将图形高度缩小，完成之后按Enter键确认，如图4.229所示。

步骤 17 双击【矩形 2 拷贝】图层样式名称，在弹出的对话框中将【角度】更改为90度，完成之后单击【确定】按钮，效果如图4.230所示。

图4.229 缩小图形高度　　图4.230 设置图层样式

步骤 18 选中【矩形 2】图层，执行菜单栏中的【图层】|【创建剪贴蒙版】命令，为当前图层创建剪贴蒙版，隐藏部分图形，如图4.231所示。

图4.231 创建剪贴蒙版

4.8.2 制作细节图像

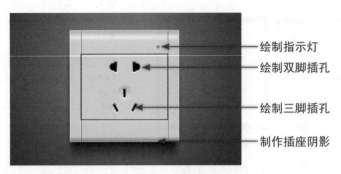

绘制指示灯

绘制双脚插孔

绘制三脚插孔

制作插座阴影

细节图像

步骤 01 选择工具箱中的【椭圆工具】 ⬭，在选项栏中将【填充】更改为深灰色（R:0，G:30，B:30），【描边】更改为无，按住Shift键绘制一个正圆图形，将生成一个【椭圆 1】图层，如图4.232所示。

步骤 02 选择工具箱中的【矩形工具】 ▭，在正圆右侧位置按住Shift键绘制一个矩形，并将其加选至正圆中，如图4.233所示。

图4.232 绘制正圆

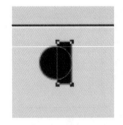

图4.233 绘制矩形

步骤 03 在【图层】面板中选中【椭圆 1】图层，单击面板底部的【添加图层样式】 *fx* 按钮，在菜单中选择【描边】命令，在弹出的对话框中将【大小】更改为2像素，【位置】更改为【内部】，【填充类型】更改为【渐变】，【渐变】更改为白色到黄色（R:160，G:150，B:130），完成之后单击【确定】按钮，如图4.234所示。

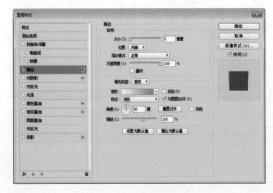

图4.234 设置【描边】参数

步骤 04 在【图层】面板中选中【椭圆 1】图层，将其拖至面板底部的【创建新图层】 ⬚ 按钮上，复制1个【椭圆 1拷贝】图层，如图4.235所示。

步骤 05 选中【椭圆 1 拷贝】图层，按Ctrl+T组合键对其执行【自由变换】命令，单击鼠标右键，从弹出的快捷菜单中选择【水平翻转】命令，完成之后按Enter键确认，将图形向右侧平移，如图4.236所示。

图4.235 复制图层

图4.236 变换图形

───── 提示与技巧 ─────

由于插孔需要与圆角矩形对齐，因此可以同时将【椭圆 1拷贝】及【椭圆 1】图层编组，再将其与【圆角矩形 1】对齐后再取消编组即可。

步骤 06 选择工具箱中的【椭圆工具】 ⬭，在选项栏中将【填充】更改为黑色，【描边】更改为无，在两个插孔下方位置按住Shift键绘制一个正圆图形，将生成一个【椭圆 2】图层，如图4.237所示。

步骤 07 选中【椭圆 2】图层，单击面板底部的【添加图层样式】 *fx* 按钮，在菜单中选择【渐变叠加】命令。

步骤 08 在弹出的对话框中将【渐变】更改为黄色（R:232，G:229，B:222）到黄色（R:200，G:191，B:176），完成之后单击【确定】按钮，效果如图4.238所示。

图4.237 绘制正圆

图4.238 添加渐变

步骤09 选择工具箱中的【矩形工具】 ，在选项栏中将【填充】更改为黑色，【描边】更改为无，在正圆位置绘制一个矩形，此时将生成一个【矩形3】图层，如图4.239所示。

步骤10 在【椭圆1】图层名称上单击鼠标右键，从弹出的快捷菜单中选择【拷贝图层样式】命令，在【矩形3】图层名称上单击鼠标右键，从弹出的快捷菜单中选择【粘贴图层样式】命令，如图4.240所示。

图4.239 绘制矩形

图4.240 粘贴图层样式

步骤11 选中【矩形3】图层，在画布中按住Alt键拖至左下角位置将其复制，生成一个【矩形3拷贝】图层，如图4.241所示。

步骤12 选中【矩形3拷贝】图层，按Ctrl+T组合键对其执行【自由变换】命令，当出现变形框之后，在选项栏的【旋转】文本框中输入-30，完成之后按Enter键确认，如图4.242所示。

图4.241 复制图形

图4.242 旋转图形

步骤13 选中【矩形3拷贝】图层，按住Alt键拖至右侧相对位置将其复制，再单击鼠标右键，从弹出的快捷菜单中选择【水平翻转】命令，完成之后按Enter键确认，如图4.243所示。

步骤14 选择工具箱中的【椭圆工具】 ，在选项栏中将【填充】更改为蓝色（R:0, G:168, B:255），【描边】更改为无，在面板右上角位置按住Shift键绘制一个正圆图形，将生成一个【椭圆3】图层，如图4.244所示。

图4.243 复制图形

图4.244 绘制正圆

步骤15 在【图层】面板中选中【椭圆3】图层，单击面板底部的【添加图层样式】 *fx* 按钮，在菜单中选择【斜面和浮雕】命令。

步骤16 在弹出的对话框中将【大小】更改为2像素，取消【使用全局光】复选框；将【高度】更改为60度，【高光模式】更改为【叠加】，【不透明度】更改为100%，【阴影模式】更改为【叠加】，【不透明度】更改为100%，如图4.245所示。

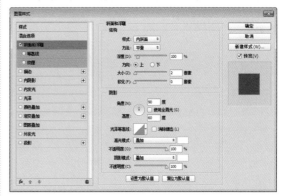

图4.245 设置【斜面和浮雕】参数

步骤17 选中【外发光】复选框，将【混合模式】更改为【叠加】，【不透明度】更改为100%，【颜色】更改为青色（R:0, G:246, B:255），【大小】更改为3像素，完成之后单击【确定】按钮，如图4.246所示。

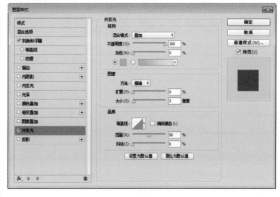

图4.246 设置【外发光】参数

步骤18 选择工具箱中的【圆角矩形工具】 ，在选项栏中将【填充】更改为黑色，【描边】更改为无，绘制一个圆角矩形，此时将生成一个【圆角矩形 2】图层，将其移至【背景】图层上方，如图4.247所示。

步骤 19 执行菜单栏中的【滤镜】|【模糊】|【动感模糊】命令，在弹出的对话框中单击【栅格化】按钮，然后在弹出的对话框中将【角度】更改为90度，【距离】更改为60像素，设置完成之后单击【确定】按钮，效果如图4.248所示。

步骤 20 执行菜单栏中的【滤镜】|【模糊】|【高斯模糊】命令，在弹出的对话框中单击【栅格化】按钮，然后在弹出的对话框中将【半径】更改为5像素，完成之后单击【确定】按钮，这样就完成了效果的制作，如图4.249所示。

图4.247 绘制圆角矩形　　图4.248 添加动感模糊

图4.249 最终效果

第5章
立体化图标设计

本章介绍

本章讲解立体化图标设计,立体化最大的特点是超强的视觉冲击力,在日常生活中总会看到有的图形不是平面视觉,而是给人一种立体的感觉,本章中所讲解的图标就是这种视觉效果,通过模拟出三维视角,将整个图标以一种真实的物体形态直观展示,带给浏览者超强的视觉感受。通过对本章内容的学习可以掌握立体化图标的设计。

要点索引

◦ 学会美味水果图标制作
◦ 学习制作美味马卡龙图标
◦ 学会制作立体通信图标
◦ 了解立体字母图标制作过程
◦ 学会制作精致游戏图标
◦ 学习制作均衡器图标
◦ 掌握安全应用图标制作

5.1 美味水果图标

设计构思

本例讲解制作美味水果图标，该水果图标以经典的拟物化手法打造，整体效果十分漂亮，最终效果如图5.1所示。

- 难易指数：★☆☆☆☆
- 素材位置：调用素材\第5章\美味水果图标
- 案例位置：源文件\第5章\美味水果图标.psd
- 视频位置：视频教学\5.1 美味水果图标.avi

图5.1 最终效果

重点分解

轮廓　　　　　　　盘子　　　　　　　水果

色彩分析

以绿色作为主色调，以黄色及红色作为辅助色，表现出很真实的水果图标特征。

绿色 (R:56,G:149,B:14)　　　黄色 (R:255,G:220,B:125)　　　红色 (R:210,G:53,B:220)

操作步骤

步骤 01 执行菜单栏中的【文件】|【新建】命令，在弹出的对话框中设置【宽度】为500像素，【高度】为400像素，【分辨率】为72像素/英寸，新建一个空白画布。

步骤 02 执行菜单栏中的【文件】|【打开】命令，选择"调用素材\第5章\美味水果图标\边框.psd"文件，单击【打开】按钮，将打开的素材拖入画布中，如图5.2所示。

图5.2 添加素材

步骤03 在【图层】面板中选中【边框】图层,单击面板底部的【添加图层样式】*fx*按钮,在菜单中选择【投影】命令。

步骤04 在弹出的对话框中将【不透明度】更改为30%,取消【使用全局光】复选框;将【角度】更改为90度,【距离】更改为6像素,【大小】更改为6像素,完成之后单击【确定】按钮,如图5.3所示。

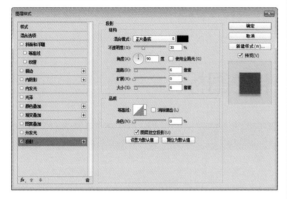

图5.3 设置【投影】参数

步骤05 选择工具箱中的【椭圆工具】 ⬭ ,在选项栏中将【填充】更改为黑色,【描边】更改为无,在画布靠左侧位置按住Shift键绘制一个正圆图形,将生成一个【椭圆 1】图层,如图5.4所示。

图5.4 绘制图形

步骤06 在【图层】面板中选中【椭圆 1】图层,单击面板底部的【添加图层样式】*fx*按钮,在菜单中选择【描边】命令。

步骤07 在弹出的对话框中将【大小】更改为8像素,【位置】更改为【内部】,【填充类型】更改为【渐变】,【渐变】更改为黄色(R:246, G:189, B:118)到黄色(R:254, G:235, B:187),【角度】更改为120度,如图5.5所示。

步骤08 选中【渐变叠加】复选框,将【渐变】更改为黄色(R:255, G:220, B:125)到黄色(R:227, G:172, B:71),【样式】更改为【径向】,如图5.6所示。

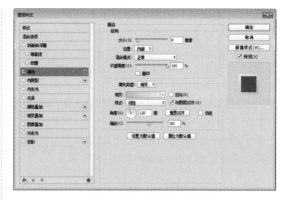

图5.5 设置【描边】参数

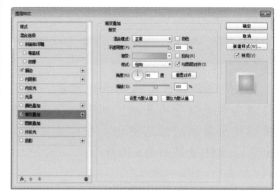

图5.6 设置【渐变叠加】参数

步骤09 选中【外发光】复选框,将【混合模式】更改为【正常】,【不透明度】更改为35%,【颜色】更改为深绿色(R:3, G:25, B:2),【大小】更改为16像素,完成之后单击【确定】按钮,如图5.7所示。

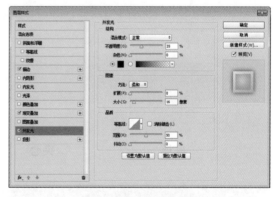

图5.7 设置【外发光】参数

步骤10 执行菜单栏中的【文件】|【打开】命令,选择"调用素材\第5章\美味水果图标\水果.psd"文件,单击【打开】按钮,将打开的素材拖入画布中图标位置并适当缩小,如图5.8所示。

步骤11 在【图层】面板中选中【水果】图层，单击面板底部的【添加图层样式】*fx*按钮，在菜单中选择【投影】命令。

步骤12 在弹出的对话框中将【混合模式】更改为【正常】，【颜色】更改为黑色，【不透明度】更改为40%，取消【使用全局光】复选框；将【角度】更改为100度，【距离】更改为3像素，【大小】更改为6像素，完成之后单击【确定】按钮，这样就完成了效果的制作，如图5.9所示。

图5.8 添加素材　　图5.9 最终效果

5.2 美味马卡龙图标

设计构思

本例讲解制作美味马卡龙图标，该图标以马卡龙饼干为基础，利用拟物化的手法制作出形象的信息图标，整体效果相当出色，最终效果如图5.10所示。

- 难易指数：★★☆☆☆
- 案例位置：源文件\第5章\美味马卡龙图标.psd
- 视频位置：视频教学\5.2 美味马卡龙图标.avi

图5.10 最终效果

重点分解

底层　　　　夹心　　　　上层　　　　信息图示

色彩分析

主色调为浅红色，表现出暖色调特点，以白色作为辅助色，将浅红色饼干及白色夹心表现的十分真实。

蓝色 (R:226,G:164,B:175)

5.2.1 绘制主轮廓

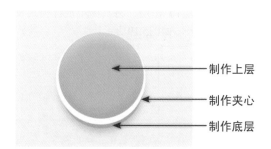

制作上层

制作夹心

制作底层

饼干效果

步骤01 执行菜单栏中的【文件】|【新建】命令，在弹出的对话框中设置【宽度】为400像素，【高度】为300像素，【分辨率】为72像素/英寸，新建一个空白画布，将画布填充为黄色（R:245,G:240,B:214）。

步骤02 选择工具箱中的【椭圆工具】 ，在选项栏中将【填充】更改为浅红色（R:226,G:164,B:175），【描边】更改为无，按住Shift键绘制一个正圆图形，此时将生成一个【椭圆1】图层，如图5.11所示。

步骤03 在【图层】面板中选中【椭圆1】图层，将其拖至面板底部的【创建新图层】 按钮上，复制三个拷贝图层，分别将图层名称更改为【上层】、【夹心】及【底层】，如图5.12所示。

图5.11 绘制正圆　　　图5.12 复制图层

步骤04 选中【夹心】图层，将图形【填充】更改为白色；再选中【底层】图层，将图形向下移动并适当缩小，如图5.13所示。

图5.13 变换图形

步骤05 选中【上层】图层，将图形【填充】更改为浅红色（R:240,G:180,B:187），再将其高度稍微缩小并向上移动，如图5.14所示。

图5.14 变换图形

步骤06 在【图层】面板中选中【底层】图层，单击面板底部的【添加图层样式】 fx 按钮，在菜单中选择【投影】命令。

步骤07 在弹出的对话框中将【混合模式】更改为【正常】，【颜色】更改为深红色（R:48,G:30,B:32），【不透明度】更改为20%，取消【使用全局光】复选框；将【角度】更改为90度，【距离】更改为5像素，【大小】更改为12像素，完成之后单击【确定】按钮，如图5.15所示。

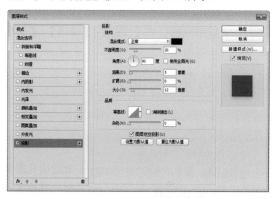

图5.15 设置【投影】参数

步骤08 在【图层】面板中选中【上层】图层，单击面板底部的【添加图层样式】 fx 按钮，在菜单中选择【斜面和浮雕】命令。

步骤09 在弹出的对话框中将【大小】更改为10像素，【软化】更改为16像素，【高光模式】中的【不透明度】更改为60%，【阴影模式】中的【不透明度】更改为10%，完成之后单击【确定】按钮，如图5.16所示。

步骤10 单击【图层】面板底部的【创建新图层】 按钮，新建一个【图层1】图层，将其填充为白色。

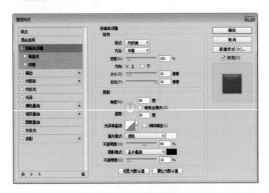

图5.16 设置【斜面和浮雕】参数

步骤11 执行菜单栏中的【滤镜】|【杂色】|【添加杂色】命令，在弹出的对话框中分别选中【高斯分布】单选按钮及【单色】复选框，将【数量】更改为3%，完成之后单击【确定】按钮，如图5.17所示。

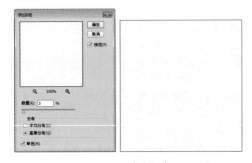

图5.17 设置【添加杂色】参数及效果

步骤12 执行菜单栏中的【滤镜】|【模糊】|【高斯

模糊】命令，在弹出的对话框中单击【栅格化】按钮，然后在弹出的对话框中将【半径】更改为1像素，完成之后单击【确定】按钮，效果如图5.18所示。

步骤13 选中【图层1】图层，将其图层混合模式设置为【正片叠底】，如图5.19所示。

图5.18 添加高斯模糊　　　图5.19 设置图层混合模式

步骤14 选中【图层1】图层，执行菜单栏中的【图层】|【创建剪贴蒙版】命令，为当前图层创建剪贴蒙版，隐藏部分图像，如图5.20所示。

图5.20 创建剪贴蒙版

5.2.2 绘制对话图形

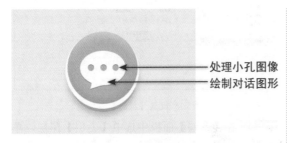

　　　处理小孔图像
　　　绘制对话图形

对话图形

图5.21 绘制椭圆　　　图5.22 添加锚点

步骤01 选择工具箱中的【椭圆工具】，在选项栏中将【填充】更改为白色，【描边】更改为无，在图标中间位置绘制一个椭圆图形，此时将生成一个【椭圆1】图层，如图5.21所示。

步骤02 选择工具箱中的【添加锚点工具】，在椭圆图形左下角单击添加两个锚点，如图5.22所示。

步骤03 选择工具箱中的【直接选择工具】，拖动中间锚点，将图形变形，如图5.23所示。

图5.23 将图形变形

步骤04 选择工具箱中的【椭圆工具】 ⬭ ，在图形位置按住Alt键绘制一个正圆，将部分图形减去，如图5.24所示。

步骤05 选择工具箱中的【路径选择工具】 ▸ ，选中路径，向右侧平移复制两份，如图5.25所示。

步骤06 选中【椭圆 1】图层，将其复制一份，然后选中【椭圆 1】图层，将图形【填充】更改为黑色，并设置其图层混合模式为【叠加】，再将其向下稍微移动，这样就完成了效果的制作，如图5.26所示。

图5.24 减去图形

图5.25 复制路径

图5.26 最终效果

5.3 立体通信图标

设计构思

本例讲解制作立体通信图标，该图标制作比较简单，首先绘制出两个有厚度质感图形，然后绘制通信标识图形即可完成整个图标的制作，最终效果如图5.27所示。

图5.27 最终效果

- 难易指数：★★★☆☆
- 案例位置：源文件\第5章\立体通信图标.psd
- 视频位置：视频教学\5.3 立体通信图标.avi

重点分解

底座	厚度质感	通信标识

色彩分析

主体色为深蓝色，以浅蓝色作为辅助色，整体色调呈现出很强的科技感。

深蓝色 (R:8,G:91,B:169)　　　浅蓝色 (R:163,G:202,B:235)

5.3.1 制作主体轮廓

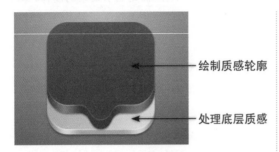

绘制质感轮廓

处理底层质感

轮廓图像

步骤01 执行菜单栏中的【文件】|【新建】命令，在弹出的对话框中设置【宽度】为500像素，【高度】为380像素，【分辨率】为72像素/英寸，新建一个空白画布，将画布填充为蓝色（R:148, G:206, B:238）到蓝色（R:50, G:100, B:138）的径向渐变。

步骤02 选择工具箱中的【圆角矩形工具】，在选项栏中将【填充】更改为白色，【描边】更改为无，【半径】更改为40像素，按住Shift键绘制一个圆角矩形，此时将生成一个【圆角矩形 1】图层，如图5.28所示。

步骤03 在【图层】面板中选中【圆角矩形 1】图层，将其拖至面板底部的【创建新图层】按钮上，复制两个拷贝图层，分别将图层名称更改为【上方】、【底部厚度】及【底部】，如图5.29所示。

图5.28 绘制圆角矩形　　图5.29 复制图层

步骤04 在【图层】面板中选中【底部厚度】图层，单击面板底部的【添加图层样式】fx按钮，在菜单中选择【渐变叠加】命令，在弹出的对话框中将【渐变】更改为蓝色（R:163, G:202, B:235）到浅蓝色（R:219, G:233, B:242），【角度】更改为0，如图5.30所示。

步骤05 选中【投影】复选框，将【混合模式】更改为【正常】，【颜色】更改为白色，【不透明度】更改为60%，取消【使用全局光】复选框；将【角度】更改为90度，【距离】更改为2像素，

【大小】更改为2像素，完成之后单击【确定】按钮，如图5.31所示。

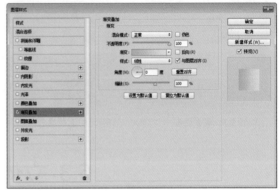

图5.30 设置【渐变叠加】参数

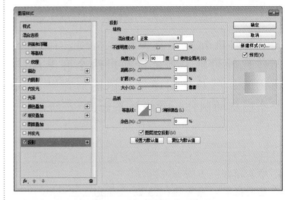

图5.31 设置【投影】参数

步骤06 选中【底部厚度】图层，按Ctrl+T组合键对其执行【自由变换】命令，将图形高度缩小，完成之后按Enter键确认，如图5.32所示。

图5.32 缩小高度

步骤07 在【底部厚度】图层名称上单击鼠标右键，从弹出的快捷菜单中选择【拷贝图层样式】命令，在【底部】图层名称上单击鼠标右键，从

弹出的快捷菜单中选择【粘贴图层样式】命令，如图5.33所示。

图5.33 拷贝并粘贴图层样式

步骤 08 双击【底部】图层样式名称，在弹出的对话框中选中【渐变叠加】复选框，将【渐变】更改为蓝色系。

步骤 09 选中【投影】复选框，将【混合模式】更改为【正片叠底】，【颜色】更改为黑色，【不透明度】更改为30%，取消【使用全局光】复选框；将【角度】更改为90度，【距离】更改为3像素，【大小】更改为4像素，完成之后单击【确定】按钮，效果如图5.34所示。

步骤 10 选中【上方】图层，按Ctrl+T组合键对其执行【自由变换】命令，将图形高度缩小，完成之后按Enter键确认，如图5.35所示。

图5.34 设置图层样式　　　图5.35 缩小图形

步骤 11 选择工具箱中的【钢笔工具】，在选项栏中单击【选择工具模式】【路径】按钮，在弹出的选项中选择【形状】，将【填充】更改为白色，【描边】更改为无，在圆角矩形底部绘制一个不规则图形，将生成一个【形状 1】图层，如图5.36所示。

步骤 12 在【图层】面板中选中【形状 1】图层，将其拖至面板底部的【创建新图层】按钮上，复制一个【形状 1 拷贝】图层。

步骤 13 按Ctrl+T组合键对其执行【自由变换】命令，单击鼠标右键，从弹出的快捷菜单中选择【水平翻转】命令，完成之后按Enter键确认，再向右侧平移，如图5.37所示。

步骤 14 同时选中【形状 1】及【形状 1 拷贝】图层，按Ctrl+E组合键将其合并，将生成的图层名称

更改为【上方】，如图5.38所示。

图5.36 绘制图形　　　图5.37 复制并变换图形

步骤 15 在【图层】面板中选中【上方】图层，将其拖至面板底部的【创建新图层】按钮上，复制一个【上方拷贝】图层，将图层名称更改为【上方厚度】，如图5.39所示。

图5.38 合并图层　　　图5.39 复制图层

步骤 16 在【图层】面板中选中【上方厚度】图层，单击面板底部的【添加图层样式】按钮，在菜单中选择【渐变叠加】命令，在弹出的对话框中将【渐变】更改为蓝色（R:8, G:91, B:169）到浅蓝色（R:22, G:123, B:232），如图5.40所示。

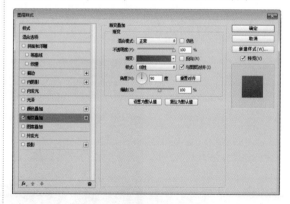

图5.40 设置【渐变叠加】参数

步骤 17 选中【投影】复选框，将【混合模式】更改为【叠加】，【颜色】更改为白色，【不透明度】更改为80%，【距离】更改为1像素，【大小】更改为1像素，完成之后单击【确定】按钮，如图5.41所示。

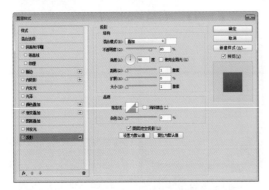

图5.41 设置【投影】参数

图5.43 拷贝并粘贴图层样式

步骤 20 双击【上方】图层样式名称，在弹出的对话框中选中【渐变叠加】复选框，将【渐变】更改为蓝色系，【角度】更改为0。

步骤 21 选中【投影】复选框，将【混合模式】更改为【正片叠底】，【颜色】更改为深蓝色（R:8，G:37，B:65），【不透明度】更改为45%，【距离】更改为2像素，【大小】更改为3像素，完成之后单击【确定】按钮，效果如图5.44所示。

步骤 18 选中【上方厚度】图层，按Ctrl+T组合键对其执行【自由变换】命令，将图形高度缩小，再将宽度向内部缩小1~2像素，完成之后按Enter键确认，如图5.42所示。

图5.42 缩小图形

步骤 19 在【上方厚度】图层名称上单击鼠标右键，从弹出的快捷菜单中选择【拷贝图层样式】命令，在【上方】图层名称上单击鼠标右键，从弹出的快捷菜单中选择【粘贴图层样式】命令，如图5.43所示。

图5.44 设置图层样式

5.3.2 制作标志

制作标志

添加阴影效果

标志图像

步骤 01 选择工具箱中的【钢笔工具】 ，在选项栏中单击【选择工具模式】 路径 ⇥ 按钮，在弹出的选项中选择【形状】，将【填充】更改为白色，【描边】更改为无，绘制一个翅膀图形，将生成一个【形状 1】图层，如图5.45所示。

图5.45 绘制图形

步骤 02 在【图层】面板中选中【形状 1】图层，单击面板底部的【添加图层样式】 *fx* 按钮，在菜单中选择【斜面和浮雕】命令。

步骤 03 在弹出的对话框中将【大小】更改为2像素，【高光模式】中的【不透明度】更改为60%，【阴影模式】更改为【白色】，【不透明度】更改为60%，如图5.46所示。

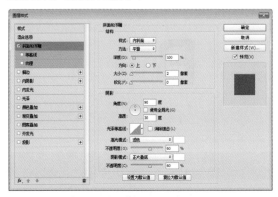

图5.46 设置【斜面和浮雕】参数

步骤 04 选中【渐变叠加】复选框，将【渐变】更改为蓝色（R:197, G:229, B:248）到蓝色（R:144, G:208, B:247），如图5.47所示。

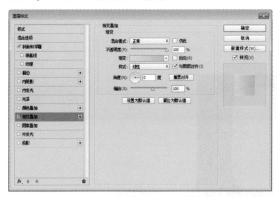

图5.47 设置【渐变叠加】参数

步骤 05 选中【投影】复选框，将【不透明度】更改为45%，将【角度】更改为115度，【距离】更改为7像素，【大小】更改为10像素，完成之后单击【确定】按钮，如图5.48所示。

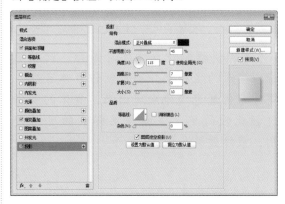

图5.48 设置【投影】参数

步骤 06 在【图层】面板中选中【形状 1】图层，将其拖至面板底部的【创建新图层】 按钮上，复制一个【形状 1 拷贝】图层，如图5.49所示。

步骤 07 选择工具箱中的【直接选择工具】 ，拖动【形状 1 拷贝】图层中右上角锚点，将其稍微变形，如图5.50所示。

图5.49 旋转图形　　　　图5.50 拖动锚点

步骤 08 双击【投影】复选框，在弹出的对话框中将【角度】更改为77度，完成之后单击【确定】按钮，这样就完成了效果的制作，如图5.51所示。

图5.51 最终效果

5.4 立体字母图标

设计构思

本例讲解制作立体字母图标，此款图标以字母为主视觉，通过制作立体底座，将字母信息直观地表现出来，整体的制作过程比较简单，注意图层样式的灵活使用，最终效果如图5.52所示。

- 难易指数：★★☆☆☆
- 案例位置：源文件\第5章\立体字母图标.psd
- 视频位置：视频教学\5.4 立体字母图标.avi

图5.52 最终效果

重点分解

底座   字母

色彩分析

主体色为神秘紫色调，以浅紫色作为辅助色，整体色调呈现出很强的科技感。

紫色 (R:186,G:52,B:130)   浅紫色 (R:224,G:214,B:220)

操作步骤

5.4.1 制作主体轮廓

制作立体质感 ———— 制作阴影

轮廓图像

步骤 01 执行菜单栏中的【文件】|【新建】命令，在弹出的对话框中设置【宽度】为500像素，【高度】为350像素，【分辨率】为72像素/英寸，新建一个空白画布，将画布填充为深蓝色（R:60, G:74, B:92）到深蓝色（R:40, G:47, B:60）的径向渐变。

步骤 02 选择工具箱中的【圆角矩形工具】⬛，在选项栏中将【填充】更改为白色，【描边】更改为无，【半径】更改为40像素，按住Shift键绘制一个圆角矩形，此时将生成一个【圆角矩形 1】图层，如图5.53所示。

步骤 03 在【图层】面板中选中【圆角矩形 1】图层，将其拖至面板底部的【创建新图层】◻按钮上，复制两个拷贝图层，分别将图层名称更改为【上方】和【下方】，如图5.54所示。

图5.53 绘制圆角矩形　　图5.54 复制图层

步骤 04 在【图层】面板中选中【下方】图层，单击面板底部的【添加图层样式】*fx*按钮，在菜单中选择【渐变叠加】命令，在弹出的对话框中将【渐变】更改为紫色系渐变，【角度】更改为0，如图5.55所示。

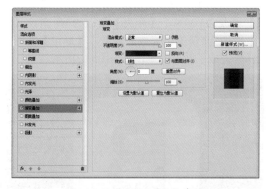

图5.55 设置【渐变叠加】参数

提示与技巧

此处的渐变可以大致设置为如下颜色。

步骤 05 选中【投影】复选框，将【颜色】更改为深蓝色（R:8, G:37, B:65），【不透明度】更改为

40%，取消【使用全局光】复选框；将【角度】更改为90度，【距离】更改为5像素，【大小】更改为7像素，完成之后单击【确定】按钮，如图5.56所示。

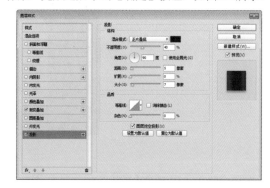

图5.56 设置【投影】参数

步骤 06 选中【上方】图层，按Ctrl+T组合键对其执行【自由变换】命令，将图形高度缩小，完成之后按Enter键确认，如图5.57所示。

图5.57 缩小高度

步骤 07 在【下方】图层名称上单击鼠标右键，从弹出的快捷菜单中选择【拷贝图层样式】命令，在【上方】图层名称上单击鼠标右键，从弹出的快捷菜单中选择【粘贴图层样式】命令，如图5.58所示。

步骤 08 双击【上方】图层样式名称，在弹出的对话框中选中【渐变叠加】复选框，将【渐变】更改为浅紫色（R:224, G:214, B:220）到浅灰色（R:253, G:253, B:253）。

步骤 09 选中【投影】复选框，将【混合模式】更改为【叠加】，【颜色】更改为白色，【不透明度】更改为100%，【距离】更改为1像素，【大小】更改为0像素，效果如图5.59所示。

图5.58 粘贴图层样式　　图5.59 设置图层样式

5.4.2 处理字母效果

——处理字母质感

字母效果

步骤01 选择工具箱中的【横排文字工具】**T**，添加文字（Arial Bold bold），如图5.60所示。

图5.60 添加文字

步骤02 在【图层】面板中选中【B】图层，单击面板底部的【添加图层样式】**fx**按钮，在菜单中选择【渐变叠加】命令。

步骤03 在弹出的对话框中将【渐变】更改为紫色（R:186, G:52, B:130）到紫色（R:128, G:11, B:80），如图5.61所示。

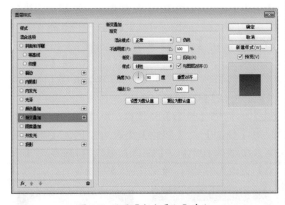

图5.61 设置【渐变叠加】参数

步骤04 选中【内发光】复选框，将【混合模式】更改为【正常】，【不透明度】更改为50%，【颜色】更改为紫色（R:80, G:8, B:50），【大小】更改为10像素，如图5.62所示。

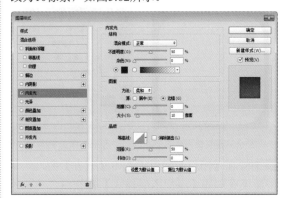

图5.62 设置【内发光】参数

步骤05 选中【投影】复选框，将【混合模式】更改为【叠加】，【颜色】更改为白色，【不透明度】更改为100%，【距离】更改为3像素，【大小】更改为5像素，完成之后单击【确定】按钮，这样就完成了效果的制作，如图5.63所示。

图5.63 最终效果

5.5 健康应用图标

设计构思

本例讲解绘制健康应用图标，该图标以简约的立体图形与图示相结合，整体表现出很强的健康特征，最终效果如图5.64所示。

图5.64 最终效果

- 难易指数：★★☆☆☆
- 案例位置：源文件\第5章\健康应用图标.psd
- 视频位置：视频教学\5.5 健康应用图标.avi

重点分解

底座

健康图示

色彩分析

主色调为健康绿色，以浅绿和白色作为辅助色，整体颜色相辅相承。

深绿色 (R:31,G:153,B:216)　　浅绿色 (R:28,G:196,B:182)

操作步骤

5.5.1 绘制轮廓

制作厚度质感

主轮廓效果

步骤01 执行菜单栏中的【文件】|【新建】命令，在弹出的对话框中设置【宽度】为500像素，【高度】为380像素，【分辨率】为72像素/英寸，新建一个空白画布。

步骤02 选择工具箱中的【圆角矩形工具】，在选项栏中将【填充】更改为黑色，【描边】更改为无，【半径】更改为40像素，按住Shift键绘制一个圆角矩形，此时将生成一个【圆角矩形 1】图层，如图5.65所示。

步骤03 在【图层】面板中选中【圆角矩形 1】图层，将其拖至面板底部的【创建新图层】按钮上，复制一个【圆角矩形 1 拷贝】图层，如图5.66所示。

图5.65 绘制圆角矩形　　　图5.66 复制图层

步骤04 在【图层】面板中选中【圆角矩形 1】图层，单击面板底部的【添加图层样式】fx按钮，在菜单中选择【渐变叠加】命令。

步骤05 在弹出的对话框中将【渐变】更改为绿色系渐变，【角度】更改为0，如图5.67所示。

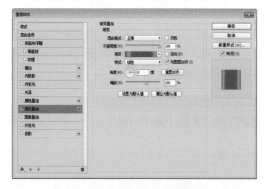

图5.67 设置【渐变叠加】参数

提示与技巧

此处的绿色系渐变大致可设置为以下颜色。

步骤06 选中【投影】复选框，将【混合模式】更改为【正常】，【颜色】更改为深绿色（R:4，G:57，B:55），【不透明度】更改为50%，取消

【使用全局光】复选框；将【角度】更改为90度，【距离】更改为2像素，【大小】更改为3像素，完成之后单击【确定】按钮，如图5.68所示。

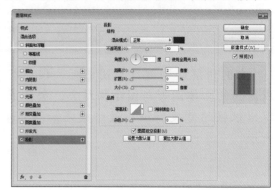

图5.68 设置【投影】参数

步骤07 选中【圆角矩形 1 拷贝】图层，按Ctrl+T组合键对其执行【自由变换】命令，将图形高度缩小，完成之后按Enter键确认，如图5.69所示。

图5.69 缩小高度

步骤08 在【图层】面板中选中【圆角矩形 1 拷贝】图层，单击面板底部的【添加图层样式】fx按钮，在菜单中选择【渐变叠加】命令。

步骤09 在弹出的对话框中将【渐变】更改为绿色（R:0, G:143, B:135）到绿色（R:7, G:187, B:172），【角度】更改为90度，如图5.70所示。

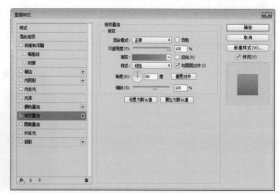

图5.70 设置【渐变叠加】参数

步骤 10 选中【内阴影】复选框，将【混合模式】更改为【叠加】，【颜色】更改为白色，【不透明度】更改为60%，取消【使用全局光】复选框；将【角度】更改为-90度，【距离】更改为1像素，完成之后单击【确定】按钮，如图5.71所示。

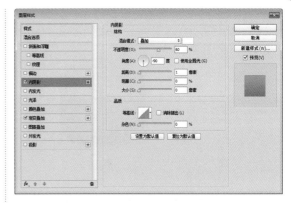

提示与技巧

先设置渐变叠加的目的是，在设置内阴影时更方便观察实际的图层样式效果。

图5.71 设置【内阴影】参数

5.5.2 绘制健康图示

绘制绿叶图形

制作图形质感

图示效果

步骤 01 选择工具箱中的【钢笔工具】，在选项栏中单击【选择工具模式】 路径 按钮，在弹出的选项中选择【形状】，将【填充】更改为白色，【描边】更改为无，绘制一个树叶形状的图形，将生成一个【形状 1】图层，如图5.72所示。

步骤 02 在【图层】面板中选中【形状 1】图层，单击面板底部的【添加图层样式】 fx 按钮，在菜单中选择【斜面和浮雕】命令。

步骤 03 在弹出的对话框中将【样式】更改为【枕状浮雕】，【大小】更改为1像素，【高光模式】更改为【叠加】，【颜色】更改为白色，【不透明度】更改为50%，【阴影模式】中的【不透明度】更改为20%，这样就完成了效果的制作，如图5.73所示。

图5.72 绘制图形　　　图5.73 最终效果

5.6 精致游戏图标

设计构思

本例讲解绘制精致游戏图标，此款图标以真实的游戏手柄为参考，通过成熟的拟物化手法绘制出很强的可视化图标，最终效果如图5.74所示。

- 难易指数：★★☆☆☆
- 案例位置：源文件\第5章\精致游戏图标.psd
- 视频位置：视频教学\5.6 精致游戏图标.avi

图5.74 最终效果

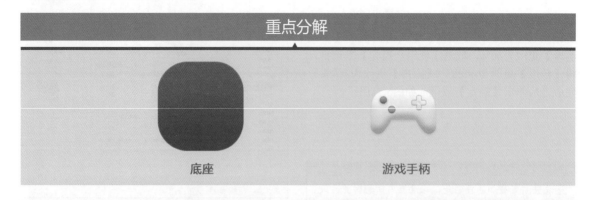

重点分解

底座　　　　　　　　　　　游戏手柄

色彩分析

主色调为紫色，以橙色和绿色作为辅助色，在突出图标色彩的同时点明了游戏性。

紫色 (R:160,G:27,B:96)　　　橙色 (R:217,G:70,B:0)　　　绿色 (R:63,G:136,B:10)

操作步骤

5.6.1 制作主轮廓

绘制手柄轮廓

绘制图标轮廓

轮廓图像

步骤 01 执行菜单栏中的【文件】|【新建】命令，在弹出的对话框中设置【宽度】为450像素，【高度】为350像素，【分辨率】为72像素/英寸，新建一个空白画布。

步骤 02 选择工具箱中的【圆角矩形工具】 ，在选项栏中将【填充】更改为黑色，【描边】更改为无，【半径】更改为60像素，按住Shift键绘制一个圆角矩形，此时将生成一个【圆角矩形 1】图层，如图5.75所示。

图5.75 绘制圆角矩形

步骤 03 在【图层】面板中选中【圆角矩形 1】图层，单击面板底部的【添加图层样式】 **fx** 按钮，在菜单中选择【渐变叠加】命令。

步骤 04 在弹出的对话框中将【渐变】更改为紫色（R:160, G:27, B:96）到紫色（R:217, G:46, B:134），【角度】更改为90度，如图5.76所示。

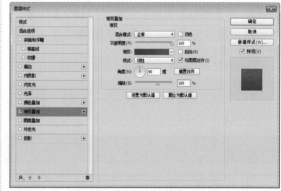

图5.76 设置【渐变叠加】参数

步骤 05 选中【斜面和浮雕】复选框，将【大小】更改为2像素，【高光模式】更改为【叠加】，【不透明度】更改为80%，【阴影模式】更改为【叠加】，【不透明度】更改为55%，【颜色】更改为白色，完成之后单击【确定】按钮，如图5.77所示。

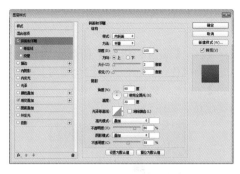

图5.77 设置【斜面和浮雕】参数

步骤06 选择工具箱中的【圆角矩形工具】 ⬜ ，在选项栏中将【填充】更改为白色，【描边】更改为无，【半径】更改为60像素，绘制一个圆角矩形，此时将生成一个【圆角矩形2】图层，如图5.78所示。

步骤07 选择工具箱中的【钢笔工具】 ✒️ ，在选项栏中单击【选择工具模式】 路径 ⬜ 按钮，在弹出的选项中选择【形状】，将【填充】更改为白色，【描边】更改为无，在圆角矩形左下角绘制一个图形，将生成一个【形状1】图层，如图5.79所示。

图5.78 绘制圆角矩形　　　图5.79 绘制图形

步骤08 在【图层】面板中选中【形状1】图层，将其拖至面板底部的【创建新图层】 🗒️ 按钮上，复制一个【形状1拷贝】图层，如图5.80所示。

步骤09 选中【形状1拷贝】图层，按Ctrl+T组合键对其执行【自由变换】命令，单击鼠标右键，从弹出的快捷菜单中选择【水平翻转】命令，完成之后按Enter键确认；将其移动到右侧合适的位置，同时选中【形状1拷贝】及【形状1】图层，按Ctrl+E组合键将其合并，将生成的图层名称更改为【手柄】，如图5.81所示。

图5.80 复制图形　　　　图5.81 合并图层

步骤10 在【图层】面板中选中【手柄】图层，单

击面板底部的【添加图层样式】 _fx_ 按钮，在菜单中选择【斜面和浮雕】命令。

步骤11 在弹出的对话框中将【大小】更改为18像素，取消【使用全局光】复选框；将【角度】更改为90度，【高光模式】中的【不透明度】更改为80%，【阴影模式】中的【不透明度】更改为20%，如图5.82所示。

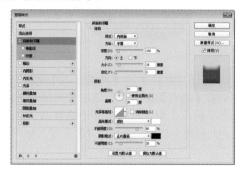

图5.82 设置【斜面和浮雕】参数

步骤12 选中【渐变叠加】复选框，将【渐变】更改为灰色（R:204，G:204，B:204）到灰色（R:243，G:243，B:243），如图5.83所示。

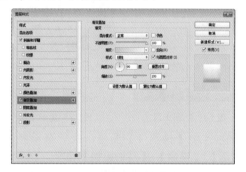

图5.83 设置【渐变叠加】参数

步骤13 选中【投影】复选框，将【混合模式】更改为【叠加】，【颜色】更改为黑色，【不透明度】更改为60%，取消【使用全局光】复选框；将【角度】更改为90度，【距离】更改为3像素，【大小】更改为5像素，完成之后单击【确定】按钮，如图5.84所示。

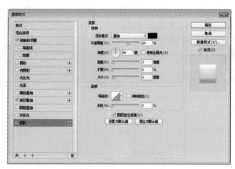

图5.84 设置【投影】参数

5.6.2 制作手柄图像

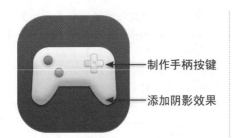

制作手柄按键

添加阴影效果

手柄图像

步骤01 选择工具箱中的【椭圆工具】 ⬭ ，在选项栏中将【填充】更改为白色，【描边】更改为无，在手柄左上角位置按住Shift键绘制一个正圆图形，此时将生成一个【椭圆1】图层，如图5.85所示。

步骤02 在【图层】面板中选中【椭圆1】图层，将其拖至面板底部的【创建新图层】 🗔 按钮上，复制一个【椭圆1拷贝】图层，如图5.86所示。

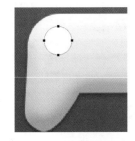

图5.85 绘制正圆　　　　图5.86 复制图层

步骤03 选中【椭圆1】图层，执行菜单栏中的【滤镜】|【模糊】|【高斯模糊】命令，在弹出的对话框中单击【栅格化】按钮，然后在弹出的对话框中将【半径】更改为1像素，完成之后单击【确定】按钮，如图5.87所示。

步骤04 在【图层】面板中选中【椭圆1】图层，单击面板底部的【添加图层样式】 fx 按钮，在菜单中选择【渐变叠加】命令。

步骤05 在弹出的对话框中将【渐变】更改为灰色（R:207, G:207, B:207）到灰色（R:243, G:243, B:243），完成之后单击【确定】按钮，如图5.88所示。

图5.87 添加高斯模糊　　图5.88 添加渐变

步骤06 选中【椭圆1拷贝】图层，将图形【填充】更改为黑色；再按Ctrl+T组合键对其执行【自由变换】命令，将图形等比缩小，完成之后按Enter键确认，如图5.89所示。

图5.89 填充并变换图形

步骤07 在【图层】面板中选中【椭圆1拷贝】图层，单击面板底部的【添加图层样式】 fx 按钮，在菜单中选择【渐变叠加】命令。

步骤08 在弹出的对话框中将【渐变】更改为橙色（R:217, G:70, B:0）到黄色（R:255, G:162, B:69），如图5.90所示。

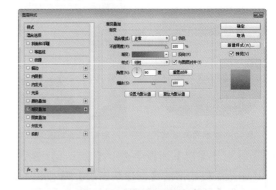

图5.90 设置【渐变叠加】参数

步骤09 选中【外发光】复选框，将【混合模式】更改为【正常】，【不透明度】更改为100%，【颜色】更改为深橙色（R:152, G:63, B:17），【大小】更改为1像素，完成之后单击【确定】按钮，如图5.91所示。

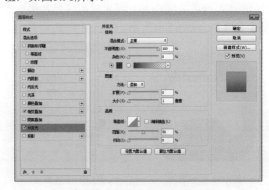

图5.91 设置【外发光】参数

步骤 10 同时选中【椭圆 1 拷贝】及【椭圆 1】图层，按住Alt键向右下角拖动复制图形，此时将生成两个【椭圆 1 拷贝2】图层，如图5.92所示。

步骤 11 双击上方的【椭圆 1 拷贝 2】图层样式名称，在弹出的对话框中选中【渐变叠加】复选框，将【渐变】更改为绿色（R:63, G:136, B:10）到绿色（R:139, G:237, B:33），完成之后单击【确定】按钮，效果如图5.93所示。

图5.92 复制图形

图5.93 更改渐变颜色

步骤 12 选择工具箱中的【圆角矩形工具】，在选项栏中将【填充】更改为黑色，【描边】更改为无，【半径】更改为3像素，在手柄右侧绘制一个圆角矩形，此时将生成一个【圆角矩形 2】图层，如图5.94所示。

步骤 13 在【图层】面板中选中【圆角矩形 2】图层，将其拖至面板底部的【创建新图层】按钮上，复制一个【圆角矩形 2 拷贝】图层，将【圆角矩形 2 拷贝】顺时针旋转90度。同时选中【圆角矩形 2】及【圆角矩形 2 拷贝】图层，按Ctrl+E组合键将其合并，将生成的图层名称更改为【方向按钮】，如图5.95所示。

图5.94 绘制圆角矩形

图5.95 复制图层

步骤 14 在【图层】面板中选中【方向按钮】图层，单击面板底部的【添加图层样式】fx按钮，在菜单中选择【渐变叠加】命令。

步骤 15 在弹出的对话框中将【渐变】更改为灰色（R:213, G:208, B:214）到灰色（R:250, G:248, B:249），【角度】更改为55度，如图5.96所示。

步骤 16 选中【斜面和浮雕】复选框，将【方法】更改为【雕刻清晰】，【大小】更改为1像素，【高光模式】中的【不透明度】更改为80%，【阴影模式】中的【不透明度】更改为30%，如图5.97所示。

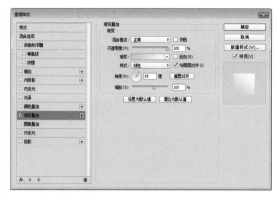
图5.96 设置【渐变叠加】参数

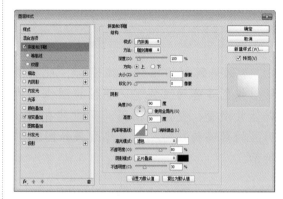
图5.97 设置【斜面和浮雕】参数

步骤 17 选中【外发光】复选框，将【混合模式】更改为【正常】，【不透明度】更改为50%，【颜色】更改为黑色，【大小】更改为2像素，完成之后单击【确定】按钮，如图5.98所示。

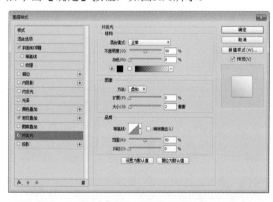
图5.98 设置【外发光】参数

步骤 18 选择工具箱中的【椭圆工具】，在选项栏中将【填充】更改为白色，【描边】更改为无，在按钮中间位置按住Shift键绘制一个正圆图形，此时将生成一个【椭圆 2】图层，如图5.99所示。

步骤 19 在【图层】面板中选中【椭圆 2】图层，单击面板底部的【添加图层样式】fx按钮，在菜单中选择【渐变叠加】命令。

步骤 20 在弹出的对话框中将【渐变】更改为灰色
（R:213, G:212, B:213）到白色，【角度】更改为
55度，完成之后单击【确定】按钮，这样就完成
了效果的制作，如图5.100所示。

图5.99 绘制正圆　　　　　　图5.100 最终效果

5.7 摇杆立体图标

设计构思

　　本例讲解制作摇杆立体图标，此款图
标以银色质感为主视觉，将摇杆图像制作
成蓝紫渐变，整体感很强，同时具有十分
明显的数码科技特征，最终效果如图5.101
所示。

- 难易指数：★★☆☆☆
- 案例位置：源文件\第5章\摇杆立体图标.psd
- 视频位置：视频教学\5.7 摇杆立体图标.avi

图5.101 最终效果

重点分解

底部　　　　　　　基座　　　　　　　摇杆

色彩分析

主色调为灰色，以青色作为辅助色，灰色表现出摇杆的质感，而青色则体现出很强的科技感。

灰色（R:213,G:213,B:213）　　　青色（R:36,G:216,B:250）

5.7.1 绘制图标轮廓

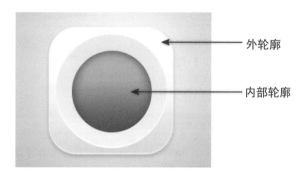

图标轮廓

步骤 01 执行菜单栏中的【文件】|【新建】命令，在弹出的对话框中设置【宽度】为400像素，【高度】为300像素，【分辨率】为72像素/英寸，新建一个空白画布，将画布填充为灰色（R:248, G:248, B:248）到灰色（R:163, G:170, B:183）的径向渐变。

步骤 02 选择工具箱中的【圆角矩形工具】，在选项栏中将【填充】更改为白色（R:22, G:30, B:40），【描边】更改为无，【半径】更改为40像素，按住Shift键绘制一个圆角矩形，此时将生成一个【圆角矩形1】图层，如图5.102所示。

图5.102 绘制圆角矩形

步骤 03 在【图层】面板中选中【圆角矩形1】图层，单击面板底部的【添加图层样式】按钮，在菜单中选择【渐变叠加】命令。

步骤 04 在弹出的对话框中将【渐变】更改为灰色（R:213, G:213, B:213）到白色，如图5.103所示。

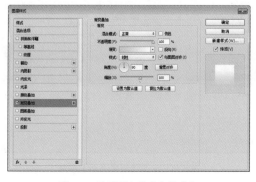

图5.103 设置【渐变叠加】参数

步骤 05 选中【投影】复选框，将【混合模式】更改为【正常】，【颜色】更改为黑色，【不透明度】更改为20%，取消【使用全局光】复选框；将【角度】更改为90度，【距离】更改为3像素，【大小】更改为7像素，如图5.104所示。

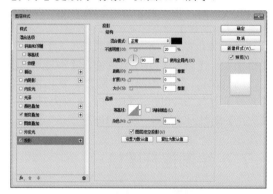

图5.104 设置【投影】参数

步骤 06 选中【内阴影】复选框，将【混合模式】更改为【叠加】，【不透明度】更改为60%，取消【使用全局光】复选框；将【角度】更改为-90度，【距离】更改为2像素，【大小】更改为3像素，完成之后单击【确定】按钮，如图5.105所示。

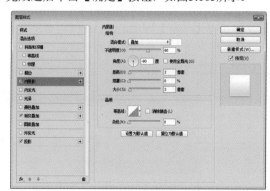

图5.105 设置【内阴影】参数

步骤 07 选择工具箱中的【椭圆工具】 ⬭ ，在选项栏中将【填充】更改为任意颜色，【描边】更改为无，在图标中间位置按住Shift键绘制一个正圆图形，此时将生成一个【椭圆 1】图层，如图5.106所示。

步骤 08 在【图层】面板中选中【椭圆 1】图层，将其拖至面板底部的【创建新图层】 ⬜ 按钮上，复制三个拷贝图层，分别将图层名称更改为【摇杆】、【基座】、【底部】，如图5.107所示。

图5.106 绘制正圆　　　　图5.107 复制图层

步骤 09 在【图层】面板中选中【底部】图层，单击面板底部的【添加图层样式】 **fx** 按钮，在菜单中选择【内阴影】命令。

步骤 10 在弹出的对话框中将【混合模式】更改为【叠加】，【颜色】更改为白色，【不透明度】更改为100%，取消【使用全局光】复选框；将【角度】更改为-90度，【距离】更改为2像素，【大小】更改为2像素，如图5.108所示。

5.7.2 绘制摇杆图像

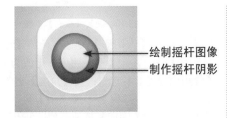

绘制摇杆图像
制作摇杆阴影

摇杆图像

步骤 01 选中【基座】图层，按Ctrl+T组合键对其执行【自由变换】命令，将图形等比缩小，完成之后按Enter键确认，如图5.110所示。

图5.110 缩小图形

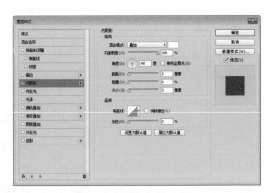

图5.108 设置【内阴影】参数

步骤 11 选中【渐变叠加】复选框，将【渐变】更改为灰色（R:245, G:245, B:245）到灰色（R:230, G:230, B:230），完成之后单击【确定】按钮，如图5.109所示。

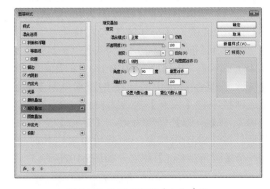

图5.109 设置【渐变叠加】参数

步骤 02 在【图层】面板中选中【基座】图层，单击面板底部的【添加图层样式】 **fx** 按钮，在菜单中选择【渐变叠加】命令，在弹出的对话框中将【渐变】更改为蓝色（R:77, G:67, B:210）到青色（R:36, G:216, B:250），如图5.111所示。

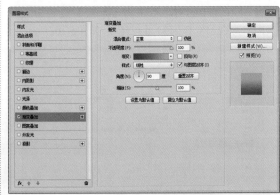

图5.111 设置【渐变叠加】参数

步骤 03 选中【内发光】复选框,将【混合模式】更改为【正常】,【不透明度】更改为60%,【颜色】更改为蓝色(R:24, G:85, B:125),【大小】更改为18像素,完成之后单击【确定】按钮,如图5.112所示。

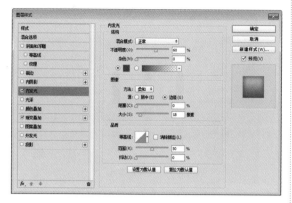

图5.112 设置【内发光】参数

步骤 04 在【图层】面板中选中【摇杆】图层,单击面板底部的【添加图层样式】 *fx* 按钮,在菜单中选择【斜面和浮雕】命令。

步骤 05 在弹出的对话框中将【大小】更改为1像素,【阴影模式】中的【不透明度】更改为30%,如图5.113所示。

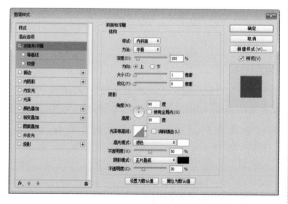

图5.113 设置【斜面和浮雕】参数

步骤 06 选中【渐变叠加】复选框,将【渐变】更改为灰色(R:223, G:223, B:223)到灰色(R:245, G:245, B:245),【缩放】更改为50%,如图5.114所示。

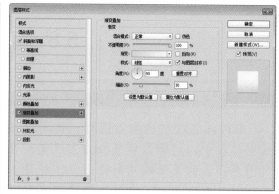

图5.114 设置【渐变叠加】参数

步骤 07 选中【投影】复选框,将【混合模式】更改为【正常】,【颜色】更改为黑色,【不透明度】更改为30%,【距离】更改为4像素,【大小】更改为7像素,完成之后单击【确定】按钮,如图5.115所示。

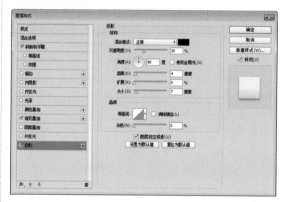

图5.115 设置【投影】参数

步骤 08 按Ctrl+T组合键执行【自由变换】命令,将图形等比缩小,完成之后按Enter键确认,这样就完成了效果的制作,如图5.116所示。

图5.116 最终效果

5.8 均衡器图标

设计构思

本例讲解绘制均衡器图标，该图标在绘制过程中以均衡器调节杆为主视觉，通过图层样式的灵活运用制作出立体效果，整体效果十分真实、自然，最终效果如图5.117所示。

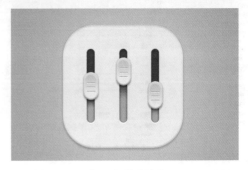

- 难易指数：★★★☆☆
- 案例位置：源文件\第5章\均衡器图标.psd
- 视频位置：视频教学\5.8 均衡器图标.avi

图5.117 最终效果

重点分解

底座　　　　　　　　　　调节滑块

色彩分析

主色调为醒目青色，以浅灰色作为辅助色，通过浅灰色的底座衬托，可以很直观地显示出均衡器进度效果。

青色 (R:210,G:255,B:0)　　　　灰色 (R:239,G:239,B:239)

操作步骤

5.8.1 制作图标轮廓

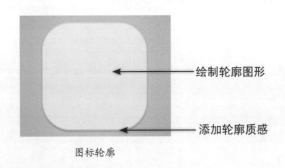

绘制轮廓图形

添加轮廓质感

图标轮廓

步骤01 执行菜单栏中的【文件】|【新建】命令，在弹出的对话框中设置【宽度】为500像素，【高度】为380像素，【分辨率】为72像素/英寸，新建一个空白画布，将画布填充为灰色（R:213, G:219, B:224）到灰色（R:166, G:175, B:183）的径向渐变。

步骤02 选择工具箱中的【圆角矩形工具】，在选项栏中将【填充】更改为白色，【描边】更改为无，【半径】更改为60像素，按住Shift键绘制一个圆角矩形，此时将生成一个【圆角矩形 1】图层，如图5.118所示。

图5.118 绘制圆角矩形

步骤03 在【图层】面板中选中【圆角矩形 1】图层，单击面板底部的【添加图层样式】fx按钮，在菜单中选择【斜面和浮雕】命令。

步骤04 在弹出的对话框中将【方法】更改为【雕刻清晰】，【深度】更改为100%，【大小】更改为2像素，【高光模式】更改为【正常】，【颜色】更改为黑色，【不透明度】更改为20%，【阴影模式】更改为【正片叠底】，【不透明度】更改为20%，如图5.119所示。

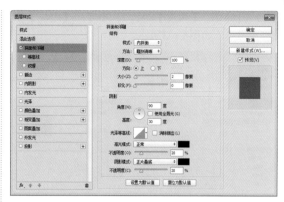

图5.119 设置【斜面和浮雕】参数

步骤05 选中【投影】复选框，将【混合模式】更改为【叠加】，【不透明度】更改为100%，【距离】更改为2像素，【大小】更改为5像素，完成之后单击【确定】按钮，如图5.120所示。

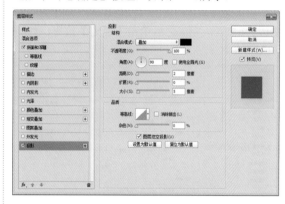

图5.120 设置【投影】参数

5.8.2 制作控制图像

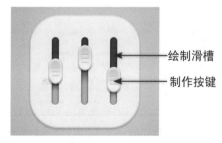

控制图像

步骤01 选择工具箱中的【圆角矩形工具】，在选项栏中将【填充】更改为深蓝色（R:62, G:78, B:92），【描边】更改为无，【半径】更改为60像素，在图标左侧绘制一个圆角矩形，将生成一个【圆角矩形 2】图层，如图5.121所示。

步骤02 选中【圆角矩形 2】图层，将其拖至面板底部的【创建新图层】按钮上，复制一个【圆角矩形 2 拷贝】图层，分别将图层名称更改为【效果】和【滑动槽】，如图5.122所示。

图5.121 绘制圆角矩形　　图5.122 复制图层

步骤03 在【图层】面板中选中【滑动槽】图层，单击面板底部的【添加图层样式】fx按钮，在菜单中选择【内阴影】命令。

步骤04 在弹出的对话框中将【混合模式】更改为【正常】，【颜色】更改为白色，【不透明度】

更改为100%，【角度】更改为-90度，【距离】更改为2像素，如图5.123所示。

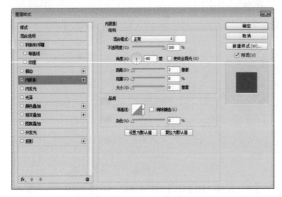

图5.123 设置【内阴影】参数

步骤07 选择工具箱中的【圆角矩形工具】，在选项栏中将【填充】更改为黑色，【描边】更改为无，【半径】更改为60像素，在滑动条位置绘制一个圆角矩形，此时将生成一个【圆角矩形2】图层，如图5.126所示。

步骤08 在【图层】面板中选中【圆角矩形2】图层，将其拖至面板底部的【创建新图层】按钮上，复制一个【圆角矩形2拷贝】图层，如图5.127所示。

步骤05 选中【内发光】复选框，将【混合模式】更改为【正常】，【不透明度】更改为50%，【颜色】更改为深蓝色（R:29, G:44, B:57），【大小】更改为6像素，完成之后单击【确定】按钮，如图5.124所示。

图5.126 绘制圆角矩形   图5.127 复制图层

步骤09 在【图层】面板中选中【圆角矩形2】图层，单击面板底部的【添加图层样式】fx按钮，在菜单中选择【斜面和浮雕】命令。

步骤10 在弹出的对话框中将【大小】更改为3像素，取消【使用全局光】复选框；将【角度】更改为90度，【高光模式】中的【不透明度】更改为50%，【阴影模式】中的【不透明度】更改为30%，如图5.128所示。

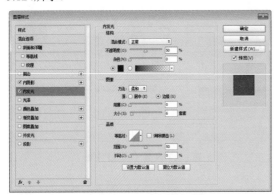

图5.124 设置【内发光】参数

提示与技巧

将【效果】图层隐藏，可观察下方图形效果。

步骤06 选中【效果】图层，将其图形【填充】更改为青色（R:0, G:210, B:255）；执行菜单栏中的【图层】|【创建剪贴蒙版】命令，为当前图层创建剪贴蒙版，隐藏部分图形，如图5.125所示。

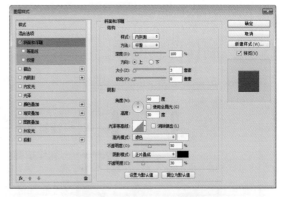

图5.128 设置【斜面和浮雕】参数

步骤11 选中【渐变叠加】复选框，将【渐变】更改为灰色（R:247, G:247, B:247, G:, B:）到灰色（R:224, G:224, B:224），如图5.129所示。

步骤12 选中【外发光】复选框，将【混合模式】更改为【正常】，【不透明度】更改为20%，【颜色】更改为黑色，【大小】更改为2像素，如图5.130所示。

图5.125 创建剪贴蒙版

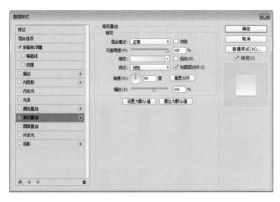

图5.129 设置【渐变叠加】参数

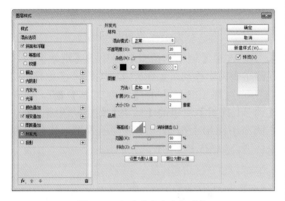

图5.130 设置【外发光】参数

步骤 13 选中【投影】复选框，将【不透明度】更改为30%，【距离】更改为3像素，【大小】更改为3像素，完成之后单击【确定】按钮，如图5.131所示。

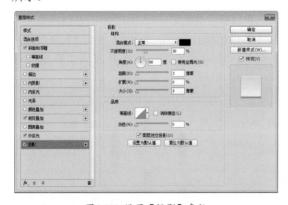

图5.131 设置【投影】参数

步骤 14 选中【圆角矩形 2 拷贝】图层，按Ctrl+T组合键对其执行【自由变换】命令，将图形【填充】更改为灰色（R:204, G:204, B:204），再等比缩小，完成之后按Enter键确认，如图5.132所示。

步骤 15 在【图层】面板中选中【圆角矩形 2拷贝】图层，单击面板底部的【添加图层蒙版】按钮，为其添加图层蒙版，如图5.133所示。

图5.132 变换图形　　图5.133 添加图层蒙版

步骤 16 选择工具箱中的【渐变工具】，编辑黑色到白色的渐变，单击选项栏中的【线性渐变】按钮，在图形上拖动隐藏部分图形，如图5.134所示。

步骤 17 选择工具箱中的【直线工具】，在选项栏中将【填充】更改为灰色（R:166, G:166, B:166），【描边】更改为无，【粗细】更改为1像素，在图形位置按住Shift键绘制一条线段，将生成一个【形状1】图层，如图5.135所示。

图5.134 隐藏图形　　图5.135 绘制图形

步骤 18 在【图层】面板中选中【形状 1】图层，单击面板底部的【添加图层样式】按钮，在菜单中选择【投影】命令。

步骤 19 在弹出的对话框中将【混合模式】更改为【正常】，【颜色】更改为白色，【不透明度】更改为100%，【距离】更改为1像素，完成之后单击【确定】按钮，如图5.136所示。

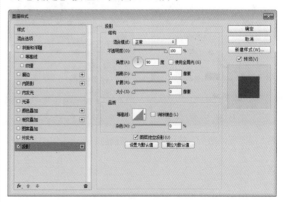

图5.136 设置【投影】参数

步骤 20 选中【形状 1】图层，向下复制两份，如图5.137所示。

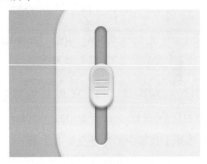

图5.137 复制图形

步骤 21 在【图层】面板中选中【效果】图层，单击面板底部的【添加图层蒙版】 ⬛ 按钮，为其添加图层蒙版，如图5.138所示。

步骤 22 选择工具箱中的【渐变工具】 ▬，编辑黑色到白色的渐变，单击选项栏中的【线性渐变】 ▬ 按钮，在图形上拖动隐藏部分图形，如图5.139所示。

图5.138 添加图层蒙版

图5.139 隐藏图形

步骤 23 同时选中所有和滑块相关的图层，按Ctrl+G组合键将其编组，将生成的组名称更改为【滑块】。

步骤 24 同时选中【滑块】组及【效果】和【滑动槽】两个图层，按Ctrl+G组合键将其编组，将生成的组名称更改为【调节1】，如图5.140所示。

图5.140 将图层编组

步骤 25 选中【调节1】组，向右侧平移复制两份，生成【调节1 拷贝】及【调节1 拷贝2】两个新组，如图5.141所示。

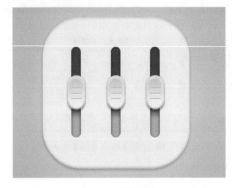

图5.141 复制图形

步骤 26 选中【调节1 拷贝】组中的【滑块】组，在画布中向上移动，如图5.142所示。

步骤 27 选择工具箱中的【渐变工具】 ▬，单击【调节1 拷贝】组中的【效果】图层蒙版缩览图，在画布中图形上拖动，调整显示效果，使其与滑块协调，如图5.143所示。

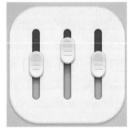

图5.142 移动图形　　　　图5.143 调整蒙版

步骤 28 以同样的方法将【调节1 拷贝 2】组展开，调整滑块及显示效果，这样就完成了效果的制作，如图5.144所示。

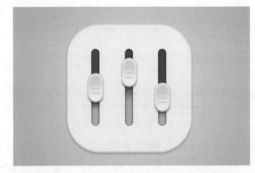

图5.144 最终效果

5.9 安全应用图标

设计构思

本例讲解制作安全应用图标，该图标在制作过程中，以圆角矩形作为主轮廓，通过绘制+号表现出安全的特征，最终效果如图5.145所示。

- 难易指数：★★☆☆☆
- 案例位置：源文件\第5章\安全应用图标.psd
- 视频位置：视频教学\5.9 安全应用图标.avi

图5.145 最终效果

重点分解

轮廓　　　　　　　凹槽图形　　　　　　安全标志

色彩分析

以橙色作为安全色，将灰色作为辅助色，整体色调表现出很强的图标特征。

橙色 (R:240,G:70,B:40)　　　　灰色 (R:237,G:233,B:232)

操作步骤

5.9.1 制作轮廓图像

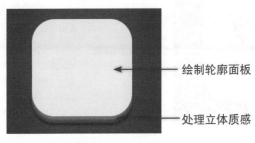

　　　　　　　　　　　　　　　　　　——绘制轮廓面板

　　　　　　　　　　　　　　　　　　——处理立体质感

轮廓图像

步骤 01 执行菜单栏中的【文件】|【新建】命令，在弹出的对话框中设置【宽度】为400像素，【高度】为300像素，【分辨率】为72像素/英寸，新建一个空白画布，将画布填充为深蓝色（R:70, G:88, B:112）到深蓝色（R:42, G:53, B:69）的径向渐变。

步骤 02 选择工具箱中的【圆角矩形工具】 ，在选项栏中将【填充】更改为橙色（R:240, G:70, B:40），【描边】更改为无，【半径】更改为40像素，按住Shift键绘制一个圆角矩形，此时将生成一个【圆角矩形1】图层，如图5.146所示。

图5.146 绘制图形

步骤 03 在【图层】面板中选中【圆角矩形1】图层，将其拖至面板底部的【创建新图层】 按钮上，复制一个【圆角矩形1拷贝】图层，如图5.147所示。

步骤 04 将【圆角矩形1拷贝】图层中图形【填充】更改为灰色（R:237, G:233, B:232），再缩小图形高度，如图5.148所示。

图5.147 复制图层　　　　图5.148 变换图形

步骤 05 在【图层】面板中选中【圆角矩形1拷贝】图层，单击面板底部的【添加图层样式】 fx 按钮，在菜单中选择【斜面和浮雕】命令。

步骤 06 在弹出的对话框中将【大小】更改为7像素，【高光模式】更改为【叠加】，【不透明度】更改为50%，【阴影模式】中的【不透明度】更改为30%，如图5.149所示。

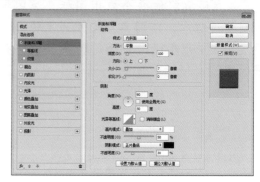

图5.149 设置【斜面和浮雕】参数

步骤 07 选中【投影】复选框，将【混合模式】更改为【正常】，【不透明度】更改为30%，【距离】更改为5像素，【大小】更改为5像素，完成之后单击【确定】按钮，如图5.150所示。

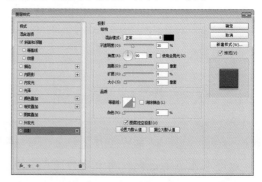

图5.150 设置【投影】参数

5.9.2 制作标示图像

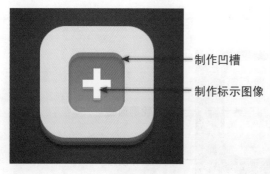

制作凹槽

制作标示图像

标示图像

步骤 01 选择工具箱中的【圆角矩形工具】 ，在选项栏中将【填充】更改为黑色，【描边】为无，【半径】更改为20像素，在图标中间按住Shift键绘制一个圆角矩形，此时将生成一个【圆角矩形2】图层，如图5.151所示。

步骤 02 在【图层】面板中选中【圆角矩形2】图层，将其拖至面板底部的【创建新图层】 按钮上，复制一个【圆角矩形2拷贝】图层，如图5.152所示。

图5.151 绘制圆角矩形　　图5.152 复制图层

步骤03 在【图层】面板中选中【圆角矩形 2】图层，单击面板底部的【添加图层样式】*fx*按钮，在菜单中选择【渐变叠加】命令，在弹出的对话框中将【渐变】更改为橙色（R:250, G:144, B:76）到橙色（R:250, G:88, B:42），如图5.153所示。

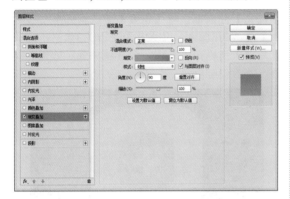

图5.153 设置【渐变叠加】参数

步骤04 选中【投影】复选框，将【混合模式】更改为【正常】，【颜色】更改为白色，【不透明度】更改为70%，【距离】更改为3像素，【大小】更改为3像素，完成之后单击【确定】按钮，如图5.154所示。

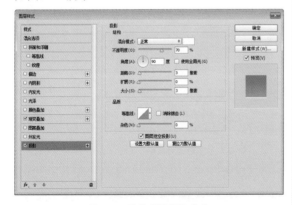

图5.154 设置【投影】参数

--- 提示与技巧 ---

为了方便观察添加的图层样式效果，在设置图层样式过程中，可以将【圆角矩形2拷贝】图层暂时隐藏。

步骤05 选中【圆角矩形2 拷贝】图层，将图形高度适当缩小，如图5.155所示。

图5.155 缩小图形

步骤06 在【图层】面板中选中【圆角矩形 2 拷贝】图层，单击面板底部的【添加图层样式】*fx*按钮，在菜单中选择【内阴影】命令。

步骤07 在弹出的对话框中将【不透明度】更改为60%，【距离】更改为3像素，【大小】更改为7像素，如图5.156所示。

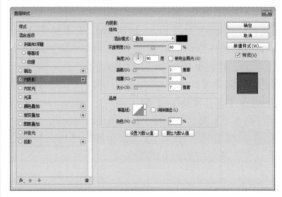

图5.156 设置【内阴影】参数

步骤08 选中【渐变叠加】复选框，将【渐变】更改为橙色（R:250, G:144, B:76）到橙色（R:250, G:88, B:42），完成之后单击【确定】按钮，如图5.157所示。

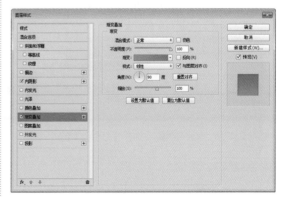

图5.157 设置【渐变叠加】参数

步骤 09 选择工具箱中的【矩形工具】，在选项栏中将【填充】更改为浅红色（R:250，G:162，B:138），【描边】更改为无，绘制一个小矩形，此时将生成一个【矩形1】图层，如图5.158所示。

步骤 10 在【图层】面板中选中【矩形1】图层，将其拖至面板底部的【创建新图层】按钮上，复制一个【矩形1拷贝】图层。

步骤 11 选中【矩形1拷贝】图层，按Ctrl+T组合键执行【自由变换】命令，单击鼠标右键，从弹出的快捷菜单中选择【顺时针旋转90度】命令，完成之后按Enter键确认，如图5.159所示。

图5.158 复制图形　　　　图5.159 变换图形

步骤 12 同时选中【矩形 1 拷贝】及【矩形】图层，按Ctrl+E组合键将图层合并，此时将生成一个【矩形1拷贝】图层。

步骤 13 选中【矩形 1 拷贝】图层，将其拖至面板底部的【创建新图层】按钮上，复制一个【矩形1拷贝2】图层，如图5.160所示。

步骤 14 将【矩形1拷贝2】图层中图形【填充】更改为白色，再将图形向上稍微移动，如图5.161所示。

图5.160 复制图层　　　　图5.161 移动图形

步骤 15 在【图层】面板中选中【矩形 1 拷贝】图层，单击面板底部的【添加图层样式】**fx**按钮，在菜单中选择【投影】命令。

步骤 16 在弹出的对话框中将【混合模式】更改为【叠加】，【不透明度】更改为30%，取消【使用全局光】复选框；将【角度】更改为90度，【距离】更改为3像素，【大小】更改为3像素，完成之后单击【确定】按钮，这样就完成了效果的制作，如图5.162所示。

图5.162 最终效果

第6章
界面图像及特效处理

本章介绍

本章讲解界面图像及特效处理，在UI界面设计中会经常看到各式各样的图像效果，这些图像效果代表了不同的UI使用方向，比如触控游戏界面中所使用到的触点效果，播放器中的音量控件，锁屏壁纸中的月亮特效，标签特效等特效的处理。通过对本章内容的学习可以掌握界面图像及特效处理，达到美化整体UI界面的效果。

要点索引

◎ 学会制作消除图像特效
◎ 学习为播放器添加音量控件
◎ 学习为天气界面添加装饰元素
◎ 学会制作毛玻璃主题字
◎ 学会制作流星特效
◎ 学会制作圆环进度效果
◎ 掌握为界面添加头像的方法

6.1 消除图像特效

设计构思

　　本例讲解制作消除图像特效，该图像为一款消消乐类益智游戏，整体画风十分清新，通过对单个图像进行处理，令整个界面具有出色的交互效果，最终效果如图6.1所示。

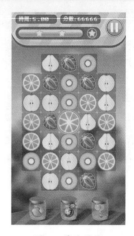

- 难易指数：★★★☆☆
- 素材位置：调用素材\第6章\消除图像特效
- 案例位置：源文件\第6章\消除图像特效.psd
- 视频位置：视频教学\6.1 消除图像特效.avi

图6.1 最终效果

操作步骤

步骤01 执行菜单栏中的【文件】|【打开】命令，选择"调用素材\第6章\消除图像特效\消除类游戏界面.jpg"文件，单击【打开】按钮，如图6.2所示。

步骤02 在【图层】面板中选中【背景】图层，将其拖至面板底部的【创建新图层】按钮上，复制一个【背景 拷贝】图层。

步骤03 选择工具箱中的【椭圆工具】，在选项栏中将【填充】更改为无，【描边】更改为白色，【宽度】更改为2点，在水果图标适当位置按住Shift键绘制一个正圆图形，此时将生成一个【椭圆 1】图层，如图6.3所示。

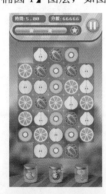

图6.2 打开素材

图6.3 绘制正圆

提示与技巧

复制图层的目的在于，对拷贝图层进行处理，同时保留原有图像，方便对最终效果进行调整。

步骤04 选中【椭圆 1】图层，将其图层【不透明度】更改为50%，效果如图6.4所示。

步骤05 同时选中【椭圆 1】及【背景 拷贝】图层，按Ctrl+E组合键将图层合并，此时将生成一个【背景 拷贝】图层，如图6.5所示。

图6.4 更改不透明度　　图6.5 合并图层

步骤06 执行菜单栏中的【滤镜】|【液化】命令，在弹出的对话框中单击左侧【膨胀工具】按钮，将【大小】更改为200，在绘制的正圆水果位置，按住鼠标左键为对应的水果图像制作出膨胀效果，这样就完成了效果的制作，如图6.6所示。

图6.6 最终效果

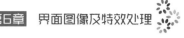

6.2 为播放器添加音量控件

设计构思

　　本例讲解为播放器添加音量控件，通过添加音量控件达到完美的界面控制效果，同时音量控件也丰富了整个界面元素，最终效果如图6.7所示。

- 难易指数：★★☆☆☆
- 素材位置：调用素材\第6章\为播放器添加音量控件
- 案例位置：源文件\第6章\为播放器添加音量控件.psd
- 视频位置：视频教学\6.2 为播放器添加音量控件.avi

图6.7 最终效果

操作步骤

步骤01 执行菜单栏中的【文件】|【打开】命令，选择"调用素材\第6章\为播放器添加音量控件\音乐播放器.jpg"文件，单击【打开】按钮，如图6.8所示。

步骤02 选择工具箱中的【直线工具】 ／，在选项栏中将【填充】更改为紫色（R:213, G:52, B:133），【描边】更改为无，【粗细】更改为2像素，按住Shift键绘制一条线段，将生成一个【形状1】图层，如图6.9所示。

图6.8 打开素材　　　图6.9 绘制线段

步骤03 在【图层】面板中选中【形状 1】图层，将其拖至面板底部的【创建新图层】 🗔 按钮上，复制一个【形状 1 拷贝】图层，并将【形状 1 拷贝】图层中图形【填充】更改为浅紫色（R:255, G:132, B:233）。

步骤04 在【图层】面板中选中【形状 1 拷贝】图层，单击面板底部的【添加图层样式】 *fx* 按钮，在菜单中选择【外发光】命令，在弹出的对话框中将【混合模式】更改为【叠加】，【不透明度】更改为70%，【颜色】更改为红色（R:255, G:0, B:114），【大小】更改为10像素，完成之后单击【确定】按钮，如图6.10所示。

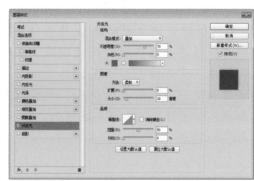

图6.10 设置【外发光】参数

步骤05 选中【形状 1 拷贝】图层，按Ctrl+T组合键对其执行【自由变换】命令，将线段长度缩小，完成之后按Enter键确认，如图6.11所示。

步骤06 选择工具箱中的【椭圆工具】 ⬤，在选项栏中将【填充】更改为浅紫色（R:255, G:132, B:233），【描边】更改为无，在线段适当位置按住Shift键绘制一个小正圆图形，此时将生成一个【椭圆1】图层，如图6.12所示。

图6.11 缩小长度

图6.12 绘制小正圆

步骤 07 在【形状 1 拷贝】图层名称上单击鼠标右键，从弹出的快捷菜单中选择【拷贝图层样式】命令，在【椭圆 1】图层名称上单击鼠标右键，从弹出的快捷菜单中选择【粘贴图层样式】命令，如图6.13所示。

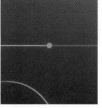

图6.13 拷贝并粘贴图层样式

步骤 08 执行菜单栏中的【文件】|【打开】命令，选择"调用素材\第6章\为播放器添加音量控件\图

标.psd"文件，单击【打开】按钮。

步骤 09 将打开的素材拖入画布中进度条左右两侧并适当缩小，再将其【描边】更改为紫色（R:213，G:52，B:133），这样就完成了效果的制作，如图6.14所示。

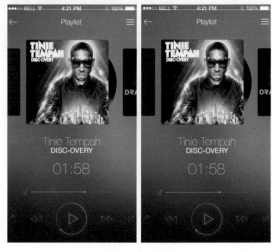

图6.14 最终效果

6.3 为锁屏壁纸添加月亮特效

设计构思

本例讲解为锁屏壁纸添加月亮特效，该锁屏壁纸为一幅夜晚的风景图像，整体色彩鲜艳，十分漂亮，如果为其添加月亮特效就会使整个画面更加均衡，视觉效果更加出色，最终效果如图6.15所示。

- 难易指数：★★☆☆☆
- 素材位置：调用素材\第6章\为锁屏壁纸添加月亮特效
- 案例位置：源文件\第6章\为锁屏壁纸添加月亮特效.psd
- 视频位置：视频教学\6.3 为锁屏壁纸添加月亮特效.avi

图6.15 最终效果

操作步骤

步骤01 执行菜单栏中的【文件】|【打开】命令，选择"调用素材\第6章\为锁屏壁纸添加月亮特效\锁屏壁纸.jpg"文件，单击【打开】按钮，如图6.16所示。

步骤02 选择工具箱中的【椭圆工具】○，在选项栏中将【填充】更改为白色，【描边】更改为无，按住Shift键绘制一个正圆图形，将生成一个【椭圆1】图层，如图6.17所示。

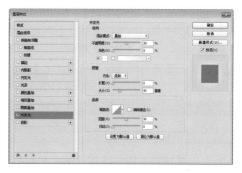

图6.18 设置【外发光】参数

步骤04 在【图层】面板中选中【椭圆 1】图层，将其图层【填充】更改为70%，这样就完成了效果的制作，如图6.19所示。

图6.16 打开素材　　　　图6.17 绘制正圆

步骤03 在【图层】面板中选中【椭圆 1】图层，单击面板底部的【添加图层样式】 *fx* 按钮，在菜单中选择【外发光】命令，在弹出的对话框中将【混合模式】更改为【叠加】，【不透明度】更改为50%，【颜色】更改为白色，【大小】更改为50像素，完成之后单击【确定】按钮，如图6.18所示。

图6.19 最终效果

6.4 为闪屏制作标签特效

设计构思

　　本例讲解为闪屏制作标签特效，闪屏作为一款应用中最先展示给用户的部分，其视觉设计要求较高，因此在图形图像等元素的使用上需要加入一些针对主题的特效。本例以漂亮的街道夜景作为主视觉图像，通过拷贝部分区域图像并将部分进行模糊化处理，达到突出焦点视觉的目的，最终效果如图6.20所示。

- 难易指数：★★★☆☆
- 素材位置：调用素材\第6章\为闪屏制作标签特效
- 案例位置：源文件\第6章\为闪屏制作标签特效.psd
- 视频位置：视频教学\6.4 为闪屏制作标签特效.avi

图6.20 最终效果

操作步骤

步骤 01 执行菜单栏中的【文件】|【打开】命令，选择"调用素材\第6章\为闪屏制作标签特效\旅行管家.psd"文件，单击【打开】按钮。

步骤 02 选择工具箱中的【矩形选框工具】▢，在图像中间绘制一个矩形选区，如图6.21所示。

提示与技巧

在绘制选区时，尽量在构图完美的区域进行绘制。

步骤 03 选中【背景】图层，执行菜单栏中的【图层】|【新建】|【通过拷贝的图层】命令，将生成一个【图层 2】图层，如图6.22所示。

图6.21 打开素材　　　图6.22 通过拷贝的图层

提示与技巧

按Ctrl+J组合键可快速执行【通过拷贝的图层】命令。

步骤 04 在【图层】面板中选中【图层 2】图层，单击面板底部的【添加图层样式】*fx* 按钮，在菜单中选择【描边】命令，在弹出的对话框中将【大小】更改为8像素，【位置】更改为【内部】，【颜色】更改为白色，完成之后单击【确定】按钮，如图6.23所示。

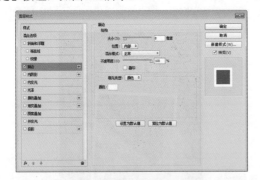

图6.23 设置【描边】参数

步骤 05 选择工具箱中的【矩形工具】▬，在选项栏中将【填充】更改为白色，【描边】更改为无，在描边图像底部绘制一个矩形，此时将生成一个【矩形 1】图层，如图6.24所示。

步骤 06 选择工具箱中的【横排文字工具】**T**，在矩形位置添加文字（仿宋 Regular），如图6.25所示。

图6.24 绘制图形　　　图6.25 添加文字

步骤 07 同时选中【让旅行成为永远难忘的回忆!】、【矩形 1】、【图层2】图层，按Ctrl+T组合键对其执行【自由变换】命令，将对象适当旋转，完成之后按Enter键确认，如图6.26所示。

步骤 08 在【图层】面板中选中【背景】图层，将其拖至面板底部的【创建新图层】🔲 按钮上，复制一个【背景 拷贝】图层，如图6.27所示。

图6.26 旋转对象　　　图6.27 复制图层

步骤 09 选中【背景 拷贝】图层，执行菜单栏中的【滤镜】|【模糊】|【高斯模糊】命令。

步骤 10 在弹出的对话框中将【半径】更改为4像素，这样就完成了效果的制作，如图6.28所示。

图6.28 最终效果

6.5 为信息界面制作主题字

设计构思

本例讲解为信息界面制作主题字，绘制过程中主要以突出文字信息为主，更改文字信息所在图层的混合模式即可，最终效果如图6.29所示。

- 难易指数：★★☆☆☆
- 素材位置：调用素材\第6章\为信息界面制作主题字
- 案例位置：源文件\第6章\为信息界面制作主题字.psd
- 视频位置：视频教学\ 6.5为信息界面制作主题字.avi

图6.29 最终效果

操作步骤

步骤 01 执行菜单栏中的【文件】|【打开】命令，选择"调用素材\第6章\为信息界面制作主题字\信息界面.jpg"文件，单击【打开】按钮，如图6.30所示。

步骤 02 选择工具箱中的【横排文字工具】T，在画布适当位置添加文字（仿宋 Regular），如图6.31所示。

步骤 03 同时选中两个文字图层，将其图层混合模式设置为【叠加】，这样就完成了效果的制作，如图6.32所示。

图6.32 最终效果

图6.30 添加素材

图6.31 添加文字

6.6 制作卷边效果

设计构思

　　本例讲解制作卷边效果，卷边效果可以使图像更加直观、形象，通过立体图形的结合，使整个界面更富有立体感，最终效果如图6.33所示。

- 难易指数：★★☆☆☆
- 素材位置：调用素材\第6章\制作卷边效果
- 案例位置：源文件\第6章\制作卷边效果.psd
- 视频位置：视频教学\6.6 制作卷边效果.avi

图6.33 最终效果

操作步骤

步骤01 执行菜单栏中的【文件】|【打开】命令，选择"调用素材\第6章\制作卷边效果\文艺主题.psd"文件，单击【打开】按钮，如图6.34所示。

步骤02 选择工具箱中的【多边形套索工具】，在【照片】图层中图像右上角绘制一个三角形选区，选中右上角部分图像，如图6.35所示。

图6.34 打开素材　　　　图6.35 绘制选区

步骤03 选中【照片】图层，按Delete键将选区中的图像删除，再按Ctrl+D组合键取消选区，如图6.36所示。

步骤04 选择工具箱中的【钢笔工具】，在选项栏中单击【选择工具模式】按钮，在弹出的选项中选择【形状】，将【填充】更改为白色，【描边】更改为无。

步骤05 在刚才删除图像后的位置绘制一个卷边效果图形，此时将生成一个【形状 1】图层，如图6.37所示。

图6.36 删除图像　　　　图6.37 绘制图形

步骤06 在【图层】面板中选中【形状 1】图层，单击面板底部的【添加图层样式】fx按钮，在菜单中选择【渐变叠加】命令。

步骤07 在弹出的对话框中将【不透明度】更改为30%，【渐变】更改为黑色到白色再到黑色；将白色色标的位置更改为50%，【角度】更改为75度，【缩放】更改为50%，如图6.38所示。

图6.38 设置【渐变叠加】参数

步骤 08 选中【投影】复选框，将【不透明度】更改为30%，取消【使用全局光】复选框，将【角度】更改为135度，【距离】更改为3像素，【大小】更改为4像素，完成之后单击【确定】按钮，这样就完成了效果的制作，如图6.39所示。

图6.39 最终效果

6.7 为天气界面添加装饰元素

设计构思

本例讲解为天气界面添加装饰元素，本例中的天气界面具有很强的主题特征，明显的季节特性衬托出天气的特点，最终效果如图6.40所示。

- 难易指数：★★☆☆☆
- 素材位置：调用素材\第6章\为天气界面添加装饰元素
- 案例位置：源文件\第6章\6.7 为天气界面添加装饰元素.psd
- 视频位置：视频教学\6.7为天气界面添加装饰元素.avi

图6.40 最终效果

操作步骤

步骤 01 执行菜单栏中的【文件】|【打开】命令，选择"调用素材\第6章\为天气界面添加装饰元素\天气界面.psd"文件，单击【打开】按钮，如图6.41所示。

步骤 02 选择工具箱中的【画笔工具】，在【画笔】面板中选择一种圆角笔触，将【大小】更改为6像素，【间距】更改为1000%，如图6.42所示。

步骤 03 选中【形状动态】复选框，将【大小抖动】更改为100%，如图6.43所示。

步骤 04 选中【散布】复选框，将【散布】更改为1000%，如图6.44所示。

步骤 05 单击【图层】面板底部的【创建新图层】按钮，在【背景】图层上方新建一个【图层1】图层。

步骤 06 将前景色设置为白色，在图像上按住鼠标并拖动添加下雪图像，这样就完成了效果的制作，如图6.45所示。

图6.41 打开素材　图6.42 设置画笔笔尖形状　图6.43 设置【形状动态】参数　图6.44 设置【散布】参数　图6.45 最终效果

169

6.8 滑动解锁特效

本例讲解制作滑动解锁特效，解锁的方式有很多种，每一种解锁方式代表了不一样的交互感受，最终效果如图6.46所示。

- 难易指数：★★☆☆☆
- 素材位置：调用素材\第6章\滑动解锁特效
- 案例位置：源文件\第6章\滑动解锁特效.psd
- 视频位置：视频教学\6.8 滑动解锁特效.avi

图6.46 最终效果

操作步骤

步骤01 执行菜单栏中的【文件】|【打开】命令，选择"调用素材\第6章\滑动解锁特效\锁屏待机界面.jpg"文件，单击【打开】按钮，如图6.47所示。

步骤02 选择工具箱中的【横排文字工具】 **T**，在界面适当位置添加文字（方正兰亭细黑），如图6.48所示。

图6.47 打开素材

图6.48 添加文字

步骤03 选择工具箱中的【椭圆工具】 ⬭，在选项栏中将【填充】更改为白色，【描边】更改为无，在文字下方按住Shift键绘制一个正圆图形，

此时将生成一个【椭圆 1】图层，如图6.49所示。

步骤04 将正圆向下移动复制两份，将生成【椭圆 1 拷贝】及【椭圆 1 拷贝 2】两个新图层，如图6.50所示。

图6.49 绘制正圆

图6.50 复制图形

步骤05 选择工具箱中的【圆角矩形工具】 ⬜，在选项栏中将【填充】更改为无，【描边】更改为白色，【半径】更改为5像素，按住Shift键绘制一个圆角矩形，此时将生成一个【圆角矩形 1】图层，如图6.51所示。

步骤06 选中【圆角矩形 1】图层，按Ctrl+T组合键对其执行【自由变换】命令，当出现变形框之后，在选项栏的【旋转】文本框中输入45，完成之后按Enter键确认，如图6.52所示。

图6.51 绘制图形

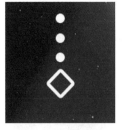

图6.52 旋转图形

步骤 07 在【图层】面板中选中【圆角矩形 1】图层，单击面板底部的【添加图层蒙版】 按钮，为其添加图层蒙版，如图6.53所示。

步骤 08 选择工具箱中的【矩形选框工具】，在圆角矩形上半部分位置绘制一个矩形选区，如图6.54所示。

图6.53 添加图层蒙版

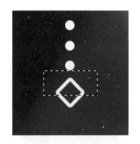

图6.54 绘制选区

步骤 09 将选区填充为黑色，隐藏部分图形，完成之后按Ctrl+D组合键取消选区，如图6.55所示。

步骤 10 同时选中除【背景】和文字层之外的所有图层，按Ctrl+G组合键将其编组，将生成一个【组 1】

组，单击面板底部的【添加图层蒙版】按钮，为其添加图层蒙版，如图6.56所示。

图6.55 隐藏图形

图6.56 添加图层蒙版

步骤 11 选择工具箱中的【渐变工具】，编辑黑色到白色的渐变，单击选项栏中的【线性渐变】按钮，在图形上拖动，隐藏部分图形，这样就完成了效果的制作，如图6.57所示。

图6.57 最终效果

6.9 速度指示特效

设计构思

本例讲解制作速度指示特效，在制作过程中，将动感的光线与直观的指示图像相结合，很好地突出速度主题，同时炫酷的光效令整个视觉效果相当出色，最终效果如图6.58所示。

- 难易指数：★★☆☆☆
- 素材位置：调用素材\第6章\速度指示特效
- 案例位置：源文件\第6章\速度指示特效.psd
- 视频位置：视频教学\6.9 速度指示特效.avi

图6.58 最终效果

操作步骤

步骤 01 执行菜单栏中的【文件】|【打开】命令，选择"调用素材\第6章\速度指示特效\雷达测速界面.jpg"文件，单击【打开】按钮，如图6.59所示。

步骤 02 选择工具箱中的【椭圆工具】⬭，在选项栏中单击【选择工具模式】 路径 ⇕ 按钮，在弹出的选项中选择【路径】，以速度值中心为起点按住Alt+Shift组合键绘制一个正圆路径，如图6.60所示。

图6.59 打开素材　　　　图6.60 绘制路径

步骤 03 选择工具箱中的【直接选择工具】⬐，选中路径底部锚点，将其删除，如图6.61所示。

图6.61 删除锚点

步骤 04 选择工具箱中的【画笔工具】✎，在画布中单击鼠标右键，在弹出的面板中选择一种圆角笔触，将【大小】更改为5像素，【硬度】更改为100%，如图6.62所示。

步骤 05 新建一个图层——图层1，将前景色更改为白色，在【路径】面板中的路径名称上单击鼠标右键，从弹出的快捷菜单中选择【描边路径】命令，在弹出的对话框中选择【工具】为【画笔】，确认选中【模拟压力】复选框，完成之后单击【确定】按钮，如图6.63所示。

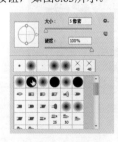

图6.62 设置笔触　　　　图6.63 描边路径

步骤 06 按Ctrl+T组合键对其执行【自由变换】命令，将图像适当旋转，完成之后按Enter键确认，如图6.64所示。

步骤 07 选择工具箱中的【套索工具】⬯，在图像右侧区域绘制一个不规则选区，如图6.65所示。

图6.64 旋转图像　　　　图6.65 绘制选区

步骤 08 按Delete键将选区中的图像删除，完成之后按Ctrl+D组合键取消选区，如图6.66所示。

步骤 09 选择工具箱中的【椭圆工具】⬭，在选项栏中将【填充】更改为白色，【描边】更改为无，在图像右侧端点位置按住Shift键绘制一个正圆图形，将生成一个【椭圆 1】图层，如图6.67所示。

图6.66 删除图像　　　　图6.67 绘制正圆

步骤 10 在【图层】面板中选中【图层 1】图层，单击面板底部的【添加图层样式】fx按钮，在菜单中选择【渐变叠加】命令。

步骤 11 在弹出的对话框中将【不透明度】更改为50%，【渐变】更改为青色（R:144, G:215, B:255）到青色（R:0, G:174, B:255），【角度】更改为0，完成之后单击【确定】按钮，如图6.68所示。

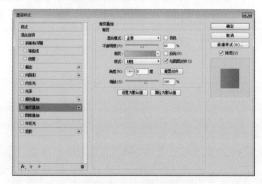

图6.68 设置【渐变叠加】参数

步骤12 在【图层】面板中选中【椭圆 1】图层，单击面板底部的【添加图层样式】**fx**按钮，在菜单中选择【外发光】命令。

步骤13 在弹出的对话框中将【混合模式】更改为【线性减淡（添加）】，【不透明度】更改为100%，【颜色】更改为青色（R:0, G:204, B:255），【大小】更改为20像素，完成之后单击【确定】按钮，如图6.69所示。

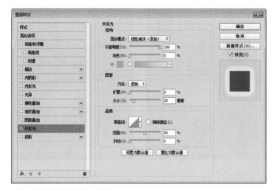

图6.69 设置【外发光】参数

步骤14 在【图层】面板中选中【图层 1】图层，

单击面板底部的【添加图层蒙版】 按钮，为其添加图层蒙版，如图6.70所示。

步骤15 选择工具箱中的【渐变工具】，编辑黑色到白色的渐变，单击选项栏中的【线性渐变】按钮，在图像上拖动，将左侧部分图像隐藏，这样就完成了效果的制作，如图6.71所示。

图6.70 添加图层蒙版

图6.71 最终效果

6.10 毛玻璃主题字

设计构思

本例讲解制作毛玻璃主题字，界面中的主题字样式有很多种，多数情况下根据实际的界面图像，来确定对应风格的主题字，最终效果如图6.72所示。

图6.72 最终效果

- 难易指数：★★☆☆☆
- 素材位置：调用素材\第6章\毛玻璃主题字
- 案例位置：源文件\第6章\毛玻璃主题字.psd
- 视频位置：视频教学\6.10 毛玻璃主题字.avi

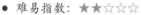
操作步骤

步骤01 执行菜单栏中的【文件】|【打开】命令，选择"调用素材\第6章\毛玻璃主题字\绿色壁纸.jpg"文件，单击【打开】按钮，如图6.73所示。

步骤 02 选择工具箱中的【矩形选框工具】 [:], 绘制一个矩形选区,执行菜单栏中的【图层】|【新建】|【通过拷贝的图层】命令,将生成一个【图层 1】图层,如图6.74所示。

图6.73 打开素材　　　　　图6.74 绘制选区

步骤 03 按住Ctrl键单击【图层 1】图层缩览图,将其载入选区。

步骤 04 执行菜单栏中的【滤镜】|【模糊】|【高斯模糊】命令,在弹出的对话框中将【半径】更改为10像素,完成之后单击【确定】按钮,如图6.75所示。

步骤 05 选择工具箱中的【矩形工具】 ▭, 在选项栏中将【填充】更改为无,【描边】更改为浅绿色(R:195, G:252, B:189),【宽度】更改为3点,沿模糊图像边缘绘制一个矩形,此时将生成一个【矩形 1】图层,如图6.76所示。

 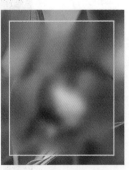

图6.75 添加高斯模糊　　　　图6.76 绘制矩形

步骤 06 在【图层】面板中选中【矩形 1】图层,将其拖至面板底部的【创建新图层】 🗔 按钮上,复制一个【矩形 1拷贝】图层,如图6.77所示。

步骤 07 选中【矩形 1拷贝】图层,在选项栏中将其【描边】更改为2点,按Ctrl+T组合键对其执行【自由变换】命令,将图形等比放大,完成之后按Enter键确认,再将其图层【不透明度】更改为50%,效果如图6.78所示。

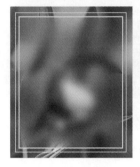 

图6.77 复制图形　　　　图6.78 更改不透明度

步骤 08 选择工具箱中的【横排文字工具】 **T**, 在适当的位置添加文字(方正清刻本悦宋简),这样就完成了效果的制作,如图6.79所示。

图6.79 最终效果

6.11 流星特效的制作

设计构思

本例讲解制作流星特效，该界面十分简洁，通过添加流星特效，使整体界面更富有灵动性，最终效果如图6.80所示。

- 难易指数：★★☆☆☆
- 素材位置：调用素材\第6章\流星特效的制作
- 案例位置：源文件\第6章\流星特效的制作.psd
- 视频位置：视频教学\6.11 流星特效的制作.avi

图6.80 最终效果

操作步骤

步骤01 执行菜单栏中的【文件】|【打开】命令，选择"调用素材\第6章\流星特效的制作\湖面夜景界面.jpg"文件，单击【打开】按钮，如图6.81所示。

步骤02 选择工具箱中的【直线工具】 ╱，在选项栏中将【填充】更改为白色，【描边】更改为无，【粗细】更改为1像素，绘制一条倾斜线段，将生成一个【形状1】图层，如图6.82所示。

图6.81 打开素材

图6.82 绘制线段

步骤03 在【图层】面板中选中【形状 1】图层，将其图层混合模式更改为【叠加】，再单击面板底部的【添加图层蒙版】 ◉ 按钮，为其添加图层蒙版，如图6.83所示。

步骤04 选择工具箱中的【渐变工具】 ▊，编辑黑色到白色的渐变，单击选项栏中的【线性渐变】

▊按钮，在线段上拖动，隐藏部分线段，如图6.84所示。

图6.83 添加图层蒙版

图6.84 隐藏线段

步骤05 选中【形状 1】图层，将其复制多份，这样就完成了效果的制作，如图6.85所示。

图6.85 最终效果

6.12 圆环进度效果

设计构思

本例讲解制作圆环进度效果，该圆环进度图形以正圆为基础图形，通过对其变形，同时隐藏部分图形制作出完美的进度效果，最终效果如图6.86所示。

- 难易指数：★★☆☆☆
- 素材位置：调用素材\第6章\圆环进度效果
- 案例位置：源文件\第6章\圆环进度效果.psd
- 视频位置：视频教学\6.12 圆环进度效果.avi

图6.86 最终效果

操作步骤

步骤 01 执行菜单栏中的【文件】|【打开】命令，选择"调用素材\第6章\圆环进度效果\云端应用界面.jpg"文件，单击【打开】按钮，如图6.87所示。

步骤 02 选择工具箱中的【椭圆工具】○，在选项栏中将【填充】更改为无，【描边】更改为青色（R:0, G:210, B:255），【宽度】更改为10点，按住Shift键绘制一个圆环，此时将生成一个【椭圆1】图层，如图6.88所示。

图6.87 打开素材 　　图6.88 绘制圆环

步骤 03 选择工具箱中的【直接选择工具】，选中圆环右下角部分线段，将其删除，如图6.89所示。

步骤 04 在【图层】面板中选中【椭圆 1】图层，

单击面板底部的【添加图层蒙版】□按钮，为其添加图层蒙版，如图6.90所示。

图6.89 删除线段 　　图6.90 添加图层蒙版

步骤 05 选择工具箱中的【画笔工具】，在画布中单击鼠标右键，在弹出的面板中选择一种圆角笔触，将【大小】更改为300像素，【硬度】更改为0%，如图6.91所示。

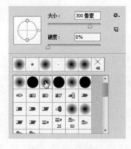

图6.91 设置笔触

步骤06 将前景色更改为黑色，在图形部分区域涂抹，将其隐藏，这样就完成了效果的制作，如图6.92所示。

图6.92 最终效果

6.13 为界面添加头像

本例讲解为界面添加头像，几乎所有的登录界面都会有头像信息，头像的表现方式有多种，最为常用的是以圆形呈现，最终效果如图6.93所示。

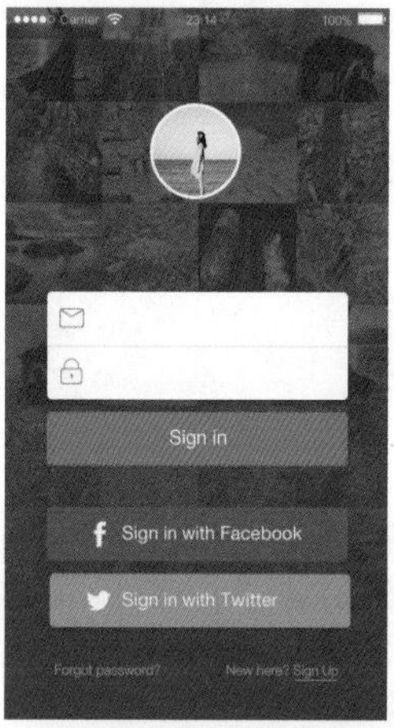

- 难易指数：★★☆☆☆
- 素材位置：调用素材\第6章\为界面添加头像
- 案例位置：源文件\第6章\为界面添加头像.psd
- 视频位置：视频教学\6.13 为界面添加头像.avi

图6.93 最终效果

操作步骤

步骤01 执行菜单栏中的【文件】|【打开】命令，选择"调用素材\第6章\为界面添加头像\相册管理界面.jpg"文件，单击【打开】按钮，如图6.94所示。

步骤02 选择工具箱中的【椭圆工具】 ，在选项栏中将【填充】更改为黑色，【描边】更改为白色，【宽度】更改为5点，按住Shift键绘制一个圆环，此时将生成一个【椭圆 1】图层，如图6.95所示。

图6.94 打开素材

图6.95 绘制圆环

步骤 03 执行菜单栏中的【文件】|【打开】命令，选择"调用素材\第6章\图像.jpg"文件，单击【打开】按钮，将打开的素材拖入画布中，其图层名称更改为【图层1】，如图6.96所示。

步骤 04 执行菜单栏中的【图层】|【创建剪贴蒙版】命令，为当前图层创建剪贴蒙版，隐藏部分图像，再将图像适当缩小及移动，这样就完成了效果的制作，如图6.97所示。

图6.96 添加素材 图6.97 最终效果

6.14 为专辑图像添加倒影

设计构思

本例讲解为专辑图像添加倒影，该界面视觉效果十分漂亮，如果为专辑封面图像添加倒影效果则是锦上添花，整体效果会更加出色，最终效果如图6.98所示。

- 难易指数：★★☆☆☆
- 素材位置：调用素材\第6章\为专辑图像添加倒影
- 案例位置：源文件\第6章\为专辑图像添加倒影.psd
- 视频位置：视频教学\6.14 为专辑图像添加倒影.avi

图6.98 最终效果

操作步骤

步骤 01 执行菜单栏中的【文件】|【打开】命令，选择"调用素材\第6章\为专辑图像添加倒影\界面.jpg、专辑.psd"文件，单击【打开】按钮，如图6.99所示。

步骤 02 将专辑文档中的图像拖至界面中，如图6.100所示。

步骤 03 在【图层】面板中选中【专辑】图层，将其拖至面板底部的【创建新图层】 按钮上，复制一个【专辑 拷贝】图层。

图6.99 打开素材 图6.100 添加素材

步骤 04 选中【专辑 拷贝】图层，按Ctrl+T组合键对图像执行【自由变换】命令，单击鼠标右键，从弹出的快捷菜单中选择【垂直翻转】命令，完成之后按Enter键确认，将图像向下移动，如图6.101所示。

步骤 05 在【图层】面板中选中【专辑 拷贝】图层，单击面板底部的【添加图层蒙版】  按钮，为其添加图层蒙版，如图6.102所示。

步骤 06 选择工具箱中的【渐变工具】 ，编辑黑色到白色的渐变，单击选项栏中的【线性渐变】 按钮，在图像上拖动，隐藏部分图像，这样就完成了效果的制作，如图6.103所示。

图6.101 变换图像　　　图6.102 添加图层蒙版

图6.103 最终效果

6.15 为界面背景添加装饰

设计构思

本例讲解为界面背景添加装饰，该界面整体比较简洁，通过添加装饰元素，使整个界面效果更加出色，最终效果如图6.104所示。

● 难易指数：★★★☆☆
● 素材位置：调用素材\第6章\为界面背景添加装饰
● 案例位置：源文件\第6章\为界面背景添加装饰.psd
● 视频位置：视频教学\6.15 为界面背景添加装饰.avi

图6.104 最终效果

操作步骤

步骤01 执行菜单栏中的【文件】|【打开】命令，选择"调用素材\第6章\为界面背景添加装饰\界面.psd、飞机.psd"文件，单击【打开】按钮，如图6.105所示。

步骤02 将飞机图像拖至界面登录框右上角位置，并适当缩小调整，如图6.106所示。

图6.105 打开素材　　　　图6.106 添加素材

步骤03 选择工具箱中的【直线工具】╱，在选项栏中将【填充】更改为白色，【描边】更改为无，【粗细】更改为1像素，在飞机后方绘制一条线段，将生成一个【形状1】图层，将其移至【登录框】下方，如图6.107所示。

图6.107 绘制线段

步骤04 在【图层】面板中选中【形状 1】图层，单击面板底部的【添加图层蒙版】▢ 按钮，为其添加图层蒙版，如图6.108所示。

步骤05 选择工具箱中的【渐变工具】▮，编辑黑色到白色的渐变，单击选项栏中的【线性渐变】▮ 按钮，在线段上拖动，隐藏部分线段，如图6.109所示。

图6.108 添加图层蒙版　　　图6.109 隐藏图形

步骤06 选中【形状 1】图层，将线段向左下角方向复制一份，这样就完成了效果的制作，如图6.110所示。

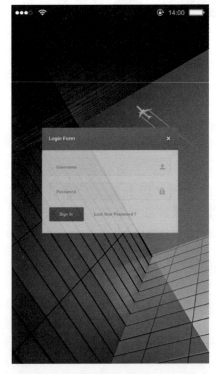

图6.110 最终效果

第7章
精彩游戏界面设计

本章介绍

本章讲解精彩游戏界面设计，本章中的游戏界面效果相当出色，以起稿草图与完整界面绘制，全面讲解一套游戏界面的设计流程。随着人们对视觉化图像的要求越来越高，游戏界面的主题强化设计也越来越重要，在本章中列举了比如闯关大冒险界面设计、动物卡牌游戏界面设计、射击大战游戏界面设计及数字主题游戏界面设计，通过对这些游戏界面的学习可以掌握不同风格的精彩游戏界面设计。

要点索引

◎ 学会闯关大冒险界面设计
◎ 学习动物卡牌游戏界面设计
◎ 掌握射击大战游戏界面设计的方法
◎ 学会数字主题游戏界面设计

7.1 闯关大冒险界面设计

设计构思

本例讲解制作闯关大冒险界面，以漂亮的冰天雪地为基础场景，将游戏元素与之相结合，整体表现出很强的冒险风格。本例草图及最终效果如图7.1所示。

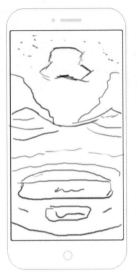   

图7.1 最终效果

- 素材位置：调用素材\第7章\闯关大冒险界面
- 案例位置：源文件\第7章\闯关大冒险开始界面.psd、闯关大冒险关卡界面.psd
- 视频位置：视频教学\7.1 闯关大冒险开始界面设计.avi
- 难易指数：★★★★★

重点分解

标志　　　　　树和积雪　　　　　按钮

状态图标　　　操作界面　　　开始按钮

色彩分析

主体色为蓝色，以紫色等颜色作为辅助色，整个游戏界面色彩丰富，视觉效果非常好。

蓝色 (R:40,G:57,B:147)　　紫色 (R:255,G:84,B:168)　　浅蓝色 (R:164,G:228,B:255)　　深青色 (R:89,G:148,B:142)

操作步骤

7.1.1 绘制界面1背景主体

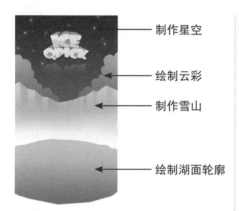
- 制作星空
- 绘制云彩
- 制作雪山
- 绘制湖面轮廓

背景轮廓

步骤 01 执行菜单栏中的【文件】|【新建】命令，在弹出的对话框中设置【宽度】为750像素，【高度】为1334像素，【分辨率】为72像素/英寸，新建一个空白画布。

步骤 02 选择工具箱中的【渐变工具】■，编辑蓝色（R:40, G:57, B:147）到紫色（R:157, G:85, B:213）的渐变，单击选项栏中的【线性渐变】■按钮，在画布中拖动填充渐变，如图7.2所示。

步骤 03 选择工具箱中的【钢笔工具】✎，在选项栏中单击【选择工具模式】 路径 ↓ 按钮，在弹出的选项中选择【形状】，将【填充】更改为浅蓝色（R:214, G:208, B:255），【描边】更改为无，绘制一个云彩形状的图形，将生成一个【形状1】图层，如图7.3所示。

图7.2 填充渐变　　图7.3 绘制图形

步骤 04 在【图层】面板中选中【形状1】图层，单击面板底部的【添加图层蒙版】□按钮，为其添加图层蒙版，如图7.4所示。

步骤 05 选择工具箱中的【渐变工具】■，编辑黑色到白色的渐变，单击选项栏中的【线性渐变】■按钮，在图形上拖动，隐藏部分图形，如图7.5所示。

图7.4 添加图层蒙版　　图7.5 隐藏图像

步骤 06 选择工具箱中的【画笔工具】✐，在【画笔】面板中选择一种圆角笔触，将【大小】更改为20像素，【间距】更改为1000%，如图7.6所示。

步骤 07 选中【形状动态】复选框，将【大小抖动】更改为100%，如图7.7所示。

图7.6 设置画笔笔尖形状　　图7.7 设置【形状动态】参数

步骤 08 选中【散布】复选框，将【散布】更改为1000%，如图7.8所示。

步骤 09 选中【平滑】复选框，如图7.9所示。

图7.8 设置【散布】参数

图7.9 选中【平滑】复选框

步骤 10 单击【图层】面板底部的【创建新图层】按钮，新建一个【图层1】图层。

步骤 11 将前景色更改为白色，在界面顶部区域单击或涂抹添加图像，如图7.10所示。

图7.10 添加图像

步骤 12 在【图层】面板中选中【图层1】图层，单击面板底部的【添加图层样式】 *fx* 按钮，在菜单中选择【外发光】命令，在弹出的对话框中将【混合模式】更改为线性减淡（添加），【不透明度】更改为100%，【颜色】更改为紫色（R:238, G:168, B:255），【大小】更改为38像素，完成之后单击【确定】按钮，如图7.11所示。

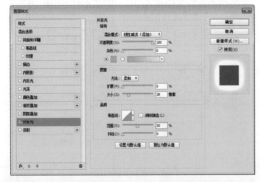
图7.11 设置【外发光】参数

步骤 13 执行菜单栏中的【文件】|【打开】命令，选择"调用素材\第7章\闯关大冒险界面\标志.psd"文件，单击【打开】按钮，将打开的素材拖入画布中并适当缩小，如图7.12所示。

步骤 14 在【图层】面板中选中【标志】图层，单击面板底部的【添加图层样式】 *fx* 按钮，在菜单中选择【描边】命令，在弹出的对话框中将【大小】更改为10像素，【颜色】更改为蓝色（R:22, G:77, B:145），完成之后单击【确定】按钮，效果如图7.13所示。

图7.12 添加素材

图7.13 添加描边

步骤 15 在【图层】面板中选中【标志】图层，将其拖至面板底部的【创建新图层】按钮上，复制一个【标志 拷贝】图层，如图7.14所示。

步骤 16 选中【标志】图层，按Ctrl+T组合键对其执行【自由变换】命令，单击鼠标右键，从弹出的快捷菜单中选择【垂直翻转】命令，完成之后按Enter键确认，如图7.15所示。

图7.14 复制图层

图7.15 变换图像

步骤 17 在【图层】面板中选中【标志】图层，在其图层名称上单击鼠标右键，从弹出的快捷菜单中选择【栅格化图层样式】命令；再单击面板底部的【添加图层蒙版】按钮，为其添加图层蒙版，如图7.16所示。

步骤 18 选择工具箱中的【渐变工具】，编辑黑色到白色的渐变，单击选项栏中的【线性渐变】按钮，在图像上拖动，隐藏部分图像，如图7.17所示。

图7.16 添加图层蒙版

图7.17 隐藏图像

步骤19 选择工具箱中的【画笔工具】 ✏️，在画布中单击鼠标右键，在弹出的面板中选择【混合画笔】|【交叉排列4】笔触，如图7.18所示。

步骤20 单击【图层】面板底部的【创建新图层】 🔲 按钮，新建一个【图层2】图层。

图7.18 新建图层

步骤21 将前景色更改为白色，在适当的位置单击或涂抹添加图像，如图7.19所示。

图7.19 添加图像

提示与技巧

在添加图像之后，可将画笔适当旋转，在交叉排线上再次单击添加图像。

步骤22 选择工具箱中的【钢笔工具】 ✒️，在选项栏中单击【选择工具模式】 路径 ⬍ 按钮，在弹出的选项中选择【形状】，将【填充】更改为浅蓝色（R:214, G:208, B:255），【描边】更改为无，绘制一个不规则图形，将生成一个【形状 2】图层，如图7.20所示。

步骤23 在【图层】面板中选中【形状 2】图层，单击面板底部的【添加图层蒙版】 🔳 按钮，为其添加图层蒙版，如图7.21所示。

图7.20 绘制图形

步骤24 选择工具箱中的【渐变工具】 ◼️，编辑黑色到白色的渐变，单击选项栏中的【线性渐变】 ◼️ 按钮，在图形上拖动，隐藏部分图形，如图7.22所示。

图7.21 添加图层蒙版　　图7.22 隐藏图形

步骤25 选择工具箱中的【钢笔工具】 ✒️，在选项栏中单击【选择工具模式】 路径 ⬍ 按钮，在弹出的选项中选择【形状】，将【填充】更改为蓝色（R:173, G:161, B:255），【描边】更改为无，绘制一个不规则图形，将生成一个【形状 3】图层，如图7.23所示。

步骤26 执行菜单栏中的【图层】|【创建剪贴蒙版】命令，为当前图层创建剪贴蒙版，隐藏部分图形，如图7.24所示。

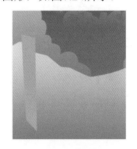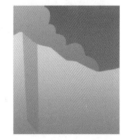

图7.23 绘制图形　　图7.24 创建剪贴蒙版

步骤27 在【图层】面板中选中【形状 3】图层，单击面板底部的【添加图层蒙版】 🔳 按钮，为其添加图层蒙版，如图7.25所示。

步骤28 选择工具箱中的【渐变工具】 ◼️，编辑黑色到白色的渐变，单击选项栏中的【线性渐变】 ◼️ 按钮，在图形上拖动，隐藏部分图形，如图7.26所示。

图7.25 添加图层蒙版　　图7.26 隐藏图形

步骤 29 选中【形状 3】图层，在画布中按住Alt键将其复制数份，并选择工具箱中的【直接选择工具】，拖动部分图形锚点将其变形，如图7.27所示。

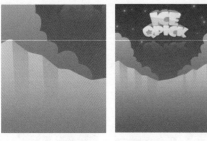

图7.27 复制并变换图形

步骤 30 同时选中所有和【形状 3】相关的图层，按Ctrl+G组合键将其编组，将生成的组名称更改为【山】。

步骤 31 选择工具箱中的【矩形工具】，在选项栏中将【填充】更改为白色，【描边】更改为无，在界面底部绘制一个矩形，此时将生成一个【矩形 1】图层，如图7.28所示。

图7.28 绘制图形

7.1.2 处理界面1背景细节

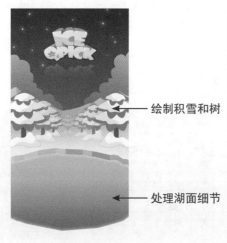

—— 绘制积雪和树

—— 处理湖面细节

背景细节

步骤 32 在【图层】面板中选中【矩形 1】图层，单击面板底部的【添加图层蒙版】按钮，为其添加图层蒙版，如图7.29所示。

步骤 33 选择工具箱中的【画笔工具】，在画布中单击鼠标右键，在弹出的面板中选择一种圆角笔触，将【大小】更改为300像素，【硬度】更改为0%，如图7.30所示。

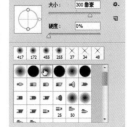

图7.29 添加图层蒙版　　　　图7.30 设置笔触

步骤 34 将前景色更改为黑色，在图像部分区域涂抹将其隐藏，如图7.31所示。

图7.31 隐藏图像

步骤 01 选择工具箱中的【钢笔工具】，在选项栏中单击【选择工具模式】 路径 按钮，在弹出的选项中选择【形状】，将【填充】更改为黑色，【描边】更改为无，在界面底部位置绘制一个不规则图形，将生成一个【形状 4】图层，如图7.32所示。

步骤 02 在【图层】面板中选中【形状 4】图层，单击面板底部的【添加图层样式】按钮，在菜单中选择【渐变叠加】命令。

步骤 03 在弹出的对话框中将【渐变】更改为蓝色（R:0, G:120, B:187）到青色（R:118, G:223, B:255），完成之后单击【确定】按钮，效果如图7.33所示。

图7.32 绘制图形

图7.33 添加渐变

步骤04 在【图层】面板中选中【形状 4】图层，将其拖至面板底部的【创建新图层】 按钮上，复制一个【形状 4 拷贝】图层。

步骤05 双击【形状 4 拷贝】图层样式名称，在弹出的对话框中将【渐变】更改为青色（R:161，G:250，B:254）到青色（R:137，G:179，B:229），【角度】更改为0，完成之后单击【确定】按钮，在画布中将图形向上移动，如图7.34所示。

图7.34 移动图形

步骤06 在【形状 4】图层名称上单击鼠标右键，从弹出的快捷菜单中选择【转换为智能对象】命令，如图7.35所示。

步骤07 选择工具箱中的【钢笔工具】 ，在选项栏中单击【选择工具模式】 路径 按钮，在弹出的选项中选择【形状】，将【填充】更改为青色（R:138，G:233，B:253），【描边】更改为无，在两个图形靠左侧位置绘制一个不规则图形，将生成一个【形状 5】图层，如图7.36所示。

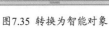

图7.35 转换为智能对象　　图7.36 绘制图形

步骤08 选中【形状 5】图层，执行菜单栏中的【图层】|【创建剪贴蒙版】命令，为当前图层创建剪贴蒙版，隐藏部分图像，如图7.37所示。

图7.37 创建剪贴蒙版

步骤09 选中【形状 5】图层，将图形复制数份，并分别更改拷贝图层中图形的颜色，如图7.38所示。

步骤10 同时选中所有和【形状 4】、【形状 5】相关的图层，按Ctrl+G组合键将其编组，将生成的组名称更改为【湖】。

图7.38 复制图形

步骤11 双击【形状 4 拷贝】图层样式名称，在弹出的对话框中选中【内发光】复选框，将【混合模式】更改为【叠加】，【不透明度】更改为60%，【颜色】更改为白色，【大小】更改为25像素，完成之后单击【确定】按钮，如图7.39所示。

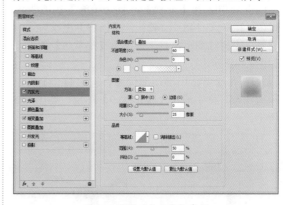
图7.39 设置【内发光】参数

步骤12 选择工具箱中的【矩形工具】 ，在选项栏中将【填充】更改为棕色（R:137，G:87，B:99），【描边】更改为无，绘制一个矩形，此时将生成一个【矩形 2】图层，如图7.40所示。

步骤13 选择工具箱中的【钢笔工具】，在选项栏中单击【选择工具模式】 路径 ÷ 按钮，在弹出的选项中选择【形状】，将【填充】更改为白色，【描边】更改为灰色（R:160, G:160, B:160），绘制一个不规则图形，将生成一个【形状6】图层，如图7.41所示。

图7.40 绘制矩形　　　　图7.41 绘制图形

步骤14 在图形右下角位置再次绘制一个灰色（R:237, G:237, B:237）不规则图形，将生成一个【形状7】图层，如图7.42所示。

步骤15 执行菜单栏中的【图层】|【创建剪贴蒙版】命令，为当前图层创建剪贴蒙版，隐藏部分图形，如图7.43所示。

图7.42 绘制图形　　　　图7.43 隐藏部分图形

步骤16 选择工具箱中的【钢笔工具】，在选项栏中单击【选择工具模式】 路径 ÷ 按钮，在弹出的选项中选择【形状】，将【填充】更改为深青色（R:89, G:148, B:142），【描边】更改为无，绘制一个树叶图形，将生成一个【形状8】图层，如图7.44所示。

步骤17 在深青色图形顶部位置再次绘制一个白色积雪图形，将生成一个【形状9】图层，如图7.45所示。

图7.44 绘制树叶　　　　图7.45 绘制积雪

步骤18 在白色图形位置再次绘制一个灰色（R:237,

G:237, B:237）阴影图形，将生成一个【形状10】图层，如图7.46所示。

步骤19 执行菜单栏中的【图层】|【创建剪贴蒙版】命令，为当前图层创建剪贴蒙版，隐藏部分图形，如图7.47所示。

图7.46 绘制阴影图形　　　图7.47 隐藏部分图形

步骤20 同时选中【形状10】、【形状9】及【形状8】图层，按Ctrl+G组合键将其编组，将生成的组名称更改为【树叶和积雪】。

步骤21 选中【树叶和积雪】组，将其向上移动复制两份，并分别将两个拷贝图形缩小，如图7.48所示。

步骤22 将最上方的【树叶和积雪 拷贝 2】组展开，选中【形状10】及【形状9】图层，按Ctrl+T组合键对其执行【自由变换】命令，将图像等比缩小，完成之后按Enter键确认，如图7.49所示。

图7.48 复制图形　　　　图7.49 缩小图形

步骤23 同时选中【树叶和积雪 拷贝 2】、【树叶和积雪 拷贝】、【树叶和积雪】组及【形状7】、【形状6】、【矩形2】图层，按Ctrl+G组合键将其编组，将生成的组名称更改为【树和积雪】，如图7.50所示。

步骤24 选中【树和积雪】组，将图像复制多份，并将部分图像缩小，如图7.51所示。

图7.50 将图层编组　　　图7.51 复制图像并缩小

步骤 25 选中部分组,适当降低其不透明度,如图7.52所示。

图7.52 降低不透明度

步骤 26 选择工具箱中的【钢笔工具】 ,在选项栏中单击【选择工具模式】 路径 按钮,在弹出的选项中选择【形状】,将【填充】更改为白色,【描边】更改为无,在湖面绘制一个不规则图形,将生成一个【形状 11】图层,如图7.53所示。

7.1.3 制作界面1完整界面

添加高光

绘制主按钮

制作副按钮

完整界面

步骤 01 选择工具箱中的【圆角矩形工具】 ,在选项栏中将【填充】更改为绿色(R:136, G:202, B:112),【描边】更改为绿色(R:88, G:147, B:63),【宽度】更改为2点,【半径】更改为30像素,绘制一个圆角矩形,此时将生成一个【圆角矩形 1】图层,如图7.55所示。

步骤 02 在【图层】面板中选中【圆角矩形 1】图层,将其拖至面板底部的【创建新图层】 按钮上,复制一个【圆角矩形 1 拷贝】图层,如图7.56所示。

步骤 27 在【图层】面板中选中【形状 11】图层,单击面板底部的【添加图层样式】 fx 按钮,在菜单中选择【渐变叠加】命令。

步骤 28 在弹出的对话框中将【渐变】更改为白色到浅青色(R:214, G:252, B:254),【角度】更改为0,完成之后单击【确定】按钮,如图7.54所示。

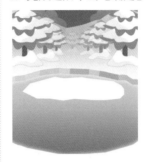
图7.53 绘制图形

图7.54 添加渐变

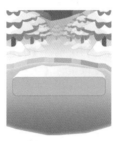
图7.55 绘制图形

图7.56 复制图层

步骤 03 将【圆角矩形 1 拷贝】图层中图形描边【宽度】更改为1,再适当缩小图形高度,如图7.57所示。

步骤 04 在【图层】面板中选中【圆角矩形 1 拷贝】图层,单击面板底部的【添加图层样式】 fx 按钮,在菜单中选择【渐变叠加】命令。

步骤 05 在弹出的对话框中将【渐变】更改为绿色(R:183, G:254, B:160)到浅绿色(R:248, G:255, B:245),完成之后单击【确定】按钮,如图7.58所示。

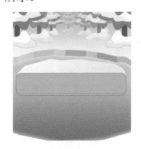
图7.57 缩小图形

图7.58 添加渐变

步骤 06 选择工具箱中的【圆角矩形工具】 ，在选项栏中将【填充】更改为深蓝色（R:30, G:104, B:141），【描边】更改为无，【半径】更改为30像素，在圆角矩形下方再次绘制一个圆角矩形，此时将生成一个【圆角矩形 2】图层，如图7.59所示。

步骤 07 选择工具箱中的【横排文字工具】 T ，在适当位置添加文字（Myriad Pro Semibold），如图7.60所示。

图7.59 绘制圆角矩形　　　　图7.60 添加文字

步骤 08 在【图层】面板中选中【login】图层，单击面板底部的【添加图层样式】*fx*按钮，在菜单中选择【投影】命令。

步骤 09 在弹出的对话框中将【混合模式】更改为【正常】，【不透明度】更改为100%，【颜色】更改为白色，【距离】更改为2像素，【大小】更改为1像素，如图7.61所示。

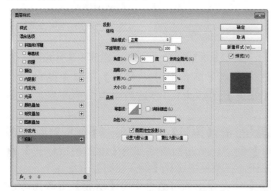

图7.61 设置【投影】参数

步骤 10 在【图层】面板中选中【GUESTS】图层，单击面板底部的【添加图层样式】*fx*按钮，在菜单中选择【渐变叠加】命令。

步骤 11 在弹出的对话框中将【混合模式】更改为【柔光】，【渐变】更改为黑色到白色，如图7.62所示。

步骤 12 选中【投影】复选框，将【混合模式】更改为【正常】，【颜色】更改为绿色（R:109, G:207, B:52），【不透明度】更改为100%，【距离】更改为2像素，【大小】更改为1像素，完成之后单击【确定】按钮，如图7.63所示。

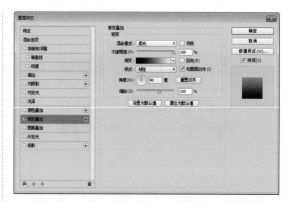

图7.62 设置【渐变叠加】参数

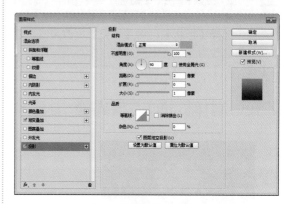

图7.63 设置【投影】参数

步骤 13 选择工具箱中的【钢笔工具】 ，在选项栏中单击【选择工具模式】 路径 按钮，在弹出的选项中选择【形状】，将【填充】更改为蓝色（R:46, G:135, B:180），【描边】更改为无，在湖面左下角位置绘制一个鱼图形，如图7.64所示。

步骤 14 选中鱼图形，在画布中按住Alt+Shift组合键向右侧平移复制，再按Ctrl+T组合键对其执行【自由变换】命令，单击鼠标右键，从弹出的快捷菜单中选择【水平翻转】命令，完成之后按Enter键确认，如图7.65所示。

图7.64 绘制图形　　　　图7.65 复制并变换图形

步骤 15 单击【图层】面板底部的【创建新图层】 按钮，新建一个【图层 3】图层，如图7.66所示。

步骤 16 选择工具箱中的【画笔工具】 ，在画布中单击鼠标右键，在弹出的面板中选择一种圆角笔触，将【大小】更改为350像素，【硬度】更改为0%，如图7.67所示。

图7.66 新建图层

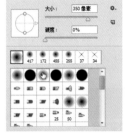

图7.67 设置笔触

步骤17 将前景色更改为白色，在按钮上方区域单击添加图像，如图7.68所示。

图7.68 添加图像

7.1.4 制作界面2状态元素

绘制状态图标

状态元素

步骤01 执行菜单栏中的【文件】|【打开】命令，选择"调用素材\第7章\闯关大冒险界面\关卡背景.jpg"文件，单击【打开】按钮，如图7.69所示。

步骤02 选择工具箱中的【钢笔工具】 ，在选项栏中单击【选择工具模式】 路径 按钮，在弹出的选项中选择【形状】，将【填充】更改为白色，【描边】更改为无，在界面右上角绘制一个云朵图形，将生成一个【形状 1】图层，如图7.70所示。

步骤03 将【形状 1】图层【不透明度】更改为30%。

图7.69 打开素材　　　　图7.70 绘制图形

步骤04 在【图层】面板中选中【形状 1】图层，单击面板底部的【添加图层样式】 *fx* 按钮，在菜单中选择【外发光】命令，在弹出的对话框中将【混合模式】更改为【滤色】，【不透明度】更改为60%，【颜色】更改为白色，【大小】更改为20像素，完成之后单击【确定】按钮，如图7.71所示。

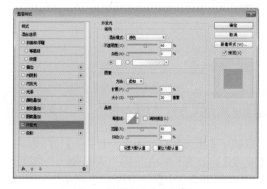

图7.71 设置【外发光】参数

步骤05 选择工具箱中的【圆角矩形工具】，在选项栏中将【填充】更改为蓝色（R:10, G:71, B:115），【描边】更改为白色，【宽度】更改为5点，【半径】更改为10像素，绘制一个圆角矩形，此时将生成一个【圆角矩形1】图层，如图7.72所示。

步骤06 选择工具箱中的【椭圆工具】，在选项栏中将【填充】更改为紫色（R:200, G:125, B:243），【描边】更改为白色，【宽度】更改为5点，在圆角矩形右侧位置按住Shift键绘制一个正圆图形，此时将生成一个【椭圆1】图层，如图7.73所示。

图7.72 绘制圆角矩形　　图7.73 绘制正圆

步骤07 在【图层】面板中选中【椭圆1】图层，单击面板底部的【添加图层样式】fx按钮，在菜单中选择【渐变叠加】命令。

步骤08 在弹出的对话框中将【混合模式】更改为【叠加】，【不透明度】更改为80%，【渐变】更改为白色到白色，将第2个白色色标的【不透明度】更改为0%，【样式】更改为【径向】，完成之后单击【确定】按钮，如图7.74所示。

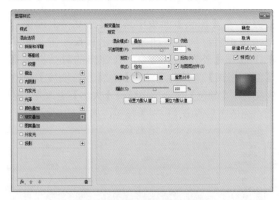

图7.74 设置【渐变叠加】参数

步骤09 选择工具箱中的【圆角矩形工具】，在选项栏中将【填充】更改为黄色（R:254, G:226, B:126），【描边】更改为无，【半径】为5像素，【宽度】更改为5点，在正圆位置绘制一个圆角矩形，此时将生成一个【圆角矩形2】图层，如图7.75所示。

步骤10 选中【圆角矩形2】图层，将其拖至面板底部的【创建新图层】按钮上，复制一个【圆角矩形2拷贝】图层。

步骤11 选中【圆角矩形4拷贝】图层，按Ctrl+T组合键对其执行【自由变换】命令，单击鼠标右键，从弹出的快捷菜单中选择【顺时针旋转90度】命令，完成之后按Enter键确认，如图7.76所示。

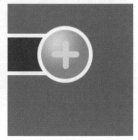

图7.75 绘制圆角矩形　　图7.76 变换图形

步骤12 同时选中除【背景】及【形状1】之外的所有图层，按Ctrl+G组合键将其编组，将生成的组名称更改为【状态】，如图7.77所示。

步骤13 选中【状态】组，在画布中将图像向右侧平移复制两份，如图7.78所示。

图7.77 将图层编组　　图7.78 复制图像

步骤14 执行菜单栏中的【文件】|【打开】命令，选择"调用素材\第7章\闯关大冒险界面\图标.psd"文件，单击【打开】按钮，将打开的素材拖入画布中对应的状态图形位置并适当缩小，如图7.79所示。

图7.79 添加素材

步骤15 选择工具箱中的【横排文字工具】**T**，在画布适当位置添加文字（Myriad Pro Semibold），如图7.80所示。

图7.80 添加文字

7.1.5　制作界面2主体

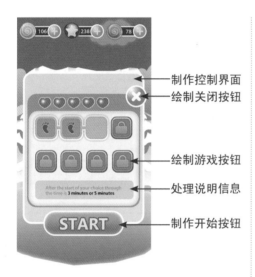

制作控制界面
绘制关闭按钮

绘制游戏按钮

处理说明信息

制作开始按钮

界面主体

步骤01 选择工具箱中的【圆角矩形工具】▢，在选项栏中将【填充】更改为蓝色（R:164, G:228, B:255），【描边】更改为白色，【宽度】为10点，【半径】更改为50像素，绘制一个圆角矩形，此时将生成一个【圆角矩形 3】图层，如图7.81所示。

步骤02 选择工具箱中的【钢笔工具】✒，在选项栏中单击【选择工具模式】路径 ⬍ 按钮，在弹出的选项中选择【形状】，将【填充】更改为白色，【描边】更改为无。

步骤03 在圆角矩形顶部绘制一个不规则图形，将生成一个【形状 2】图层，将其移至【圆角矩形 3】下方，如图7.82所示。

步骤04 选择工具箱中的【钢笔工具】✒，在选项栏中单击【选择工具模式】路径 ⬍ 按钮，在弹出的选项中选择【形状】，将【填充】更改为蓝色（R:150, G:200, B:237），【描边】更改为无。

图7.81 绘制圆角矩形　　　图7.82 绘制图形

步骤05 在刚才绘制的图形左侧再次绘制一个不规则图形，生成一个【形状 3】图层，将其移至【形状 2】图层上方，如图7.83所示。

步骤06 执行菜单栏中的【图层】|【创建剪贴蒙版】命令，为当前图层创建剪贴蒙版，隐藏部分图形，如图7.84所示。

图7.83 绘制图形　　　图7.84 创建剪贴蒙版

步骤07 在【图层】面板中选中【形状 3】图层，单击面板底部的【添加图层蒙版】▢ 按钮，为其添加图层蒙版，如图7.85所示。

步骤08 选择工具箱中的【渐变工具】▢，编辑黑色到白色的渐变，单击选项栏中的【线性渐变】▢ 按钮，在图形上拖动，隐藏部分图形，如图7.86所示。

图7.85 添加图层蒙版　　　图7.86 隐藏图形

图7.90 缩小图形

步骤09 选中【形状 3】图层，在画布中按住Alt键将其复制数份；选择工具箱中的【直接选择工具】，拖动生成的拷贝图形锚点，将其适当变形，如图7.87所示。

图7.87 复制并变换图形

步骤10 选择工具箱中的【圆角矩形工具】，在选项栏中将【填充】更改为蓝色（R:29, G:162, B:255），【描边】更改为无，【半径】更改为50像素，绘制一个圆角矩形，此时将生成一个【圆角矩形4】图层，如图7.88所示。

步骤11 在【图层】面板中选中【圆角矩形 4】图层，将其拖至面板底部的【创建新图层】按钮上，复制一个【圆角矩形 4 拷贝】图层，如图7.89所示。

步骤13 在【图层】面板中选中【圆角矩形4 拷贝】图层，单击面板底部的【添加图层样式】fx按钮，在菜单中选择【内发光】命令，在弹出的对话框中将【混合模式】更改为【正常】，【不透明度】更改为70%，【颜色】更改为灰色（R:197, G:197, B:197），【大小】更改为30像素，完成之后单击【确定】按钮，如图7.91所示。

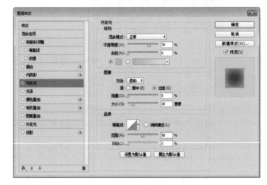

图7.91 设置【内发光】参数

步骤14 选择工具箱中的【圆角矩形工具】，在选项栏中将【填充】更改为黑色，【描边】更改为无，【半径】更改为30像素，按住Shift键绘制一个圆角矩形，此时将生成一个【圆角矩形 5】图层，如图7.92所示。

步骤15 按Ctrl+Alt+T组合键对图形执行变换复制命令，当出现变形框之后，将图形向右侧平移，完成之后按Enter键确认，如图7.93所示。

图7.92 绘制圆角矩形　　　图7.93 变换复制

图7.88 绘制圆角矩形　　　图7.89 复制图层

步骤12 选中【圆角矩形 4 拷贝】图层，将其图形【填充】更改为浅蓝色（R:235, G:250, B:255）；再按Ctrl+T组合键对其执行【自由变换】命令，将图形等比缩小，完成之后按Enter键确认，如图7.90所示。

步骤16 按住Ctrl+Alt+Shift组合键的同时按T键多次，执行多重复制命令，将图形再复制两份，将生成【圆角矩形 5】、【圆角矩形 5 拷贝】、【圆角矩形 5 拷贝 2】及【圆角矩形 5 拷贝3】图层，如图7.94所示。

图7.94 多重复制

步骤17 选择工具箱中的【矩形工具】，在选项栏中将【填充】更改为黑色，【描边】更改为无，在前三个矩形位置绘制一个矩形，此时将生成一个【矩形1】图层，将其移至【圆角矩形5 拷贝3】图层下方，如图7.95所示。

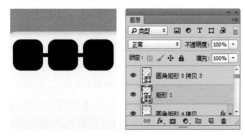

图7.95 绘制矩形

步骤18 同时选中【矩形1】、【圆角矩形5拷贝2】及【圆角矩形5 拷贝】、【圆角矩形5】图层，按Ctrl+E组合键将其合并，此时将生成一个【矩形1】图层，将【矩形1】图层中图形【填充】更改为蓝色（R:154, G:184, B:248）。

步骤19 在【图层】面板中选中【矩形1】图层，单击面板底部的【添加图层样式】*fx*按钮，在菜单中选择【描边】命令，在弹出的对话框中将【大小】更改为8像素，【填充类型】更改为【渐变】，【渐变】更改为白色到青色（R:190, G:242, B:255），如图7.96所示。

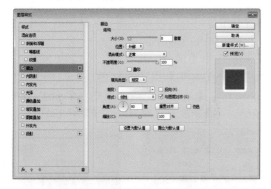

图7.96 设置【描边】参数

> **提示与技巧**
>
> 在绘制图形时，黑色更加容易分辨，无论设置为哪种颜色，只需要在后期合并图层时更改即可。

步骤20 选中【内发光】复选框，将【混合模式】更改为【正常】，【不透明度】更改为30%，【颜色】更改为蓝色（R:30, G:57, B:116），【大小】更改为5像素，如图7.97所示。

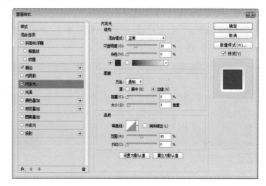

图7.97 设置【内发光】参数

步骤21 选中【外发光】复选框，将【混合模式】更改为【正常】，【不透明度】更改为80%，【颜色】更改为深蓝色（R:7, G:20, B:46），【大小】更改为20像素，完成之后单击【确定】按钮，如图7.98所示。

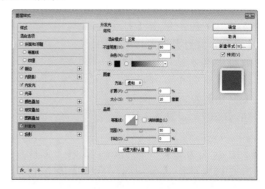

图7.98 设置【外发光】参数

步骤22 选择工具箱中的【圆角矩形工具】，在选项栏中将【填充】更改为蓝色（R:127, G:149, B:225），【描边】更改为无，【半径】更改为20像素，在刚才绘制的图形左侧位置按住Shift键绘制一个圆角矩形，此时将生成一个【圆角矩形5】图层，如图7.99所示。

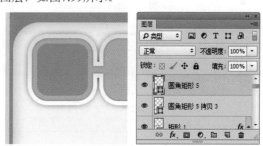

图7.99 绘制圆角矩形

步骤 23 在【图层】面板中选中【圆角矩形 5】图层，单击面板底部的【添加图层样式】*fx*按钮，在菜单中选择【内发光】命令，在弹出的对话框中将【混合模式】更改为【正常】，【不透明度】更改为30%，【颜色】更改为蓝色（R:30, G:57, B:116），【大小】更改为6像素，完成之后单击【确定】按钮，如图7.100所示。

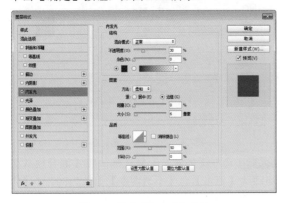

图7.100 设置【内发光】参数

步骤 24 执行菜单栏中的【文件】|【打开】命令，选择"调用素材\第7章\闯关大冒险界面\脚丫.psd"文件，单击【打开】按钮，将打开的素材拖入画布中刚才绘制的圆角矩形位置并缩小，并更改其【填充】为蓝色（R:71, G:84, B:207），如图7.101所示。

图7.101 添加素材

步骤 25 在【图层】面板中选中【脚丫】图层，单击面板底部的【添加图层样式】*fx*按钮，在菜单中选择【内发光】命令，在弹出的对话框中将【混合模式】更改为【正常】，【不透明度】更改为60%，【颜色】更改为蓝色（R:30, G:57, B:116），【大小】更改为6像素，如图7.102所示。

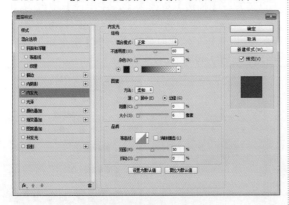

图7.102 设置【内发光】参数

步骤 26 选中【投影】复选框，将【混合模式】更改为【叠加】，【颜色】更改为白色，【不透明度】更改为100%，【距离】更改为1像素，【大小】更改为1像素，完成之后单击【确定】按钮，如图7.103所示。

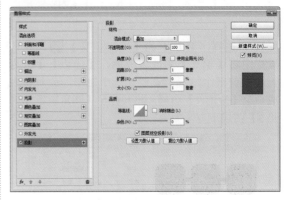

图7.103 设置【投影】参数

步骤 27 同时选中【脚丫】及【圆角矩形 5】图层，在画布中按住Alt+Shift组合键向右侧拖动，将图形复制两份，如图7.104所示。

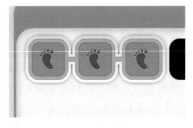

图7.104 复制图形

步骤 28 同时选中所有与【脚丫】及【圆角矩形 5】相关的图层，按Ctrl+G组合键将其编组，将生成的组名称更改为【脚丫】。

步骤 29 选中【圆角矩形 5 拷贝 3】图层，将其移至所有图层上方，再将其图层名称更改为【上锁关卡】，如图7.105所示。

步骤 30 选中【圆角矩形 5 拷贝 3】图层，在选项栏中将【填充】更改为红色（R:210, G:110, B:136），【描边】更改为紫色（R:181, G:43, B:165），【宽度】更改为5点，如图7.106所示。

图7.105 更改图层名称　　图7.106 添加描边

步骤 31 在【图层】面板中选中【上锁关卡】图层,将其拖至面板底部的【创建新图层】 按钮上,复制一个拷贝图层,将其图层名称更改为【锁】,如图7.107所示。

步骤 32 选中【锁】图层,在选项栏中将【填充】更改为无,【描边】更改为黑色,【宽度】更改为8点;再按Ctrl+T组合键对其执行【自由变换】命令,将图形等比缩小,完成之后按Enter键确认,如图7.108所示。

图7.107 复制图层　　　　图7.108 缩小图形

步骤 33 选择工具箱中的【圆角矩形工具】 ,在选项栏中将【填充】更改为黑色,【描边】更改为无,【半径】更改为10像素,绘制一个圆角矩形,此时将生成一个【圆角矩形6】图层。

步骤 34 选中【圆角矩形6】图层,在选项栏中将【填充】更改为无,【描边】更改为黑色,【宽度】更改为10点,【半径】更改为50像素,在圆角矩形上方再次绘制一个圆角矩形,此时将生成一个【圆角矩形7】图层,如图7.109所示。

图7.109 绘制图形

步骤 35 同时选中【锁】、【圆角矩形6】及【圆角矩形7】图层,按Ctrl+E组合键将图层合并,将生成的图层名称更改为【框架锁】。

步骤 36 在【图层】面板中选中【框架锁】图层,单击面板底部的【添加图层样式】 fx 按钮,在菜单中选择【描边】命令,在弹出的对话框中将【大小】更改为2像素,【颜色】更改为紫色(R:181, G:43, B:165),如图7.110所示。

步骤 37 选中【渐变叠加】复选框,将【渐变】更改为紫色(R:239, G:128, B:249)到紫色(R:254, G:229, B:250),完成之后单击【确定】按钮,如图7.111所示。

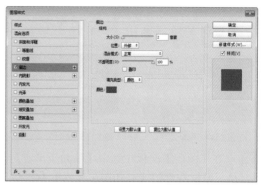

图7.110 设置【描边】参数

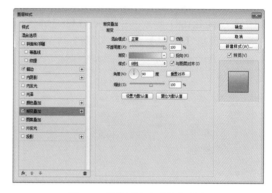

图7.111 设置【渐变叠加】参数

步骤 38 同时选中【框架锁】及【上锁关卡】图层,在画布中将其复制数份,如图7.112所示。

步骤 39 选择工具箱中的【圆角矩形工具】 ,在选项栏中将【填充】更改为蓝色(R:133, G:215, B:252),【描边】更改为无,【半径】更改为20像素,绘制一个圆角矩形,此时将生成一个【圆角矩形6】图层,如图7.113所示。

图7.112 复制图形　　　　图7.113 绘制图形

步骤 40 选择工具箱中的【横排文字工具】 T ,在圆角矩形位置添加文字(Myriad Pro Semibold),如图7.114所示。

步骤 41 选择工具箱中的【圆角矩形工具】 ,在选项栏中将【填充】更改为紫色(R:255, G:98, B:177),【描边】更改为无,【半径】更改为100像素,绘制一个圆角矩形,此时将生成一个【圆角矩形7】图层,如图7.115所示。

图7.114 添加文字　　　　图7.115 绘制圆角矩形

步骤 42 在【图层】面板中选中【圆角矩形 7】图层，单击面板底部的【添加图层样式】*fx*按钮，在菜单中选择【渐变叠加】命令。

步骤 43 在弹出的对话框中将【渐变】更改为紫色（R:255, G:84, B:168）到紫色（R:254, G:138, B:175），完成之后单击【确定】按钮，如图7.116所示。

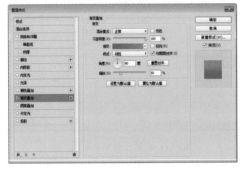

图7.116 设置【渐变叠加】参数

步骤 44 选中【内发光】复选框，将【混合模式】更改为【叠加】，【不透明度】更改为100%，【颜色】更改为白色，【大小】更改为30像素，完成之后单击【确定】按钮，如图7.117所示。

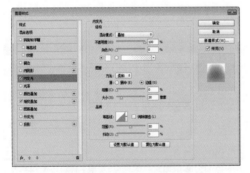

图7.117 设置【内发光】参数

步骤 45 选择工具箱中的【横排文字工具】**T**，在圆角矩形位置添加文字（Ebrima Bold），如图7.118所示。

步骤 46 在【图层】面板中选中【START】图层，单击面板底部的【添加图层样式】*fx*按钮，在菜单中选择【描边】命令，在弹出的对话框中将【大小】更改为6像素，【颜色】更改为紫色

（R:220, G:57, B:138），完成之后单击【确定】按钮，效果如图7.119所示。

图7.118 添加文字　　　　图7.119 添加描边

步骤 47 执行菜单栏中的【文件】|【打开】命令，选择"调用素材\第7章\闯关大冒险界面\心形.psd"文件，单击【打开】按钮，将打开的素材拖入界面适当位置并缩小，如图7.120所示。

步骤 48 选中【心形】图层，按Ctrl+Alt+T组合键向右侧拖动，将其变换复制一份，完成之后按Enter键确认；再按Ctrl+D组合键数次将其复制多份，如图7.121所示。

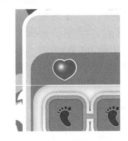

图7.120 添加素材　　　　图7.121 复制图形

步骤 49 选择工具箱中的【椭圆工具】⬭，在选项栏中将【填充】更改为紫色（R:189, G:116, B:247），【描边】更改为8点，按住Shift键绘制一个正圆图形，将生成一个【椭圆 2】图层，如图7.122所示。

步骤 50 在【图层】面板中选中【椭圆 2】图层，单击面板底部的【添加图层样式】*fx*按钮，在菜单中选择【渐变叠加】命令。

步骤 51 在弹出的对话框中将【渐变】更改为白色到白色，将第2个渐变色标的【不透明度】更改为0%，【样式】更改为【径向】，完成之后单击【确定】按钮，效果如图7.123所示。

图7.122 绘制正圆　　　　图7.123 添加渐变

步骤52 选择工具箱中的【圆角矩形工具】 ▢ ，在选项栏中将【填充】更改为白色，【描边】更改为无，【半径】更改为50像素，在正圆位置绘制一个圆角矩形，此时将生成一个【圆角矩形 8】图层，如图7.124所示。

步骤53 选中【圆角矩形 8】图层，按Ctrl+T组合键对其执行【自由变换】命令，当出现变形框之后，在选项栏的【旋转】文本框中输入45，完成之后按Enter键确认，如图7.125所示。

图7.124 绘制圆角矩形　　图7.125 旋转图形

步骤54 在【图层】面板中选中【圆角矩形 8】图层，将其拖至面板底部的【创建新图层】 ◻ 按钮上，复制一个【圆角矩形 8 拷贝】图层。

步骤55 选中【圆角矩形 8 拷贝】图层，按Ctrl+T组合键对其执行【自由变换】命令，单击鼠标右键，从弹出的快捷菜单中选择【水平翻转】命令，对图形进行水平翻转，完成之后按Enter键确认，这样就完成了效果的制作，最终效果如图7.126所示。

图7.126 最终效果

7.2 动物卡牌游戏界面设计

设计构思

本例讲解制作动物卡牌游戏界面，该界面在制作过程中以动物图像为元素，将整体画风与之相匹配，表现出很强的主题特征。本例草图及最终效果如图7.127所示。

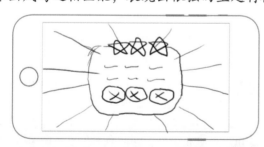 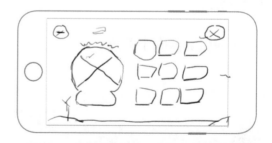

图7.127 最终效果

- 难易指数： ★★★★☆
- 素材位置： 调用素材\第7章\动物卡牌游戏界面
- 案例位置： 源文件\第7章\动物卡牌游戏开始界面.psd、动物卡牌游戏状态界面.psd
- 视频位置： 视频教学\7.2 动物卡牌游戏界面设计.avi

重点分解

背景　　　　　　　　　主面板　　　　　　　　　装饰星星

背景　　　　　　　　　主视觉卡片　　　　　　　　游戏区域

色彩分析

以蓝色作为主体色调，以绿色、黄色等颜色作为辅助色，整个游戏画面色彩十分出色。

蓝色（R:131,G:210,B:229）　　黄色（R:248,G:226,B:87）　　绿色（R:66,G:161,B:58）

操作步骤

7.2.1 处理界面1背景

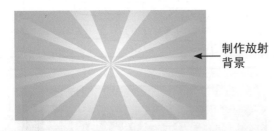

制作放射背景

背景效果

步骤 01 执行菜单栏中的【文件】|【新建】命令，在弹出的对话框中设置【宽度】为1334像素，【高度】为750像素，【分辨率】为72像素/英寸，新建一个空白画布。

步骤 02 选择工具箱中的【渐变工具】▉，编辑蓝色（R:167, G:236, B:255）到蓝色（R:75, G:196, B:226）的渐变，单击选项栏中的【径向渐变】◉ 按钮，在画布中从中间向右上角方向拖动填充渐变，如图7.128所示。

图7.128 填充渐变

步骤 03 选择工具箱中的【矩形工具】█，在选项栏中将【填充】更改为白色，【描边】更改为无，在画布左侧绘制一个矩形，此时将生成一个【矩形 1】图层，如图7.129所示。

步骤 04 选择工具箱中的【路径选择工具】▶，选中矩形，按Ctrl+Alt+T组合键将矩形向右侧平移复制一份，如图7.130所示。

图7.129 绘制图形　　　　图7.130 变换复制

步骤 05 按住Ctrl+Alt+Shift组合键的同时按T键多次，执行多重复制命令，将图形复制多份，如图7.131所示。

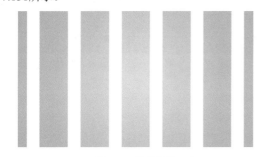

图7.131 多重复制

步骤 06 执行菜单栏中的【滤镜】|【扭曲】|【极坐标】命令，在弹出的对话框中单击【栅格化】按钮，然后在弹出的对话框中选中【平面坐标到极坐标】单选按钮，完成之后单击【确定】按钮，效果如图7.132所示。

图7.132 添加极坐标

步骤 07 选择工具箱中的【多边形套索工具】▷，在图像底部位置绘制一个不规则选区，以选中部分图像，按Delete键将选区中的图像删除，完成之后按Ctrl+D组合键取消选区，如图7.133所示。

步骤 08 在图像顶部绘制一个选区，以选中顶部两个放射图像，如图7.134所示。

图7.133 删除图像　　　　图7.134 绘制选区

步骤 09 执行菜单栏中的【图层】|【新建】|【通过拷贝的图层】命令，此时将生成一个【图层 1】图层，如图7.135所示。

步骤 10 选中【图层 1】图层，按Ctrl+T组合键对其执行【自由变换】命令，单击鼠标右键，从弹出的快捷菜单中选择【垂直翻转】命令，完成之后按Enter键确认，将图像向下移动，如图7.136所示。

图7.135 通过拷贝的图层　　　图7.136 变换图像

步骤 11 同时选中【图层 1】及【矩形 1】图层，按Ctrl+E组合键将其合并，此时将生成一个【图层 1】图层。

步骤 12 在【图层】面板中选中【图层 1】图层，单击面板底部的【添加图层蒙版】▣按钮，为其添加图层蒙版。

步骤 13 选择工具箱中的【渐变工具】■，编辑白色到黑色的渐变，单击选项栏中的【径向渐变】▣按钮，在图像上拖动，隐藏部分图像，如图7.137所示。

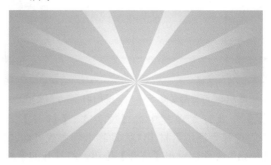

图7.137 隐藏图形

7.2.2 制作界面1控制面板

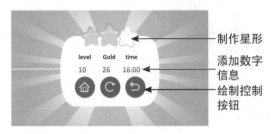

制作星形

添加数字
信息

绘制控制
按钮

控制面板

步骤01 选择工具箱中的【圆角矩形工具】▢，在选项栏中将【填充】更改为白色，【描边】更改为无，【半径】更改为100像素，绘制一个圆角矩形，此时将生成一个【圆角矩形 1】图层，如图7.138所示。

步骤02 选择工具箱中的【删除锚点工具】✍，在圆角矩形左上角锚点位置单击将其删除，如图7.139所示。

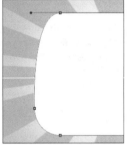

图7.138 绘制圆角矩形　　图7.139 删除锚点

步骤03 分别选择工具箱中的【转换点工具】◥及【直接选择工具】▸，拖动锚点将其变形，如图7.140所示。

步骤04 以同样的方法在圆角矩形右侧位置图形锚点上单击将其删除，并将其变形，如图7.141所示。

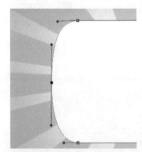

图7.140 将图形变形　　图7.141 将右侧变形

步骤05 执行菜单栏中的【文件】|【打开】命令，选择"调用素材\第7章\动物卡牌游戏界面\星形.psd"文件，单击【打开】按钮，将打开的素材拖入画布中图形顶部并缩小，如图7.142所示。

步骤06 在【图层】面板中选中【星形】图层，将其拖至面板底部的【创建新图层】▣按钮上，复制一个【星形 拷贝】图层，如图7.143所示。

图7.142 添加素材　　图7.143 复制图层

步骤07 选中【星形】图层，按Ctrl+T组合键对其执行【自由变换】命令，将图像等比缩小并适当旋转，完成之后按Enter键确认，如图7.144所示。

步骤08 选中【星形】图层，在画布中按住Alt+Shift组合键向右侧拖动复制图形，如图7.145所示。

图7.144 变换图形　　图7.145 复制图形

步骤09 在【图层】面板中选中【星形 拷贝 2】图层，单击面板上方的【锁定透明像素】⊠按钮，锁定透明像素，将图像填充为白色，填充完成之后再次单击此按钮解除锁定，如图7.146所示。

图7.146 锁定透明像素并填充颜色

步骤10 在【图层】面板中选中【星形 拷贝 2】图层，单击面板底部的【添加图层样式】fx按钮，在菜单中选择【描边】命令，在弹出的对话框中将【大小】更改为8像素，【颜色】更改为灰色（R:224, G:224, B:224），完成之后单击【确定】按钮，如图7.147所示。

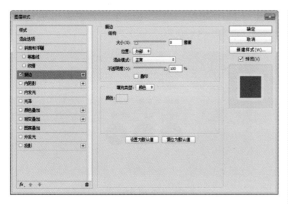

图7.147 设置【描边】参数

步骤11 选择工具箱中的【椭圆工具】 ◯，在选项栏中将【填充】更改为蓝色（R:32, G:126, B:177），【描边】更改为无，在面板左下角位置按住Shift键绘制一个正圆图形，此时将生成一个【椭圆1】图层，如图7.148所示。

步骤12 将正圆向右侧平移复制两份，如图7.149所示。

图7.148 绘制正圆

图7.149 复制图形

步骤13 执行菜单栏中的【文件】|【打开】命令，选择"调用素材\第7章\动物卡牌游戏界面\图标.psd"文件，单击【打开】按钮，将打开的素材拖入画布中正圆位置并适当缩小，如图7.150所示。

图7.150 添加素材

步骤14 在【图层】面板中选中【椭圆1】图层，单击面板底部的【添加图层样式】 fx 按钮，在菜单中选择【投影】命令。

步骤15 在弹出的对话框中将【混合模式】更改为【正常】，【颜色】更改为深蓝色（R:8, G:53,

B:78），【不透明度】更改为30%，【距离】更改为5像素，【大小】更改为0像素，完成之后单击【确定】按钮，如图7.151所示。

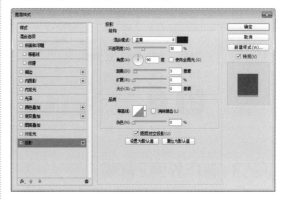

图7.151 设置【投影】参数

步骤16 在【椭圆1】图层名称上单击鼠标右键，从弹出的快捷菜单中选择【拷贝图层样式】命令，同时选中【椭圆1拷贝】及【椭圆1拷贝2】图层，在图层名称上单击鼠标右键，从弹出的快捷菜单中选择【粘贴图层样式】命令，如图7.152所示。

图7.152 拷贝并粘贴图层样式

步骤17 选择工具箱中的【横排文字工具】 T，在画布适当位置添加文字（Calibri Bold），如图7.153所示。

图7.153 添加文字

步骤18 选择工具箱中的【多边形工具】 ◯，在选项栏中单击 ✿ 按钮，在弹出的面板中选中【平滑拐角】及【星形】复选框，将【缩进边依据】更改为50%，【填充】更改为白色，【描边】更改为无，【边】更改为5点，在适当位置绘制一个星形，如图7.154所示。

图7.154 绘制星形

步骤19 选中星形，将其移动复制多份，并旋转或缩放，如图7.155所示。

图7.155 复制图形

7.2.3 制作界面2背景

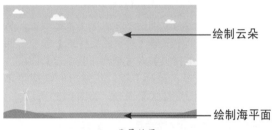

绘制云朵

绘制海平面

背景效果

步骤01 执行菜单栏中的【文件】|【新建】命令，在弹出的对话框中设置【宽度】为1334像素，【高度】为750像素，【分辨率】为72像素/英寸，新建一个空白画布。

步骤02 选择工具箱中的【渐变工具】，编辑蓝色（R:167, G:236, B:255）到蓝色（R:75, G:196, B:226）的渐变，单击选项栏中的【线性渐变】按钮，在画布中从下向上拖动填充渐变，如图7.156所示。

图7.156 填充渐变

步骤03 选择工具箱中的【钢笔工具】，在选项栏中单击【选择工具模式】 路径 按钮，在弹出的选项中选择【形状】，将【填充】更改为白色，【描边】更改为无。

步骤04 绘制一个云朵形状，将生成一个【形状1】图层，如图7.157所示。

步骤05 将云朵复制多份，并适当缩小及更改不透明度，如图7.158所示。

图7.157 绘制图形

图7.158 复制图形

步骤06 选择工具箱的【矩形工具】，在选项栏中将【填充】更改为蓝色（R:72, G:173, B:195），【描边】更改为无，在界面底部绘制一个矩形，此时将生成一个【矩形1】的图层。

步骤07 选择工具箱中的【钢笔工具】，在选项栏中单击【选择工具模式】 路径 按钮，在弹出的选项中选择【形状】，将【填充】更改为绿色（R:66, G:161, B:58），【描边】更改为无，绘制一个绿色图形，将生成一个【形状2】图层，如图7.159所示。

步骤08 选中【形状 2】图层，在画布中按住Alt+Shift组合键向右侧拖动复制图形，并将其图形宽度缩小，如图7.160所示。

图7.159 绘制图形

图7.160 复制图形

步骤 09 执行菜单栏中的【文件】|【打开】命令，选择"调用素材\第7章\动物卡牌游戏界面\发电机.psd"文件，单击【打开】按钮，将打开的素材拖入画布中左侧绿色图形位置并适当缩小，如图7.161所示。

图7.161　添加素材

7.2.4　制作界面2主面板

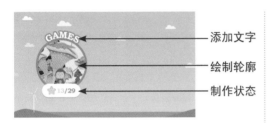

添加文字
绘制轮廓
制作状态

主面板

步骤 01 选择工具箱中的【椭圆工具】，在选项栏中将【填充】更改为黄色（R:249, G:243, B:188），【描边】更改为蓝色（R:77, G:161, B:199），【宽度】更改为15点，在画布靠左侧位置按住Shift键绘制一个正圆图形，将生成一个【椭圆1】图层，如图7.162所示。

步骤 02 执行菜单栏中的【文件】|【打开】命令，选择"调用素材\第7章\动物卡牌游戏界面\小动物.psd"文件，单击【打开】按钮，将打开的素材拖入画布中左侧绿色图形位置并适当缩小，如图7.163所示。

图7.162　绘制图形　　　图7.163　添加素材

步骤 03 执行菜单栏中的【图层】|【创建剪贴蒙版】命令，为当前图层创建剪贴蒙版，隐藏部分图像，如图7.164所示。

图7.164　创建剪贴蒙版

步骤 04 选中【椭圆1】图层，选择工具箱中的【横排文字工具】T，在画布中图形顶部边缘添加文字（Bookman Old Style），如图7.165所示。

步骤 05 在【图层】面板中选中【GAMES】图层，单击面板底部的【添加图层样式】*fx*按钮，在菜单中选择【描边】命令，在弹出的对话框中将【大小】更改为8像素，【颜色】更改为蓝色（R:77, G:161, B:199），完成之后单击【确定】按钮，效果如图7.166所示。

图7.165　添加文字　　　图7.166　添加描边

步骤 06 选择工具箱中的【圆角矩形工具】，在选项栏中将【填充】更改为白色，【描边】更改为无，【半径】更改为100像素，绘制一个圆角矩形，此时将生成一个【圆角矩形1】图层，如图7.167所示。

图7.167　绘制图形

步骤 07 在【图层】面板中选中【圆角矩形1】图层，单击面板底部的【添加图层样式】*fx*按钮，在菜单中选择【投影】命令。

步骤 08 在弹出的对话框中将【混合模式】更改为【正常】，【颜色】更改为深蓝色（R:8, G:53, B:78），【不透明度】更改为20%，【距离】更改为5像素，【大小】更改为2像素，完成之后单击【确定】按钮，如图7.168所示。

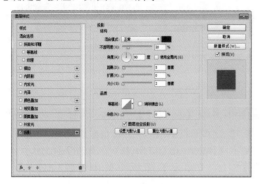

图7.168 设置【投影】参数

步骤 09 执行菜单栏中的【文件】|【打开】命令，选择"调用素材\第7章\动物卡牌游戏界面\星形.psd"文件，单击【打开】按钮，将打开的素材拖入画布中圆角矩形位置并适当缩小，如图7.169所示。

步骤 10 选中【椭圆 1】图层，选择工具箱中的【横排文字工具】 **T**，在星形右侧添加文字（Bookman Old Style），如图7.170所示。

图7.169 添加素材

图7.170 添加文字

7.2.5 绘制界面2游戏区

制作控制按钮

绘制交互按钮

主面板

步骤 01 选择工具箱中的【圆角矩形工具】 ⬜，在选项栏中将【填充】更改为蓝色（R:74, G:159, B:199），【描边】更改为无，【半径】更改为100像素，按住Shift键绘制一个圆角矩形，此时将生成一个【圆角矩形 2】图层，如图7.171所示。

图7.171 绘制图形

步骤 02 在【图层】面板中选中【圆角矩形 2】图层，单击面板底部的【添加图层样式】 *fx* 按钮，在菜单中选择【内发光】命令，在弹出的对话框中将【混合模式】更改为【叠加】，【不透明度】更改为80%，【颜色】更改为黑色，【大小】更改为20像素，如图7.172所示。

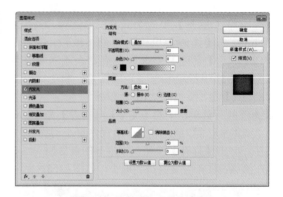

图7.172 设置【内发光】参数

步骤 03 选中【投影】复选框，将【混合模式】更改为【叠加】，【颜色】更改为黑色，【不透明度】更改为50%，【距离】更改为5像素，【大小】更改为2像素，完成之后单击【确定】按钮，如图7.173所示。

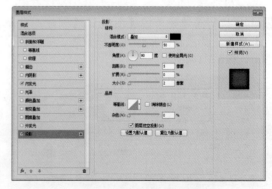

图7.173 设置【投影】参数

步骤04 选择工具箱中的【圆角矩形工具】 ⬜，在选项栏中将【填充】更改为蓝色（R:74, G:159, B:159），【描边】更改为无，【半径】更改为50像素，按住Shift键绘制一个圆角矩形，此时将生成一个【圆角矩形 2】图层，将圆角矩形向右侧平移复制两份，如图7.174所示。

步骤05 选中最右侧的圆角矩形，将其【填充】更改为浅蓝色（R:199, G:236, B:245），如图7.175所示。

图7.174 绘制图形 　　图7.175 更改颜色

步骤06 选中浅蓝色圆角矩形，将其复制多份，如图7.176所示。

步骤07 选中【椭圆 1】图层，选择工具箱中的【横排文字工具】 T，在前两个深蓝色圆角矩形位置添加文字（Bookman Old Style），如图7.177所示。

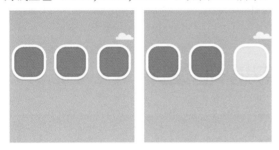

图7.176 复制图形 　　图7.177 添加文字

提示与技巧

由于所需要复制的图形数量较少，无须使用变换复制命令，可以直接复制，再执行相对应的对齐命令即可。

步骤08 执行菜单栏中的【文件】|【打开】命令，选择"调用素材\第7章\动物卡牌游戏界面\小昆虫.psd"文件，单击【打开】按钮，将打开的素材拖入画布中圆角矩形位置并适当缩小，如图7.178所示。

步骤09 将【小昆虫】组展开，选中部分图层，将小昆虫图像复制三份，并分别放在其他三个空缺图形位置，如图7.179所示。

步骤10 选择工具箱中的【椭圆工具】 ⬭，在选项栏中将【填充】更改为白色，【描边】更改为

无，在画布靠左侧位置按住Shift键绘制一个正圆图形，如图7.180所示。

图7.178 添加素材 　　图7.179 放量素材

步骤11 在【图层】面板中选中【椭圆 2】图层，单击面板底部的【添加图层样式】 fx 按钮，在菜单中选择【投影】命令。

步骤12 在弹出的对话框中将【混合模式】更改为【正常】，【颜色】更改为深黄色（R:223, G:213, B:145），【不透明度】更改为100%，【距离】更改为5像素，【大小】更改为2像素，完成之后单击【确定】按钮，效果如图7.181所示。

图7.180 绘制正圆 　　图7.181 添加投影

步骤13 选择工具箱中的【钢笔工具】 ✐，在选项栏中单击【选择工具模式】 路径 ▾ 按钮，在弹出的选项中选择【形状】，将【填充】更改为橙色（R:244, G:91, B:20），【描边】更改为无，在正圆位置绘制一个箭头图形，如图7.182所示。

图7.182 绘制图形

步骤14 执行菜单栏中的【文件】|【打开】命令，选择"调用素材\第7章\动物卡牌游戏界面\奖励金

币.psd"文件，单击【打开】按钮，将打开的素材拖入画布右上角位置，这样就完成了效果的制作，如图7.183所示。

图7.183 最终效果

7.3 射击大战游戏界面设计

设计构思

本例讲解制作射击大战游戏界面，在制作过程中以射击、动作类游戏特征元素为制作主题，以大面积蓝色作为衬托，体现出很强的前卫、科技感。本例草图及最终效果如图7.184所示。

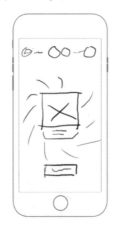
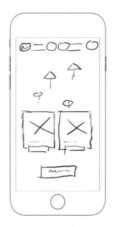

图7.184 最终效果

- 难易指数：★★★★☆
- 素材位置：调用素材\第7章\射击大战游戏界面
- 案例位置：源文件\第7章\射击大战游戏开始界面.psd、射击大战游戏进行界面.psd
- 视频位置：视频教学\7.3 射击大战游戏界面设计.avi

重点分解

背景	状态图标	主视觉图像	开始按钮

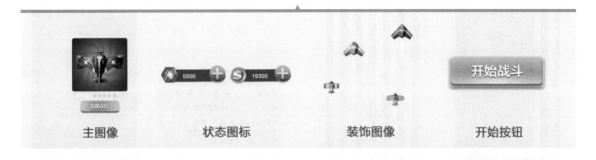

| 主图像 | 状态图标 | 装饰图像 | 开始按钮 |

色彩分析

以蓝色作为主体色调，表现出冷酷特点，以绿色、黄色等颜色作为辅助色，突出了整个画面的战斗感。

蓝色（R:62,G:166,B:254） 绿色（R:189,G:221,B:102） 黄色（R:255,G:222,B:0）

操作步骤

7.3.1 制作界面1背景

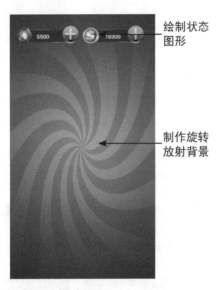

绘制状态图形

制作旋转放射背景

背景效果

步骤 01 执行菜单栏中的【文件】|【新建】命令，在弹出的对话框中设置【宽度】为750像素，【高度】为1334像素，【分辨率】为72像素/英寸，新建一个空白画布。

步骤 02 选择工具箱中的【渐变工具】，编辑蓝色（R:62, G:166, B:254）到蓝色（R:4, G:78, B:153）的渐变，单击选项栏中的【径向渐变】按钮，在画布中从中心向右上角方向拖动填充渐变，如图7.185所示。

步骤 03 选择工具箱中的【矩形工具】，在选项栏中将【填充】更改为白色，【描边】为更改无，在画布靠左侧绘制一个矩形，此时将生成一个【矩形1】图层，如图7.186所示。

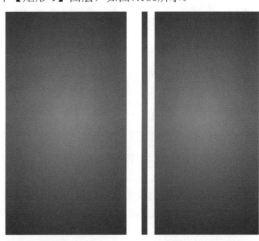

图7.185 填充渐变　　图7.186 绘制矩形

步骤 04 选择工具箱中的【路径选择工具】，选中矩形，按Ctrl+Alt+T组合键对矩形执行变换复制命令，当出现变形框之后，将图形向右侧平移，完成之后按Enter键确认，如图7.187所示。

步骤 05 按住Ctrl+Alt+Shift组合键的同时按T键多次，执行多重复制命令，将矩形复制多份，如图7.188所示。

图7.187 变换复制

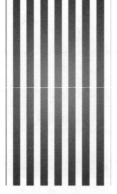
图7.188 多重复制

图7.191 设置图层混合模式

图7.192 隐藏图像

步骤 06 执行菜单栏中的【滤镜】|【扭曲】|【极坐标】命令，在弹出的对话框中单击【栅格化】按钮，选中【平面坐标到极坐标】复选框，完成之后单击【确定】按钮，效果如图7.189所示。

步骤 07 执行菜单栏中的【滤镜】|【扭曲】|【旋转扭曲】命令，在弹出的对话框中将【角度】更改为100度，完成之后单击【确定】按钮，效果如图7.190所示。

步骤 12 选择工具箱中的【直线工具】 /，在选项栏中将【填充】更改为白色，【描边】更改为无，【粗细】更改为2像素，在圆角矩形顶部边缘按住Shift键绘制一条线段，将生成一个【形状1】图层，如图7.194所示。

图7.193 绘制圆角矩形

图7.194 绘制线段

图7.189 添加极坐标

图7.190 添加旋转扭曲

步骤 13 选中【形状 1】图层，将其图层混合模式设置为【叠加】，如图7.195所示。

步骤 14 在【图层】面板中选中【形状 1】图层，单击面板底部的【添加图层蒙版】 ◘ 按钮，为其添加图层蒙版。

步骤 15 选择工具箱中的【渐变工具】 ■，编辑黑色到白色再到黑色的渐变，单击选项栏中的【线性渐变】 ■ 按钮，在图形上拖动，隐藏部分图形，如图7.196所示。

步骤 08 选中【矩形1】图层，将其图层混合模式设置为【叠加】，【不透明度】更改为30%，如图7.191所示。

步骤 09 在【图层】面板中选中【矩形 1】图层，单击面板底部的【添加图层蒙版】 ◘ 按钮，为其添加图层蒙版。

步骤 10 选择工具箱中的【渐变工具】 ■，编辑白色到黑色的渐变，单击选项栏中的【径向渐变】 ◘ 按钮，在图像上拖动，隐藏部分图像，如图7.192所示。

步骤 11 选择工具箱中的【圆角矩形工具】 ◘，在选项栏中将【填充】更改为蓝色（R:11, G:81, B:149），【描边】更改为无，【半径】更改为10像素，绘制一个圆角矩形，此时将生成一个【圆角矩形 1】图层，如图7.193所示。

图7.195 设置图层混合模式

图7.196 隐藏图像

步骤 16 在【图层】面板中选中【形状 1】图层，将其拖至面板底部的【创建新图层】 ◘ 按钮上，复制一个【形状1拷贝】图层,如图7.197所示。

步骤17 将【形状1拷贝】图层中线段移至圆角矩形底部边缘,如图7.198所示。

图7.197 复制图层　　图7.198 移动线段

步骤18 选择工具箱中的【椭圆工具】○,在选项栏中将【填充】更改为绿色(R:66, G:86, B:35),【描边】更改为无,在圆角矩形右侧位置按住Shift键绘制一个正圆图形,将生成一个【椭圆1】图层,如图7.199所示。

步骤19 在【图层】面板中选中【椭圆1】图层,将其拖至面板底部的【创建新图层】按钮上,复制一个【椭圆1拷贝】图层,如图7.200所示。

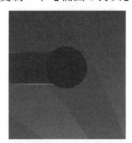

图7.199 绘制图形　　图7.200 复制图层

步骤20 单击【图层】面板底部的【创建新图层】按钮,新建一个【图层1】图层,将其移至【椭圆1】图层上方,如图7.201所示。

步骤21 执行菜单栏中的【图层】|【创建剪贴蒙版】命令,为当前图层创建剪贴蒙版。

步骤22 选择工具箱中的【画笔工具】,在画布中单击鼠标右键,在弹出的面板中选择一种圆角笔触,将【大小】更改为70像素,【硬度】更改为0%,如图7.202所示。

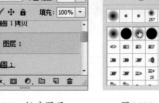

图7.201 新建图层　　图7.202 设置笔触

步骤23 选中【椭圆1拷贝】图层,在画布中将图形向上移动。

步骤24 将前景色更改为绿色(R:132, G:253, B:11),在图形底部位置单击添加高光,如图7.203所示。

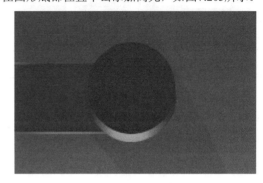

图7.203 更改颜色

步骤25 在【图层】面板中选中【椭圆1拷贝】图层,单击面板底部的【添加图层样式】fx按钮,在菜单中选择【渐变叠加】命令。

步骤26 在弹出的对话框中将【渐变】更改为绿色(R:132, G:253, B:11)到绿色(R:132, G:253, B:11),将第一个绿色色标的【不透明度】更改为0%,完成之后单击【确定】按钮,如图7.204所示。

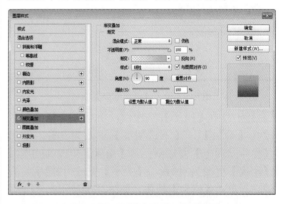

图7.204 设置【渐变叠加】参数

步骤27 选择工具箱中的【圆角矩形工具】,在选项栏中将【填充】更改为白色,【描边】更改为无,【半径】更改为50像素,绘制一个圆角矩形,此时将生成一个【圆角矩形2】图层,如图7.205所示。

步骤28 在【图层】面板中选中【圆角矩形2】图层,将其拖至面板底部的【创建新图层】按钮上,复制一个【圆角矩形2拷贝】图层。

步骤29 选中【圆角矩形2拷贝】图层,按Ctrl+T组合键执行【自由变换】命令,单击鼠标右键,从弹出的快捷菜单中选择【顺时针旋转90度】命令,变换图形,完成之后按Enter键确认,如图7.206所示,将这两个图层合并成【圆角矩形2拷贝】图层。

图7.205 绘制圆角矩形　　　　图7.206 变换图形

步骤30 在【图层】面板选中【圆角矩形 2 拷贝】图层，单击面板底部的【添加图层样式】**fx**按钮，在菜单中选择【渐变叠加】命令。

步骤31 在弹出的对话框中将【渐变】更改为黄色（R:236, G:185, B:116）到黄色（R:254, G:246, B:233），如图7.207所示。

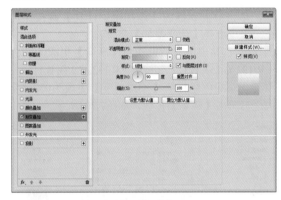

图7.207 设置【渐变叠加】参数

步骤32 选中【投影】复选框，将【混合模式】更改为【叠加】，【不透明度】更改为80%，取消【使用全局光】复选框；将【角度】更改为90度，【距离】更改为3像素，【大小】更改为2像素，完成之后单击【确定】按钮，如图7.208所示。

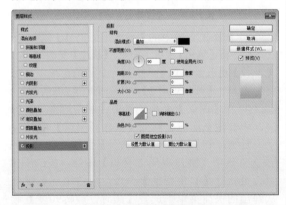

图7.208 设置【投影】参数

步骤33 执行菜单栏中的【文件】|【打开】命令，选择"调用素材\第7章\射击大战游戏界面\金币和

钻石.psd"文件，单击【打开】按钮，在打开的素材文档中选中【钻石】图层，将其拖入画布中适当位置并缩小，如图7.209所示。

步骤34 在【图层】面板中，将除【背景】和【矩形 1】之外的图层编组成【钻石数量】组，选中【钻石数量】组，将其拖至面板底部的【创建新图层】按钮上，复制一个【钻石数量 拷贝】组，如图7.210所示。

图7.209 添加素材　　　　图7.210 复制组

步骤35 将【钻石数量 拷贝】组名称更改为【金币数量】，如图7.211所示。

步骤36 将【金币数量】组平移至画布右侧相对位置，再将其展开，选中【钻石】图层将其删除，在打开的素材文档中选中【金币】图层，将其拖入画布中并缩小，如图7.212所示。

图7.211 复制组　　　　图7.212 添加素材

步骤37 选择工具箱中的【横排文字工具】**T**，添在适当的位置加文字（方正兰亭中粗 黑），如图7.213所示。

图7.213 添加文字

7.3.2 制作界面1主视觉效果

处理主视觉
图像

制作开始
按钮

主视觉效果

步骤 01 选择工具箱中的【圆角矩形工具】 ，在选项栏中将【填充】更改为白色，【描边】更改为白色，【宽度】更改为1点，【半径】更改为10像素，绘制一个圆角矩形，此时将生成一个【圆角矩形 2】图层，如图7.214所示。

步骤 02 在【图层】面板中选中【圆角矩形 2】图层，将其拖至面板底部的【创建新图层】 按钮上，复制一个【圆角矩形 2 拷贝 2】图层，如图7.215所示。

图7.214 绘制圆角矩形　　图7.215 复制图层

步骤 03 在【图层】面板中选中【圆角矩形 2】图层，单击面板底部的【添加图层样式】 *fx* 按钮，在菜单中选择【渐变叠加】命令。

步骤 04 在弹出的对话框中将【混合模式】更改为【叠加】，【渐变】更改为白色到白色，将第2个白色色标的【不透明度】更改为0%，【样式】更改为【径向】，完成之后单击【确定】按钮，如图7.216所示。

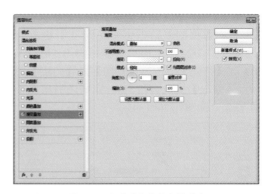

图7.216 设置【渐变叠加】参数

提示与技巧

在设置渐变叠加时，在对话框打开的状态下，可在画布中按住鼠标左键更改渐变颜色的位置。

步骤 05 选中【圆角矩形 2】图层，将其图层【不透明度】更改为0%，如图7.217所示。

图7.217 更改填充

提示与技巧

更改填充之后，可将【圆角矩形 2 拷贝 2】图层暂时隐藏，以便观察更改填充后的效果。

步骤 06 选中【圆角矩形 2 拷贝 2】图层，按Ctrl+T组合键对其执行【自由变换】命令，将图形等比缩小，再将高度缩小，完成之后按Enter键确认，如图7.218所示。

步骤 07 将圆角矩形【描边】更改为深绿色（R:35,G:61,B:4），【宽度】更改为3点，如图7.219所示。

图7.218 缩小图形　　　图7.219 更改描边

步骤 08 在【图层】面板中选中【圆角矩形 2 拷贝 2】图层，单击面板底部的【添加图层样式】 **fx** 按钮，在菜单中选择【渐变叠加】命令。

步骤 09 在弹出的对话框中将【渐变】更改为绿色（R:189, G:221, B:102）到绿色（R:54, G:112, B:0），【样式】更改为【径向】，【角度】更改为0，【缩放】更改为125%，完成之后单击【确定】按钮，如图7.220所示。

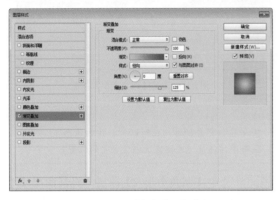

图7.220 设置【渐变叠加】参数

步骤 10 在【图层】面板中选中【矩形 1】图层，将其拖至面板底部的【创建新图层】 按钮上，复制一个【矩形 1 拷贝】图层，将其移至【圆角矩形 2 拷贝 2】上方，如图7.221所示。

步骤 11 在【圆角矩形 2 拷贝 2】图层名称上单击鼠标右键，从弹出的快捷菜单中选择【栅格化图层样式】命令，栅格化图层样式，如图7.222所示。

图7.221 复制图层　　图7.222 栅格化图层样式

步骤 12 选中【矩形 1 拷贝】图层，执行菜单栏中的【图层】|【创建剪贴蒙版】命令，为当前图层创建剪贴蒙版，隐藏部分图像，如图7.223所示。

步骤 13 按Ctrl+T组合键对图像执行【自由变换】命令，将其等比缩小，完成之后按Enter键确认，如图7.224所示。

步骤 14 执行菜单栏中的【文件】|【打开】命令，选择"调用素材\第7章\射击大战游戏界面\飞机.psd"文件，单击【打开】按钮，将打开的素材拖入画布中并适当缩小，如图7.225所示。

图7.223 创建剪贴蒙版　　　图7.224 缩小图像

图7.225 添加素材

步骤 15 选择工具箱中的【钢笔工具】 ，在选项栏中单击【选择工具模式】 路径 ▼ 按钮，在弹出的选项中选择【形状】，将【填充】更改为深绿色（R:23, G:40, B:0），【描边】更改为无，在飞机底部绘制一个不规则图形，将生成一个【形状 2】图层，如图7.226所示。

步骤 16 执行菜单栏中的【滤镜】|【模糊】|【高斯模糊】命令，在弹出的对话框中单击【栅格化】按钮，然后在弹出的对话框中将【半径】更改为13像素，完成之后单击【确定】按钮，效果如图7.227所示。

图7.226 绘制图形　　　图7.227 添加高斯模糊

步骤 17 选择工具箱中的【横排文字工具】 **T** ，在画布适当位置添加文字（方正兰亭中粗黑），如图7.228所示。

步骤 18 选择工具箱中的【多边形工具】 ，在选项栏中单击 按钮，在弹出的面板中选中【星形】复选框，将【缩进边依据】更改为50%，【填充】更改为黄色（R:255, G:222, B:0），【描边】

更改为无，【边】更改为5，在文字下方绘制一个星形，如图7.229所示。

图7.228 添加文字　　　图7.229 绘制星形

步骤19 选中星形，在画布中按住Alt+Shift组合键向右侧拖动，将图形复制4份，如图7.230所示。

图7.230 复制图形

步骤20 选择工具箱中的【圆角矩形工具】，在选项栏中将【填充】更改为白色，【描边】更改为无，【半径】更改为10像素，绘制一个圆角矩形，此时将生成一个【圆角矩形 3】图层，如图7.231所示。

步骤21 在【图层】面板中选中【圆角矩形 3】图层，将其拖至面板底部的【创建新图层】按钮上，复制一个【圆角矩形 3 拷贝】图层，将图形【填充】更改为橙色（R:254, G:150, B:4），再将其缩小，如图7.232所示。

图7.231 绘制图形　　　图7.232 变换图形

步骤22 在【图层】面板中选中【圆角矩形 3 拷贝】图层，单击面板底部的【添加图层样式】fx按钮，在菜单中选择【渐变叠加】命令。

步骤23 在弹出的对话框中将【混合模式】更改为【叠加】，【不透明度】更改为65%，【渐变】更改为白色到白色再到白色，将中间白色色标的【不透明度】更改为0%，【缩放】更改为125%，如图7.233所示。

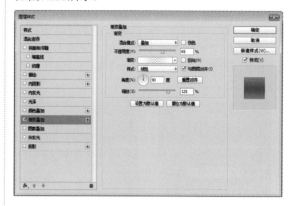

图7.233 设置【渐变叠加】参数

步骤24 选中【投影】复选框，将【混合模式】更改为【正常】，【颜色】更改为深黄色（R:167, G:104, B:16），【不透明度】更改为100%，【距离】更改为4像素，完成之后单击【确定】按钮，如图7.234所示。

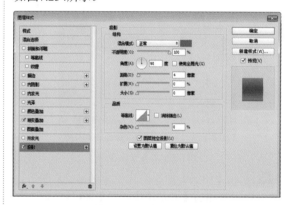

图7.234 设置【投影】参数

步骤25 选中【圆角矩形 3】图层，将【描边】更改为白色，【宽度】更改为1点，将【填充】更改为50%，【不透明度】更改为80%，效果如图7.235所示。

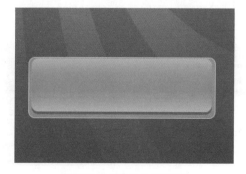

图7.235 更改填充及不透明度

步骤 26 选择工具箱中的【椭圆工具】 ◯ ，在选项栏中将【填充】更改为白色，【描边】更改为无，在按钮底部绘制一个椭圆图形，此时将生成一个【椭圆 2】图层，如图7.236所示。

步骤 27 执行菜单栏中的【滤镜】|【模糊】|【高斯模糊】命令，在弹出的对话框中单击【栅格化】按钮，然后在弹出的对话框中将【半径】更改为13像素，完成之后单击【确定】按钮，效果如图7.237所示。

图7.236 绘制椭圆　　　图7.237 添加高斯模糊

步骤 28 执行菜单栏中的【滤镜】|【模糊】|【动感模糊】命令，在弹出的对话框中将【角度】更改为0，【距离】更改为150像素，设置完成之后单击【确定】按钮，效果如图7.238所示。

图7.238 添加动感模糊

步骤 29 在【图层】面板中选中【椭圆 2】图层，单击面板底部的【添加图层蒙版】 ◻ 按钮，为其添加图层蒙版，如图7.239所示。

步骤 30 按住Ctrl键单击【圆角矩形 3 拷贝】图层缩览图，将其载入选区；执行菜单栏中的【选择】|【反向】命令将选区反向，将选区填充为黑色，隐藏部分图像，完成之后按Ctrl+D组合键取消选区，如图7.240所示。

图7.239 添加图层蒙版　　　图7.240 隐藏图像

步骤 31 同时选中【椭圆 2】、【圆角矩形 3 拷贝】及【圆角矩形 3】图层，按Ctrl+G组合键将其编组，将生成的组名称更改为【按钮】。

步骤 32 在【图层】面板中选中【按钮】组，单击面板底部的【添加图层样式】 *fx* 按钮，在菜单中选择【投影】命令。

步骤 33 在弹出的对话框中将【混合模式】更改为【正常】，【颜色】更改为深蓝色（R:0, G:41, B:80），【不透明度】更改为100%，【距离】更改为5像素，【大小】更改为8像素，完成之后单击【确定】按钮，如图7.241所示。

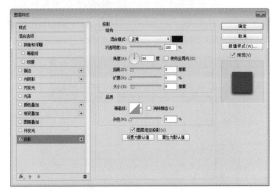

图7.241 设置【投影】参数

步骤 34 选择工具箱中的【横排文字工具】 T ，在按钮位置添加文字（方正兰亭中粗黑），如图7.242所示。

步骤 35 在【图层】面板中选中刚才添加的文字所在图层，单击面板底部的【添加图层样式】 *fx* 按钮，在菜单中选择【投影】命令。

步骤 36 在弹出的对话框中将【混合模式】更改为【正常】，【颜色】更改为棕色（R:81, G:36, B:2），【不透明度】更改为100%，【距离】更改为2像素，【大小】更改为2像素，完成之后单击【确定】按钮，效果如图7.243所示。

图7.242 添加文字　　　图7.243 添加投影

7.3.3 制作界面2游戏场景

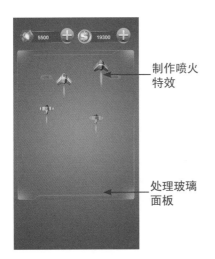

制作喷火特效

处理玻璃面板

场景效果

步骤 01 执行菜单栏中的【文件】|【新建】命令，在弹出的对话框中设置【宽度】为750像素，【高度】为1334像素，【分辨率】为72像素/英寸，新建一个空白画布。

步骤 02 选择工具箱中的【渐变工具】■，编辑蓝色（R:62, G:166, B:254）到蓝色（R:4, G:78, B:153）的渐变，单击选项栏中的【径向渐变】■按钮，在画布中从中心向右上角方向拖动填充渐变，如图7.244所示。

步骤 03 执行菜单栏中的【文件】|【打开】命令，选择"调用素材\第7章\射击大战游戏界面\状态.psd、战机.psd"文件，单击【打开】按钮，将打开的素材拖入画布适当位置，如图7.245所示。

图7.244 填充渐变　　　　图7.245 添加素材

步骤 04 选择工具箱中的【钢笔工具】✎，在选项栏中单击【选择工具模式】 路径 ÷ 按钮，在弹出的选项中选择【形状】，将【填充】更改为白

色，【描边】更改为无，在红色战机底部绘制一个不规则图形，将生成一个【形状 1】图层，如图7.246所示。

步骤 05 执行菜单栏中的【滤镜】|【模糊】|【高斯模糊】命令，在弹出的对话框中单击【栅格化】按钮，然后在弹出的对话框中将【半径】更改为2像素，完成之后单击【确定】按钮，效果如图7.247所示。

图7.246 绘制图形　　　　图7.247 添加高斯模糊

步骤 06 执行菜单栏中的【滤镜】|【模糊】|【动感模糊】命令，在弹出的对话框中将【角度】更改为90度，【距离】更改为30像素，设置完成之后单击【确定】按钮，效果如图7.248所示。

步骤 07 将【形状 1】图层混合模式设置为【叠加】，如图7.249所示。

图7.248 添加动感模糊　　　　图7.249 设置图层混合模式

步骤 08 将图像复制数份并移至其他几个战机底部，如图7.250所示。

图7.250 复制图像

步骤 09 选择工具箱中的【圆角矩形工具】▭，在
选项栏中将【填充】更改为深蓝色（R:29, G:148,
B:232），【描边】更改为无，【半径】更改为100
像素，在战机图像旁边绘制一个圆角矩形，此时将
生成一个【圆角矩形1】图层，如图7.251所示。

步骤 10 选择工具箱中的【钢笔工具】✐，在选项
栏中单击【选择工具模式】[路径 ▾]按钮，在弹出
的选项中选择【形状】，单击【路径操作】▢按
钮，在弹出的选项中选择【合并形状】，在圆角
矩形右下角绘制一个箭头图形，如图7.252所示。

图7.251 绘制圆角矩形　　　图7.252 绘制箭头图形

步骤 11 将图形向右侧平移复制一份并按Ctrl+T组
合键对其执行【自由变换】命令，单击鼠标右
键，从弹出的快捷菜单中选择【旋转180度】命
令，完成之后按Enter键确认，如图7.253所示。

步骤 12 选择工具箱中的【横排文字工具】T，
在图形位置添加文字（方正兰亭中粗黑），如图
7.254所示。

图7.253 复制并变换图像　　　图7.254 添加文字

步骤 13 选择工具箱中的【圆角矩形工具】▭，在
选项栏中将【填充】更改为白色，【描边】更改
为无，【半径】更改为10像素，绘制一个圆角矩
形，此时将生成一个【圆角矩形2】图层，如图
7.255所示。

步骤 14 在【图层】面板中选中【圆角矩形2】图层，

将其拖至面板底部的【创建新图层】▣按钮上，复制
一个【圆角矩形2拷贝】图层，如图7.256所示。

图7.255 绘制圆角矩形　　　图7.256 复制图层

步骤 15 在【图层】面板中选中【圆角矩形2】图
层，单击面板底部的【添加图层样式】*fx*按钮，
在菜单中选择【内发光】命令，在弹出的对话框
中将【混合模式】更改为【叠加】，【不透明
度】更改为20%，【颜色】更改为黑色，【大小】
更改为10像素，完成之后单击【确定】按钮，如
图7.257所示。

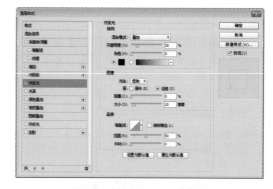

图7.257 设置【内发光】参数

步骤 16 选中【圆角矩形2】图层，将【填充】更
改为0%，效果如图7.258所示。

步骤 17 选中【圆角矩形2拷贝】图层，将其图形
【填充】更改为无，【描边】更改为白色，【宽
度】更改为2点，如图7.259所示。

图7.258 更改填充　　　图7.259 设置图形

步骤18 选中【圆角矩形 2 拷贝】图层，将混合模式设置为【叠加】，如图7.260所示。

图7.260 设置图层混合模式

步骤19 在【图层】面板中选中【圆角矩形 2 拷贝】图层，单击面板底部的【添加图层蒙版】 按钮，为其添加图层蒙版，如图7.261所示。

步骤20 选择工具箱中的【画笔工具】，在画布中单击鼠标右键，在弹出的面板中选择一种圆角笔触，将【大小】更改为230像素，【硬度】更改为0%，如图7.262所示。

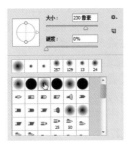

图7.261 添加图层蒙版　　　图7.262 设置笔触

步骤21 将前景色更改为黑色，在图像部分区域涂抹将其隐藏，如图7.263所示。

图7.263 隐藏图像

步骤22 单击【图层】面板底部的【创建新图层】 按钮，新建一个【图层1】图层。

步骤23 选择工具箱中的【画笔工具】，在画布中单击鼠标右键，在弹出的面板中选择一种圆角笔触，将【大小】更改为170像素，【硬度】更改为0%，如图7.264所示。

步骤24 在选项栏中将【不透明度】更改为50%，

将前景色更改为白色，在刚才制作的图像左上角单击添加图像，如图7.265所示。

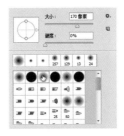

图7.264 设置笔触　　　图7.265 添加图像

步骤25 以同样的方法分别在图像其他三个角添加图像，如图7.266所示。

步骤26 在【图层】面板中选中【图层1】图层，单击面板底部的【添加图层蒙版】 按钮，为其添加图层蒙版，如图7.267所示。

图7.266 添加图像　　　图7.267 添加图层蒙版

步骤27 按住Ctrl键单击【圆角矩形 2 拷贝】图层缩览图，将其载入选区；执行菜单栏中的【选择】|【反向】命令，将选区反向，将选区填充为黑色，隐藏部分图像，完成之后按Ctrl+D组合键取消选区，如图7.268所示。

图7.268 隐藏图像

步骤28 选择工具箱中的【钢笔工具】，在选项栏中单击【选择工具模式】 路径 按钮，在弹出的选项中选择【形状】，将【填充】更改为无，【描边】更改为白色，【宽度】更改为1点，在图像顶部绘制一条折线，将生成一个【形状 2】图层，如图7.269所示。

步骤29 将【形状 2】图层混合模式设置为【叠加】，效果如图7.270所示。

图7.269 绘制折线　　图7.270 设置图层混合模式

步骤30 选中【形状 2】图层，在画布中按住Alt+Shift组合键向图像底部拖动将其复制，如图7.271所示。

步骤31 选中生成的【形状 2 拷贝】图层，按Ctrl+T组合键对其执行【自由变换】命令，单击鼠标右键，从弹出的快捷菜单中选择【旋转180度】命令，完成之后按Enter键确认，如图7.272所示。

图7.271 复制折线　　图7.272 变换图形

7.3.4 制作界面2主体部分

处理选择卡片
制作选择按钮
绘制开始按钮

主体部分

步骤01 执行菜单栏中的【文件】|【打开】命令，选择"调用素材\第7章\射击大战游戏界面\轰炸机.psd"文件，单击【打开】按钮，将打开的素材拖入画布中并适当缩小，如图7.273所示。

步骤02 选择工具箱中的【圆角矩形工具】，在选项栏中将【填充】更改为橙色（R:254, G:151, B:6），【描边】更改为无，【半径】更改为5像素，绘制一个圆角矩形，此时将生成一个【圆角矩形 3】图层，如图7.274所示。

图7.273 添加素材　　图7.274 绘制圆角矩形

步骤03 在【图层】面板中选中【圆角矩形3】图层，单击面板底部的【添加图层样式】 *fx* 按钮，在菜单中选择【渐变叠加】命令。

步骤04 在弹出的对话框中将【混合模式】更改为【叠加】，【不透明度】更改为65%，【渐变】更改为白色到白色再到白色，将中间白色色标的【不透明度】更改为0%，【角度】更改为0，如图7.275所示。

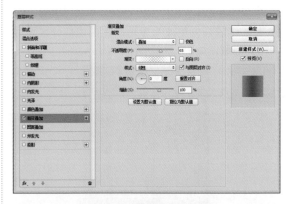

图7.275 设置【渐变叠加】参数

步骤05 选中【投影】复选框，将【混合模式】更改为【正常】，【颜色】更改为深橙色（R:167, G:104, B:16），【不透明度】更改为100%，【距离】更改为3像素，【大小】更改为2像素，完成之后单击【确定】按钮，如图7.276所示。

步骤06 选择工具箱中的【横排文字工具】 T，在圆角矩形位置添加文字（方正兰亭中粗黑），如图7.277所示。

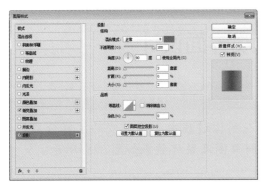

图7.276 设置【投影】参数

步骤 07 在【图层】面板中选中添加的文字所在图层，单击面板底部的【添加图层样式】𝒇按钮，在菜单中选择【投影】命令。

步骤 08 在弹出的对话框中将【混合模式】更改为【正常】，【颜色】更改为深棕色（R:81, G:36, B:2），【不透明度】更改为100%，取消【使用全局光】复选框；将【角度】更改为90度，【距离】更改为1像素，【大小】更改为1像素，完成之后单击【确定】按钮，效果如图7.278所示。

图7.277 添加文字　　　　图7.278 添加投影

步骤 09 同时选中【选择战机】及【圆角矩形 3】图层，按Ctrl+G组合键将其编组，将生成的组名称更改为【选择按钮】。

步骤 10 选中【选择按钮】组，将其拖至面板底部的【创建新图层】◻按钮上，复制一个【选择按钮 拷贝】组，在画布中将其向右侧平移，如图7.279所示。

图7.279 复制组

步骤 11 选择工具箱中的【横排文字工具】T，在适当的位置添加文字（方正兰亭中粗黑），如图7.280所示。

步骤 12 选择工具箱中的【多边形工具】⬡，在选项栏中单击⚙按钮，在弹出的面板中选中【星形】复选框，将【缩进边依据】更改为50%，【填充】更改为黄色（R:255, G:222, B:0），【描边】更改为无，在文字下方绘制一个星形，如图7.281所示。

图7.280 添加文字　　　　图7.281 绘制星形

步骤 13 选中星形，在画布中按住Alt+Shift组合键向右侧拖动，将图形复制4份，如图7.282所示。

步骤 14 同时选中"战斗力"文字及其后方星形，向右侧平移复制，并将复制生成的星形后面再复制一个星形，如图7.283所示。

图7.282 复制图形　　　　图7.283 复制图文

步骤 15 执行菜单栏中的【文件】|【打开】命令，选择"调用素材\第7章\射击大战游戏界面\开始战斗按钮.psd"文件，单击【打开】按钮，将打开的素材拖入画布中底部位置，这样就完成了效果的制作，如图7.284所示。

图7.284 最终效果

7.4 数字主题游戏界面设计

设计构思

本例讲解制作数字主题游戏界面，该界面在制作过程中，将游戏的主题分成区域化进行设计，不同的颜色表示对应的功能。本例草图及最终效果如图7.285所示。

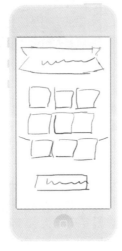

图7.285 最终效果

- 难易指数：★★★★☆
- 素材位置：调用素材\第7章\数字主题游戏界面
- 案例位置：源文件\第7章\数字主题游戏开始界面.psd、数字主题游戏进行界面.psd
- 视频位置：视频教学\7.4 数字主题游戏界面设计.avi

重点分解

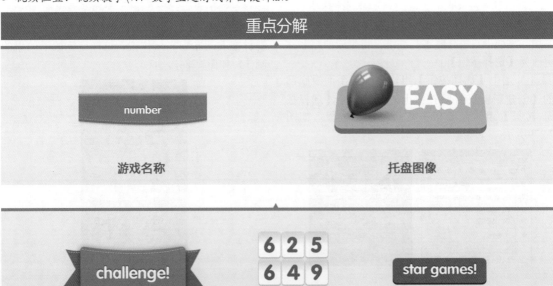

游戏名称　　　　　　　　　　　　　　托盘图像

界面头条　　　　　　　　游戏区域　　　　　　　开始按钮

以橙色作为暖色调，以绿色、紫色、橙色等颜色作为辅助色，整体色调偏暖。

橙色 (R:239,G:112,B:59)　　绿色 (R:168,G:202,B:79)　　紫色 (R:210,G:53,B:220)　　蓝色 (R:64,G:169,B:236)

7.4.1 制作界面1背景

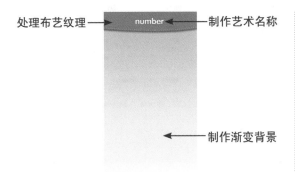

处理布艺纹理 —— number —— 制作艺术名称

制作渐变背景 ←——

背景效果

步骤01 执行菜单栏中的【文件】|【新建】命令，在弹出的对话框中设置【宽度】为750像素，【高度】为1334像素，【分辨率】为72像素/英寸，新建一个空白画布。

步骤02 选择工具箱中的【渐变工具】■，编辑浅蓝色（R:240, G:250, B:254）到蓝色（R:127, G:205, B:243）的渐变，单击选项栏中的【线性渐变】■按钮，在画布中拖动填充渐变，如图7.286所示。

步骤03 选择工具箱中的【钢笔工具】 ，在选项栏中单击【选择工具模式】 路径 ＋ 按钮，在弹出的选项中选择【形状】，将【填充】更改为橙色（R:239,G:112, B:59），【描边】更改为无，在界面顶部绘制一个不规则图形，将生成一个【形状1】图层，如图7.287所示。

图7.286 填充渐变

图7.287 绘制图形

步骤04 在【图层】面板中选中【形状 1】图层，将其拖至面板底部的【创建新图层】 按钮上，复制一个【形状 1 拷贝】图层。

步骤05 将【形状 1 拷贝】图层中图形【填充】更改为无，【描边】更改为浅橙色（R:255, G:211, B:193），【宽度】更改为2点；单击【设置形状描边类型】 按钮，在弹出的选项中选择第二种描边类型，再将图形高度适当缩小，如图7.288所示。

图7.288 更改描边

步骤06 在【图层】面板中选中【形状 1】图层，单击面板底部的【添加图层样式】 *fx* 按钮，在菜单中选择【斜面和浮雕】命令。

步骤07 在弹出的对话框中将【大小】更改为15像素，【软化】更改为5像素，取消【使用全局光】复选框；将【阴影模式】更改为【叠加】，【不透明度】更改为20%，如图7.289所示。

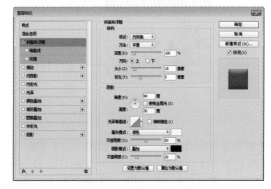

图7.289 设置【斜面和浮雕】参数

步骤08 选中【投影】复选框，将【混合模式】更改为【正常】，【颜色】更改为深蓝色（R:10,

G:72，B:102），【不透明度】更改为60%，【距离】更改为3像素，【大小】更改为13像素，完成之后单击【确定】按钮，如图7.290所示。

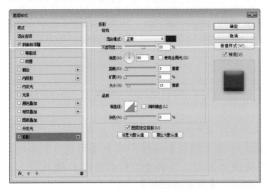

图7.290 设置【投影】参数

步骤 09 选择工具箱中的【横排文字工具】T，在画布中适当的位置添加文字（Vogue Bold），如图7.291所示。

图7.291 添加文字

步骤 10 在【图层】面板中选中添加的文字所在图层，单击面板底部的【添加图层样式】**fx**按钮，在菜单中选择【内阴影】命令。

步骤 11 在弹出的对话框中将【混合模式】更改为【正常】，【颜色】更改为深橙色（R:41, G:14, B:3），【不透明度】更改为100%，【距离】更改为2像素，【大小】更改为2像素，完成之后单击【确定】按钮，如图7.292所示。

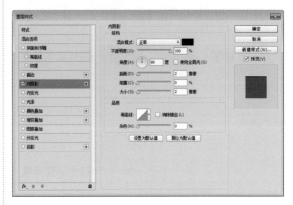

图7.292 设置【内阴影】参数

7.4.2 制作界面1选择主题

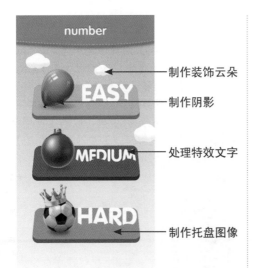

主题效果

步骤 01 选择工具箱中的【圆角矩形工具】，在选项栏中将【填充】更改为绿色（R:112, G:129, B:53），【描边】更改为无，【半径】更改为30像素，绘制一个圆角矩形，此时将生成一个【圆角矩形 1】图层，如图7.293所示。

步骤 02 选中【圆角矩形 1】图层，按Ctrl+T组合键对图形执行【自由变换】命令，单击鼠标右键，从弹出的快捷菜单中选择【透视】命令，拖动变形框控制点变换图形，完成之后按Enter键确认，如图7.294所示。

图7.293 绘制圆角矩形　　图7.294 变换图形

步骤 03 在【图层】面板中选中【圆角矩形 1】图层，将其拖至面板底部的【创建新图层】按钮上，复制一个【圆角矩形 1 拷贝】图层，如图7.295所示。

步骤 04 选中【圆角矩形 1 拷贝】图层，将图形【填充】更改为绿色（R:168, G:202, B:79），并缩小其高度，如图7.296所示。

图7.295 复制图层　　图7.296 填充并缩小图形高度

步骤 05 执行菜单栏中的【文件】|【打开】命令，选择"调用素材\第7章\数字主题游戏界面\球体.psd"文件，单击【打开】按钮，在打开的文档中选中【气球】图层，将其拖入画布中并适当缩小和旋转，如图7.297所示。

步骤 06 选择工具箱中的【椭圆工具】 ⬭ ，在选项栏中将【填充】更改为绿色（R:52, G:63, B:13），【描边】更改为无，在气球底部绘制一个椭圆图形，此时将生成一个【椭圆 1】图层，将其移至【气球】图层下方，如图7.298所示。

图7.297 添加素材　　图7.298 绘制椭圆

步骤 07 执行菜单栏中的【滤镜】|【模糊】|【高斯模糊】命令，在弹出的对话框中单击【栅格化】按钮，然后在弹出的对话框中将【半径】更改为10像素，完成之后单击【确定】按钮，效果如图7.299所示。

步骤 08 执行菜单栏中的【滤镜】|【模糊】|【动感模糊】命令，在弹出的对话框中将【角度】更改为0，【距离】更改为100像素，设置完成之后单击【确定】按钮，如图7.300所示。

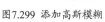 

图7.299 添加高斯模糊　　图7.300 添加动感模糊

步骤 09 选择工具箱中的【横排文字工具】 T ，在适当的位置添加文字（Vogue Bold），如图7.301所示。

步骤 10 选择工具箱中的【钢笔工具】 ✐ ，在选项栏中单击【选择工具模式】 路径 ⬦ 按钮，在弹出的选项中选择【形状】，将【填充】更改为绿色（R:168, G:202, B:79），【描边】更改为无，在文字底部绘制一个不规则图形，如图7.302所示。

图7.301 添加文字　　图7.302 绘制图形

步骤 11 同时选中所有和托盘相关的图层，按Ctrl+G组合键将其编组，将生成的组名称更改为【简单】。

步骤 12 在【图层】面板中，将【简单】组拖至面板底部的【创建新图层】 ⬒ 按钮上，复制两个拷贝图层，分别将组名称更改为【中级】和【复杂】，如图7.303所示。

步骤 13 分别选中【中级】组和【复杂】组，在画布中向下移动，并将组中的素材图像、文字及其底部不规则图形删除，只保留托盘图形，如图7.304所示。

图7.303 复制组　　图7.304 移动图像

步骤 14 在打开的素材文档中选中【气球 2】图层，将图像拖至当前画布中，如图7.305所示。

步骤 15 更改【中级】组中的图形颜色，如图7.306所示。

图7.305 添加素材　　　图7.306 更改图形颜色

步骤16 以同样的方法更改【复杂】组中的图形颜色，如图7.307所示。

步骤17 在打开的素材文档中选中【足球】图层，将图像拖至当前画布中，如图7.308所示。

图7.307 更改颜色　　　图7.308 添加素材

步骤18 以刚才同样的方法在素材图像底部绘制椭圆并制作阴影效果，如图7.309所示。

步骤19 以刚才同样的方法在素材右侧添加文字，并在文字底部绘制图形，如图7.310所示。

图7.309 制作阴影　　　图7.310 添加文字

步骤20 选择工具箱中的【钢笔工具】，在选项栏中单击【选择工具模式】 路径 按钮，在弹出的选项中选择【形状】，将【填充】更改为白色，【描边】更改为无，在画布左上角绘制一个云朵图形，将生成一个【形状 5】图层，如图7.311所示。

步骤21 在【图层】面板中选中【形状 5】图层，单击面板底部的【添加图层样式】按钮，在菜单中选择【斜面和浮雕】命令。

图7.311 绘制图形

步骤22 在弹出的对话框中将【大小】更改为30像素，【阴影模式】更改为蓝色（R:138, G:209, B:244），【不透明度】更改为30%，【阴影模式】更改为浅蓝色（R:138, G:209, B:244），【不透明度】更改为30%，完成之后单击【确定】按钮，如图7.312所示。

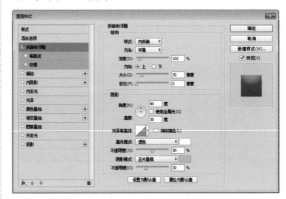

图7.312 设置【斜面和浮雕】参数

步骤23 选中【云朵】图层，在画布中按住Alt键将图形复制两份并变换大小，如图7.313所示。

图7.313 复制图形

7.4.3 绘制界面2主题背景

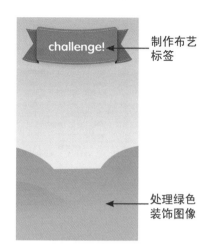

制作布艺标签

处理绿色装饰图像

主题背景效果

图7.315 绘制图形

图7.316 将图形变形

步骤 01 执行菜单栏中的【文件】|【新建】命令，在弹出的对话框中设置【宽度】为750像素，【高度】为1334像素，【分辨率】为72像素/英寸，新建一个空白画布。

步骤 02 选择工具箱中的【渐变工具】，编辑浅蓝色（R:240, G:250, B:254）到蓝色（R:127, G:205, B:243）的渐变，单击选项栏中的【线性渐变】按钮，在画布中拖动填充渐变，如图7.314所示。

图7.314 填充渐变

步骤 03 选择工具箱中的【圆角矩形工具】，在选项栏中将【填充】更改为橙色（R:239, G:112, B:59），【描边】更改为无，【半径】更改为20像素，绘制一个圆角矩形，此时将生成一个【圆角矩形 1】图层，如图7.315所示。

步骤 04 选中【圆角矩形 1】图层，按Ctrl+T组合键对其执行【自由变换】命令，单击鼠标右键，从弹出的快捷菜单中选择【变形】命令，单击选项栏【变形】后方的按钮，在弹出的选项中选择【拱形】，将【弯曲】更改为-10，完成之后按Enter键确认，如图7.316所示。

步骤 05 选择工具箱中的【钢笔工具】，在选项栏中单击【选择工具模式】 路径 按钮，在弹出的选项中选择【形状】，将【填充】更改为橙色（R:211, G:94, B:45），【描边】更改为无，在图形左侧绘制一个不规则图形，将生成一个【形状 1】图层。

步骤 06 在刚才绘制的图形右下角位置，绘制一个深橙色（R:134, G:48, B:12）不规则小图形，以制作背面效果，将生成一个【形状 2】图层，如图7.317所示。

图7.317 绘制图形

步骤 07 同时选中【形状 1】及【形状 2】图层，在画布中按住Alt+Shift组合键向右侧拖动复制图形。

步骤 08 同时选中生成的【形状 1 拷贝】及【形状 2 拷贝】图层，按Ctrl+T组合键对图形执行【自由变换】命令，单击鼠标右键，从弹出的快捷菜单中选择【水平翻转】命令，完成之后按Enter键确认，如图7.318所示。

图7.318 变换图形

步骤 09 选择工具箱中的【钢笔工具】 ✐ ，在选项栏中单击【选择工具模式】 路径 ‡ 按钮，在弹出的选项中选择【形状】，将【填充】更改为无，【描边】更改为白色，【宽度】更改为2点，在图形左上角绘制一条线段。

步骤 10 单击【设置形状描边类型】 ▬▬ 按钮，在弹出的选项中选择第二种描边类型，在其他位置绘制相似线段，如图7.319所示。

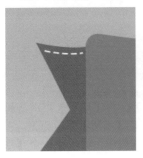

图7.319 绘制线段

步骤 11 同时选中所有和线段相关的图层，按Ctrl+G组合键将其编组，将生成的组名称更改为【虚线】。

步骤 12 在【图层】面板中选中【虚线】图层，单击面板底部的【添加图层样式】 *fx* 按钮，在菜单中选择【投影】命令。

步骤 13 在弹出的对话框中将【混合模式】更改为【正常】，【颜色】更改为黑色，【不透明度】更改为100%，【距离】更改为1像素，完成之后单击【确定】按钮，如图7.320所示。

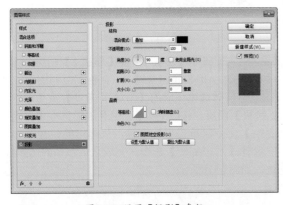

图7.320 设置【投影】参数

步骤 14 在【图层】面板中选中【圆角矩形 1】图层，单击面板底部的【添加图层样式】 *fx* 按钮，在菜单中选择【投影】命令。

步骤 15 在弹出的对话框中将【混合模式】更改为【叠加】，【颜色】更改为黑色，【不透明度】更改为60%，【距离】更改为7像素，【大小】更

改为30像素，完成之后单击【确定】按钮，如图7.321所示。

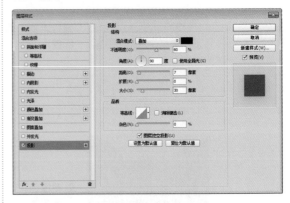

图7.321 设置【投影】参数

步骤 16 选择工具箱中的【横排文字工具】 T ，在适当的位置添加文字（Vogue Bold），如图7.322所示。

图7.322 添加文字

步骤 17 在【图层】面板中选中刚才添加的文字所在图层，单击面板底部的【添加图层样式】 *fx* 按钮，在菜单中选择【内阴影】命令。

步骤 18 在弹出的对话框中将【混合模式】更改为【正常】，【颜色】更改为深橙色（R:41, G:14, B:3），【不透明度】更改为100%，【距离】更改为2像素，【大小】更改为2像素，完成之后单击【确定】按钮，如图7.323所示。

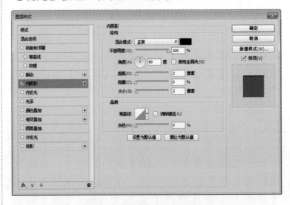

图7.323 设置【内阴影】参数

步骤 19 选择工具箱中的【钢笔工具】 ✐，在选项栏中单击【选择工具模式】 路径 ⬍ 按钮，在弹出的选项中选择【形状】，将【填充】更改为绿色（R:165, G:200, B:82），【描边】更改为无。

步骤 20 在界面下半部分位置绘制一个不规则图形，如图7.324所示。

图7.324 绘制图形

步骤 21 在【图层】面板中选中【形状 7】图层，单击面板底部的【添加图层样式】 *fx* 按钮，在菜单中选择【渐变叠加】命令。

步骤 22 在弹出的对话框中将【混合模式】更改为【叠加】，【不透明度】更改为50%，【渐变】更改为黑色到黑色，将第一个黑色色标的【不透明度】更改为0%，完成之后单击【确定】按钮，如图7.325所示。

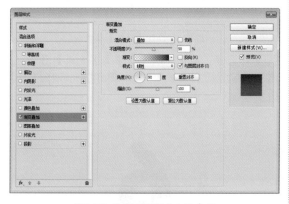

图7.325 设置【渐变叠加】参数

步骤 23 选择工具箱中的【钢笔工具】 ✐，在选项栏中单击【选择工具模式】 路径 ⬍ 按钮，在弹出的选项中选择【形状】，将【填充】更改为绿色（：R:138, G:177, B:47），【描边】更改为无。

步骤 24 在界面左下角绘制一个不规则图形，将生成一个【形状 8】图层，如图7.326所示。

图7.326 绘制图形

步骤 25 在【图层】面板中选中【形状 8】图层，单击面板底部的【添加图层蒙版】 ◻ 按钮，为其添加图层蒙版，如图7.327所示。

图7.327 添加图层蒙版

步骤 26 选择工具箱中的【渐变工具】 ▬，编辑黑色到白色的渐变，单击选项栏中的【线性渐变】 ▬ 按钮，在图形上拖动，隐藏部分图形，如图7.328所示。

图7.328 隐藏图形

7.4.4 制作界面2主视觉图像

制作游戏区域图像

绘制开始游戏按钮

主视觉图像效果

步骤01 选择工具箱中的【圆角矩形工具】 ⬜，在选项栏中将【填充】更改为白色，【描边】更改为无，【半径】更改为20像素，绘制一个圆角矩形，此时将生成一个【圆角矩形 2】图层，如图7.329所示。

图7.329 绘制图形

步骤02 在【图层】面板中选中【圆角矩形 2】图层，单击面板底部的【添加图层样式】 *fx* 按钮，在菜单中选择【渐变叠加】命令。

步骤03 在弹出的对话框中将【渐变】更改为白色到灰色（R:226, G:226, B:226），【缩放】更改为50%，如图7.330所示。

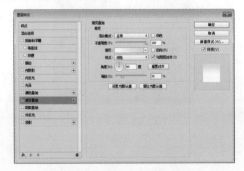

图7.330 设置【渐变叠加】参数

步骤04 选中【斜面和浮雕】复选框，将【大小】更改为4像素，【阴影模式】中的【不透明度】更改为15%，如图7.331所示。

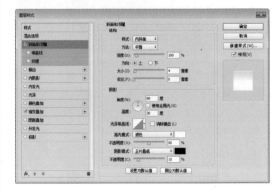

图7.331 设置【斜面和浮雕】参数

步骤05 选中【投影】复选框，将【混合模式】更改为【正常】，【颜色】更改为黑色，【不透明度】更改为20%，【距离】更改为6像素，【大小】更改为8像素，完成之后单击【确定】按钮，如图7.332所示。

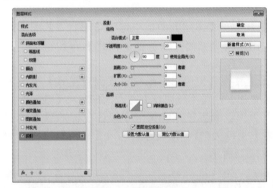

图7.332 设置【投影】参数

步骤06 选择工具箱中的【横排文字工具】 T，在适当的位置添加文字（Vogue Bold），如图7.333所示。

图7.333 添加文字

步骤 07 同时选中【6】及【圆角矩形 2】图层，按Ctrl+G组合键将其编组，将生成的【组 1】组复制数份，并更改部分文字，如图7.334所示。

图7.334 复制图文

步骤 08 选择工具箱中的【圆角矩形工具】 ，在选项栏中将【填充】更改为红色（R:234, G:68, B:54），【描边】更改为无，【半径】更改为20像素，绘制一个圆角矩形，此时将生成一个【圆角矩形 3】图层，如图7.335所示。

图7.335 绘制图形

步骤 09 在【图层】面板中选中【圆角矩形 3】图层，单击面板底部的【添加图层样式】 *fx* 按钮，在菜单中选择【投影】命令。

步骤 10 在弹出的对话框中将【混合模式】更改为【正常】，【颜色】更改为红色（R:143, G:36, B:27），【不透明度】更改为100%，【距离】更改为6像素，【大小】更改为0像素，完成之后单击【确定】按钮，如图7.336所示。

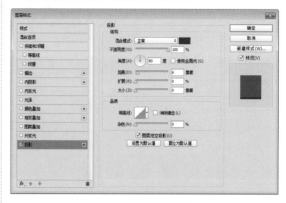

图7.336 设置【投影】参数

步骤 11 选中【challenge!】图层，在画布中按住Alt+Shift组合键向底部拖动复制文字，并更改复制生成的文字信息，这样就完成了效果的制作，如图7.337所示。

图7.337 最终效果

第8章
应用系统界面设计

本章介绍

本章讲解应用系统界面设计，应用系统类界面的设计以突出应用的特点为主，在整个图形图像化的设计与制作过程中应当注意整个应用界面的协调性，同时假如在有必要的情况下可以为界面添加一些装饰元素以美化整个界面效果，另外色彩的搭配在应用系统界面中也十分重要，通过完美的色彩组合与搭配，带给使用者完美的交互体验。通过对本章内容的学习可以掌握应用系统界面的设计。

要点索引

- 学会制作应用登录界面设计
- 学习Windows Phone主题界面设计
- 学会天气插件界面设计
- 掌握用户社交功能界面设计
- 学会音乐播放界面设计
- 掌握运动数据界面设计
- 学会电影应用界面设计

8.1 应用登录界面设计

设计构思

本例讲解制作应用登录界面，该界面设计感很强，在整体配色上以舒适、柔和为主。本例草图及最终效果如图8.1所示。

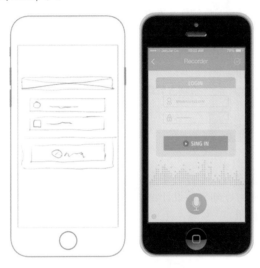

图8.1 最终效果

- 难易指数：★★☆☆☆
- 素材位置：调用素材\第8章\应用登录界面设计
- 案例位置：源文件\第8章\应用登录界面设计.psd
- 视频位置：视频教学\8.1 应用登录界面设计.avi

重点分解

主面板   登录框   按钮

色彩分析

以蓝色调为主题色，将紫色作为辅助色，整体色调具有较强的时尚与科技感。

蓝色 (R:148,G:208,B:255)   紫色 (R:202,G:117,B:199)

8.1.1 绘制主面板

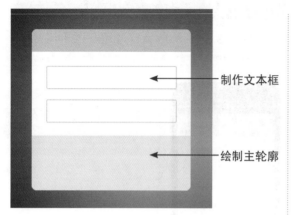

制作文本框

绘制主轮廓

面板效果

步骤 01 执行菜单栏中的【文件】|【打开】命令，选择"调用素材\第7章\应用登陆界面设计\背景.jpg"文件，单击【打开】按钮。

步骤 02 选择工具箱中的【圆角矩形工具】 ⬜ ，在选项栏中将【填充】更改为白色，【描边】更改为无，【半径】更改为8像素，绘制一个圆角矩形，此时将生成一个【圆角矩形 1】图层，如图8.2所示。

步骤 03 在【图层】面板中选中【圆角矩形 1】图层，将其拖至面板底部的【创建新图层】 🔲 按钮上，复制两个拷贝图层，分别将图层名称更改为【顶部】、【底部】及【面板】，如图8.3所示。

图8.2 绘制圆角矩形   图8.3 复制图层

步骤 04 选中【底部】图层，将图形【填充】更改为浅紫色（R:237, G:229, B:237），如图8.4所示。

步骤 05 选择工具箱中的【直接选择工具】 ▷ ，同时选中顶部两个锚点将其删除，如图8.5所示。

图8.4 更改颜色   图8.5 删除锚点

步骤 06 选择工具箱中的【直接选择工具】 ▷ ，同时选中顶部两个锚点并向下拖动，将图形高度缩小，如图8.6所示。

步骤 07 以同样的方法选中【顶部】图层，将图形变形并更改为蓝色（R:148, G:208, B:255），如图8.7所示。

图8.6 缩小图形   图8.7 变换图形

步骤 08 选择工具箱中的【圆角矩形工具】 ⬜ ，在选项栏中将【填充】更改为无，【描边】更改为灰色（R:190, G:190, B:190），【宽度】更改为1点，【半径】更改为2像素，绘制一个圆角矩形，此时将生成一个【圆角矩形 1】图层，如图8.8所示。

步骤 09 选中【圆角矩形 1】图层，将图形向下移动复制一份，如图8.9所示。

图8.8 绘制图形   图8.9 复制图形

8.1.2 处理细节

处理详情信息

制作登录按钮

面板效果

步骤01 执行菜单栏中的【文件】|【打开】命令，选择"调用素材"\第8章\应用登录界面设计\图标.psd文件，单击【打开】按钮，将打开的图标素材拖入画布中并适当缩小，如图8.10所示。

图8.10 添加素材

步骤02 选择工具箱中的【横排文字工具】T，在适当的位置添加文字（Humnst777 Cn BT B...Bold），如图8.11所示。

图8.11 添加文字

步骤03 选择工具箱中的【圆角矩形工具】▢，在选项栏中将【填充】更改为紫色（R:202, G:117, B:199），【描边】更改为无，【半径】更改为5像素，绘制一个圆角矩形，此时将生成一个【圆角矩形2】图层，如图8.12所示。

步骤04 选择工具箱中的【椭圆工具】⬭，在选

项栏中将【填充】更改为深紫色（R:157, G:76, B:154），【描边】更改为无，按住Shift键绘制一个正圆图形，此时将生成一个【椭圆1】图层，如图8.13所示。

图8.12 绘制圆角矩形   图8.13 绘制正圆

步骤05 选择工具箱中的【钢笔工具】✐，在选项栏中单击【选择工具模式】 路径 ⬍ 按钮，在弹出的选项中选择【形状】，将【填充】更改为白色，【描边】更改为无，在正圆位置绘制一个三角形，如图8.14所示。

图8.14 绘制图形

步骤06 选择工具箱中的【横排文字工具】T，在适当的位置添加文字（Humnst777 Cn BT B...Bold），这样就完成了效果的制作，如图8.15所示。

图8.15 最终效果

8.2 Windows Phone主题界面设计

本例讲解制作windows phone主题界面，windows phone主题界面最大的特点是十分简洁，通过大面积色块使用，使整个界面具有漂亮的版式布局，在视觉交互上同样非常出色。本例草图及最终效果如图8.16所示。

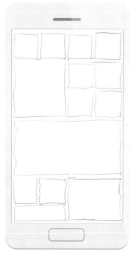 

图8.16 最终效果

● 难易指数： ★★★☆☆
● 素材位置： 调用素材\第8章\Windows Phone主题界面设计
● 案例位置： 源文件\第8章\Windows Phone主题界面设计.psd
● 视频位置： 视频教学\8.2 Windows Phone主题界面设计.avi

功能磁贴 　　　　　　　　　　　　　程序磁贴

以蓝色为主色调，以白色作为辅助色，体现出Windows Phone的界面特征，整体设计感很强。

蓝色 (R:0,G:158,B:219)

8.2.1 制作功能磁贴效果

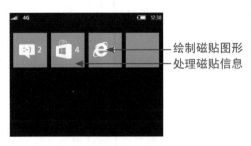

绘制磁贴图形
处理磁贴信息

磁贴效果

步骤01 执行菜单栏中的【文件】|【新建】命令，在弹出的对话框中设置【宽度】为720像素，【高度】为1280像素，【分辨率】为72像素/英寸，新建一个空白画布，将画布填充为黑色。

步骤02 执行菜单栏中的【文件】|【打开】命令，选择"调用素材\第8章\Windows Phone主题界面设计\状态栏.psd"文件，单击【打开】按钮，将打开的素材拖入画布中顶部位置并适当缩小，如图8.17所示。

图8.17 添加素材

步骤03 选择工具箱中的【矩形工具】 ，在选项栏中将【填充】更改为蓝色（R:0, G:158, B:219），【描边】更改为无，按住Shift键绘制一个矩形，此时将生成一个【矩形1】图层，如图8.18所示。

步骤04 将矩形向右侧平移复制三份，将生成三个拷贝图层，分别将图层名称从下至上依次更改为【磁贴】、【磁贴2】、【磁贴3】、【磁贴4】，如图8.19所示。

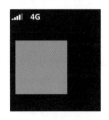 

图8.18 绘制矩形　　　　图8.19 复制图形

步骤05 执行菜单栏中的【文件】|【打开】命令，选择"调用素材\第8章\Windows Phone主题界面设计\图标.psd"文件，单击【打开】按钮，在打开的文档中将【图标】组展开，同时选中【信息】、【商店】及【浏览器】图层，将其拖至当前界面中前三个矩形位置，如图8.20所示。

步骤06 选择工具箱中的【横排文字工具】 **T** ，在图标旁边位置添加文字（Humnst777 BT Rom），如图8.21所示。

图8.20 添加素材　　　　图8.21 添加文字

8.2.2 制作应用磁贴效果

处理应用图像

应用磁贴效果

步骤01 执行菜单栏中的【文件】|【打开】命令，选择"调用素材\第8章\Windows Phone主题界面设计\图像.jpg"文件，单击【打开】按钮，将打开的素材拖入画布中并适当缩小，其图层名称更改为【图层2】，将【图层2】移至【磁贴4】图层上方，如图8.22所示。

步骤02 执行菜单栏中的【图层】|【创建剪贴蒙版】命令，为当前图层创建剪贴蒙版，隐藏部分图像，如图8.23所示。

图8.22 添加素材

图8.23 创建剪贴蒙版

图8.26 创建剪贴蒙版

图8.27 添加文字

步骤03 选择工具箱中的【矩形工具】，在选项栏中将【填充】更改为蓝色（R:0, G:158, B:219），【描边】更改为无，按住Shift键绘制一个矩形，将生成的图层名称更改为【磁贴5】，如图8.24所示。

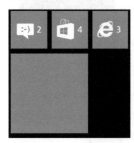
图8.24 绘制图形

步骤04 在【图标】文档中，选中组中的【游戏】图层，将其拖至当前界面中，并放在【磁贴5】图层的图形位置。

步骤05 执行菜单栏中的【文件】|【打开】命令，选择"调用素材\第8章\Windows Phone主题界面设计\游戏角色.psd"文件，单击【打开】按钮，将打开的素材拖入画布中，如图8.25所示。

图8.25 添加素材

步骤06 将【游戏角色】图层移至【磁贴5】图层上方，执行菜单栏中的【图层】|【创建剪贴蒙版】命令，为当前图层创建剪贴蒙版，隐藏部分图像，如图8.26所示。

步骤07 选择工具箱中的【横排文字工具】T，在适当的位置添加文字（Humnst777 BT Rom），如图8.27所示。

步骤08 选中【磁贴】图层，将图形复制4份并移至适当的位置，分别将图层名称更改为【磁贴6】、【磁贴7】、【磁贴8】及【磁贴9】，如图8.28所示。

图8.28 复制图形

提示与技巧

除了利用复制图形的方法之外，还可以绘制新的矩形，只要保证与小磁贴图形相同大小即可。

步骤09 在【图标】文档中，选中组中的【设置】图层，将其拖至当前界面中，并放在【磁贴6】图层的图形位置，如图8.29所示。

图8.29 添加图标

步骤10 执行菜单栏中的【文件】|【打开】命令，选择"调用素材\第8章\Windows Phone主题界面设计\图像2.jpg"文件。

步骤11 单击【打开】按钮，将打开的素材拖入画布中，其图层名称更改为【图层3】，并移至【磁贴7】图层上方，如图8.30所示。

步骤12 执行菜单栏中的【图层】|【创建剪贴蒙版】命令，为当前图层创建剪贴蒙版，隐藏部分图像，如图8.31所示。

图8.30 添加素材　　　　图8.31 创建剪贴蒙版

步骤13 执行菜单栏中的【文件】|【打开】命令，选择"调用素材\第8章\Windows Phone主题界面设计\图像3.jpg、图像4.jpg"文件，单击【打开】按钮。

步骤14 分别将打开的素材拖入画布中，并以刚才同样的方法分别将图像移至对应的【磁贴8】及【磁贴9】图层中的图形上方，再为其创建剪贴蒙版，如图8.32所示。

图8.32 添加素材

步骤15 选择工具箱中的【矩形工具】，按住Shift键绘制一个矩形，将生成的图层名称更改为【磁贴5】，如图8.33所示。

步骤16 选择工具箱中的【横排文字工具】，在矩形位置添加文字（Humnst777 BT Rom），如图8.34所示。

图8.33 绘制矩形　　　　图8.34 添加文字

步骤17 同时选中【磁贴】及【磁贴2】图层，向下移动复制，并分别将其图层名称更改为【磁贴11】、【磁贴12】，如图8.35所示。

步骤18 在【图标】文档中，选中组中的【照片】及【程序】图层，将其拖至当前界面中，并放在【磁贴11】、【磁贴12】图层的图形位置，如图8.36所示。

图8.35 复制图形　　　　图8.36 添加图标

步骤19 选择工具箱中的【矩形工具】，在界面底部位置再次绘制两个矩形，并分别将其图层名称更改为【磁贴13】、【磁贴14】，如图8.37所示。

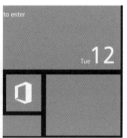

图8.37 绘制图形

步骤20 执行菜单栏中的【文件】|【打开】命令，选择"调用素材\第8章\Windows Phone主题界面设计\图像5.jpg"文件，单击【打开】按钮，如图8.38所示。

步骤21 将打开的素材拖入画布中并适当缩小，将其移至【磁贴14】图层上方后创建剪贴蒙版，这样就完成了效果的制作，如图8.39所示。

图8.38 添加素材　　　　图8.39 最终效果

8.3 天气插件界面设计

设计构思

本例讲解制作天气插件界面，在绘制过程中将醒目的天气元素图像与科技蓝面板相结合，直观地反映出界面的主题特征。本例草图及最终效果如图8.40所示。

- 难易指数：★★★☆☆
- 案例位置：源文件\第8章\天气插件界面设计.psd
- 视频位置：视频教学\8.3 天气插件界面设计.avi

图8.40 最终效果

重点分解

面板及信息   太阳与白云

色彩分析

主体色为蓝色调，以黄色作为辅助色，体现出科技感的同时突出了元素特征。

蓝色 (R:49,G:133,B:197)   黄色 (R:254,G:237,B:90)

操作步骤

8.3.1 绘制面板

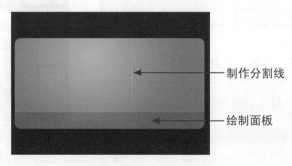

制作分割线

绘制面板

面板效果

步骤 01 执行菜单栏中的【文件】|【新建】命令，在弹出的对话框中设置【宽度】为500像素，【高度】为350像素，【分辨率】为72像素/英寸，新建一个空白画布，将画布填充为深蓝色（R:25, G:45, B:63）。

步骤 02 选择工具箱中的【圆角矩形工具】 ⬜ ，在选项栏中将【填充】更改为黑色，【描边】更改为无，【半径】更改为10像素，按住Shift键绘制一个圆角矩形，此时将生成一个【圆角矩形 1】图层，如图8.41所示。

步骤 03 在【图层】面板中选中【圆角矩形 1】图层，将其拖至面板底部的【创建新图层】 🔲 按钮上，复制一个【圆角矩形 1 拷贝】图层，如图8.42所示。

图8.41 绘制圆角矩形　　　图8.42 复制图层

步骤 04 在【图层】面板中选中【圆角矩形 1】图层，单击面板底部的【添加图层样式】 *fx* 按钮，在菜单中选择【渐变叠加】命令。

步骤 05 在弹出的对话框中将【渐变】更改为蓝色（R:95, G:200, B:255）到蓝色（R:49, G:133, B:197），【样式】更改为【径向】，【角度】更改为0，完成之后单击【确定】按钮，如图8.43所示。

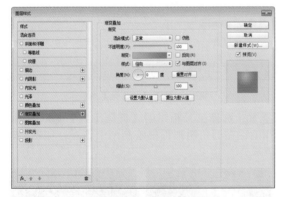

图8.43 设置【渐变叠加】参数

步骤 06 选择工具箱中的【直接选择工具】 ▷ ，选中【圆角矩形 1 拷贝】图层中图形顶部锚点，将其删除。

步骤 07 同时选中顶部两个锚点，向下拖动缩小图形高度，如图8.44所示。

图8.44 缩小图形高度

步骤 08 选中【圆角矩形 1 拷贝】图层，将其图层混合模式设置为【柔光】，【不透明度】更改为40%，如图8.45所示。

图8.45 设置图层混合模式

步骤 09 选择工具箱中的【直线工具】 ╱ ，在选项栏中将【填充】更改为浅蓝色（R:136, G:205, B:243），【描边】更改为无，【粗细】更改为1像素，在图形位置按住Shift键绘制一条垂直线段，将生成一个【形状1】图层，如图8.46所示。

步骤 10 在【图层】面板中选中【形状1】图层，单击面板底部的【添加图层样式】 *fx* 按钮，在菜单中选择【投影】命令。

步骤 11 在弹出的对话框中将【混合模式】更改为【叠加】，【不透明度】更改为35%，【距离】更改为1像素，完成之后单击【确定】按钮，效果如图8.47所示。

图8.46 绘制线段　　　图8.47 添加投影

步骤 12 在【图层】面板中选中【形状 1】图层，单击面板底部的【添加图层蒙版】 ▣ 按钮，为其添加图层蒙版，如图8.48所示。

步骤 13 选择工具箱中的【渐变工具】 ■ ，编辑黑色到白色再到黑色的渐变，将白色色标的【位置】更改为50%，单击选项栏中的【线性渐变】 ■ 按钮，在图形上拖动，隐藏部分图形，如图8.49所示。

图8.48 添加图层蒙版

图8.49 隐藏图形

8.3.2 制作天气元素

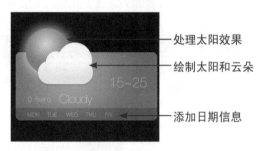

处理太阳效果

绘制太阳和云朵

添加日期信息

天气元素效果

步骤 01 选择工具箱中的【椭圆工具】 ○ ，在选项栏中将【填充】更改为黑色，【描边】更改为无，在界面左上角按住Shift键绘制一个正圆图形，此时将生成一个【椭圆1】图层，如图8.50所示。

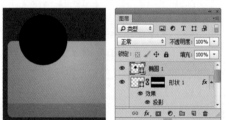

图8.50 绘制正圆

步骤 02 在【图层】面板中选中【椭圆1】图层，单击面板底部的【添加图层样式】 *fx* 按钮，在菜单中选择【渐变叠加】命令。

步骤 03 在弹出的对话框中将【渐变】更改为黄色（R:254, G:237, B:90）到橙色（R:233, G:125, B:0），【样式】更改为【径向】，【角度】更改为0，如图8.51所示。

步骤 04 选中【外发光】复选框，将【不透明度】更改为60%，【颜色】更改为黄色（R:255, G:209, B:27），【大小】更改为30像素，完成之后单击【确定】按钮，如图8.52所示。

步骤 05 选择工具箱中的【圆角矩形工具】 ▢ ，在选项栏中将【填充】更改为白色，【描边】更改为无，【半径】更改为50像素，绘制一个圆角矩形，此时将生成一个【圆角矩形2】图层，如图8.53所示。

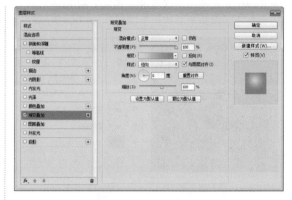

图8.51 设置【渐变叠加】参数

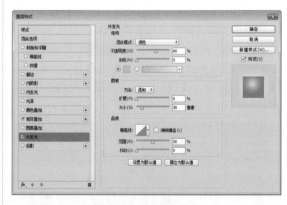

图8.52 设置【外发光】参数

步骤 06 选择工具箱中的【椭圆工具】 ○ ，按住Shift键在圆角矩形顶部绘制两个正圆，如图8.54所示。

图8.53 绘制图形

图8.54 绘制正圆

步骤 07 在【图层】面板中选中【圆角矩形 2】图层，单击面板底部的【添加图层样式】**fx**按钮，在菜单中选择【渐变叠加】命令。

步骤 08 在弹出的对话框中将【渐变】更改为灰色（R:236, G:236, B:236）到白色，【缩放】更改为50%，如图8.55所示。

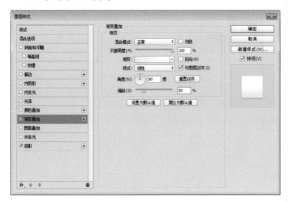

图8.55 设置【渐变叠加】参数

步骤 09 选中【投影】复选框，将【混合模式】更改为【正常】，【不透明度】更改为20%，【距离】更改为2像素，【大小】更改为5像素，完成之后单击【确定】按钮，如图8.56所示。

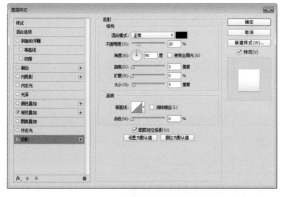

图8.56 设置【投影】参数

步骤 10 选择工具箱中的【横排文字工具】 **T**，在适当的位置添加文字（HelveticaNeue Regu...、Helvetica Neue 45 L），如图8.57所示。

步骤 11 选中【MON TUE WED THU FRI】图层，将其图层混合模式设置为【叠加】，【不透明度】更改为60%，如图8.58所示。

图8.57 添加文字　　　　图8.58 设置图层混合模式

步骤 12 选择工具箱中的【钢笔工具】 ，在选项栏中单击【选择工具模式】 路径 按钮，在弹出的选项中选择【形状】，将【填充】更改为无，【描边】更改为白色，【宽度】更改为0.5点。

步骤 13 在【Beijing】图层中文字左侧绘制一个地点标记图形，这样就完成了效果的制作，如图8.59所示。

图8.59 最终效果

8.4 用户社交功能界面设计

设计构思

　　本例讲解制作用户社交功能界面，其制作过程比较简单，由直观的功能分类信息及用户头像组成。本例草图及最终效果如图8.60所示。

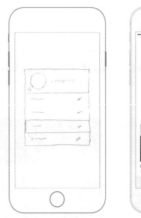

图8.60 最终效果

- 难易指数：★★☆☆☆
- 素材位置：调用素材\第8章\用户社交功能界面设计
- 案例位置：源文件\第8章\用户社交功能界面设计.psd
- 视频位置：视频教学\8.4 用户社交功能界面设计.avi

重点分解

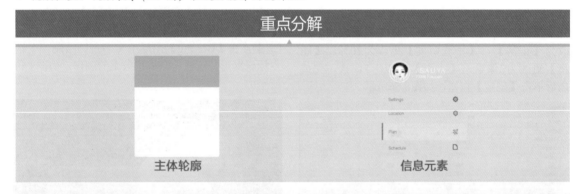

主体轮廓　　　　　　　　　　　　　　信息元素

色彩分析

以绿色为主体色，红色作为辅助色，效果简洁而清爽。

绿色（R:141,G:197,B:91）　　　红色（R:236,G:110,B:143）

操作步骤

8.4.1 制作功能面板

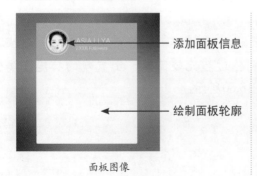

添加面板信息

绘制面板轮廓

面板图像

步骤01 执行菜单栏中的【文件】|【打开】命令，选择"调用素材\第7章\用户社交功能界面设计\背景.jpg"文件，单击【打开】按钮。

步骤02 选择工具箱中的【圆角矩形工具】，在选项栏中将【填充】更改为白色，【描边】更改为无，【半径】更改为3像素，绘制一个圆角矩形，此时将生成一个【圆角矩形 1】图层，如图8.61所示。

步骤03 在【图层】面板中选中【圆角矩形 1】图层，将其拖至面板底部的【创建新图层】 按钮上，复制一个【圆角矩形 1 拷贝】图层。将【圆角矩形 1 拷贝】图层中图形【填充】更改为绿色（R:141, G:197, B:91），如图8.62所示。

图8.61 绘制圆角矩形　　　图8.62 复制图层

步骤04 选择工具箱中的【直接选择工具】 ，同时选中圆角矩形底部左右两个锚点，将其删除，如图8.63所示。

步骤05 同时选中左下角及右下角锚点并向上拖动，将图形高度缩小，如图8.64所示。

图8.63 删除锚点　　　图8.64 拖动锚点

步骤06 选择工具箱中的【椭圆工具】 ，在选项栏中将【填充】更改为白色，【描边】更改为无，在界面左上角位置按住Shift键绘制一个正圆图形，此时将生成一个【椭圆1】图层，如图8.65所示。

步骤07 在【图层】面板中选中【椭圆1】图层，将其拖至面板底部的【创建新图层】 按钮上，复制一个【椭圆1拷贝】图层。

步骤08 执行菜单栏中的【文件】|【打开】命令，选择"调用素材\第8章\用户社交功能界面设计\头像.jpg"文件，单击【打开】按钮，将打开的素材拖入画布中并适当缩小，其图层名称更改为【图层1】，将【图层1】移至【椭圆1拷贝】图层下方，如图8.66所示。

图8.65 绘制正圆　　　图8.66 添加素材

步骤09 选中【图层1】图层，执行菜单栏中的【图层】|【创建剪贴蒙版】命令，为当前图层创建剪贴蒙版，隐藏部分图像，如图8.67所示。

图8.67 创建剪贴蒙版

步骤10 选中【椭圆1拷贝】图层，将其图形【填充】更改为无，【描边】更改为白色，【宽度】更改为1点，按Ctrl+T组合键对其执行【自由变换】命令，将图形等比放大，完成之后按Enter键确认，如图8.68所示。

步骤11 选择工具箱中的【横排文字工具】 T，在头像右侧位置添加文字（Helvetica LT Std Light），如图8.69所示。

图8.68 缩小图形　　　图8.69 添加文字

8.4.2 绘制功能图形

功能图形

添加图标及
文字信息

制作激活
功能效果

步骤 01 选择工具箱中的【矩形工具】■，在选项栏中将【填充】更改为灰色（R:233, G:227, B:233），【描边】更改为无，在界面靠底部绘制一个与其宽度相同的矩形，此时将生成一个【矩形1】图层，如图8.70所示。

图8.70 绘制矩形

步骤 02 在【图层】面板中选中【矩形 1】图层，将其拖至面板底部的【创建新图层】■按钮上，复制一个【矩形 1拷贝】图层，如图8.71所示。

图8.71 复制图层

步骤 03 选中【矩形 1 拷贝】图层，将其图形【填充】更改为红色（R:236, G:110, B:143），再按Ctrl+T组合键对其执行【自由变换】命令，将图形宽度缩小，完成之后按Enter键确认，如图8.72所示。

步骤 04 选择工具箱中的【横排文字工具】 T，在适当的位置添加文字（Helvetica LT Std Light），如图8.73所示。

图8.72 缩小图形宽度　　　　图8.73 添加文字

步骤 05 执行菜单栏中的【文件】|【打开】命令，选择"调用素材\第8章\音乐播放界面设计\图标.psd"文件，单击【打开】按钮，将打开的图标素材拖入画布中并适当缩小，如图8.74所示。

步骤 06 在【图层】面板中选中【图标3】图层，单击面板上方的【锁定透明像素】■按钮，将透明像素锁定，如图8.75所示。

图8.74 添加素材　　　　图8.75 锁定透明像素

步骤 07 将图像【填充】更改为红色（R:236, G:110, B:143），填充完成之后再次单击此按钮解除锁定，这样就完成了效果的制作，如图8.76所示。

图8.76 最终效果

8.5 音乐播放界面设计

本例讲解制作音乐播放界面，该界面以出色的视觉设计为视觉焦点，将图像与交互式按钮相结合，整体表现出很强的设计感。本例草图及最终效果如图8.77所示。

图8.77 最终效果

- 难易指数：★★★☆☆
- 素材位置：调用素材\第8章\音乐播放界面设计
- 案例位置：源文件\第8章\音乐播放界面设计.psd
- 视频位置：视频教学\8.5 音乐播放界面设计.avi

播放状态

控制面板

以红色为主体色调，将浅紫色作为进度条颜色与白色搭配，整体界面干净、整洁。

红色 (R:255,G:41,B:82)　　　浅紫色 (R:255,G:149,B:207)

8.5.1 绘制界面框架

添加界面信息

处理专辑封面

制作进度条

绘制控制面板

界面框架

步骤01 执行菜单栏中的【文件】|【新建】命令，在弹出的对话框中设置【宽度】为1080像素，【高度】为1920像素，【分辨率】为72像素/英寸，新建一个空白画布，将画布填充为深紫色（R:50, G:50, B:76）。

步骤02 选择工具箱中的【椭圆工具】 ⬭ ，在选项栏中将【填充】更改为白色，【描边】更改为无，按住Shift键绘制一个正圆图形，此时将生成一个【椭圆1】图层，如图8.78所示。

步骤03 执行菜单栏中的【文件】|【打开】命令，选择"调用素材\第8章\音乐播放界面设计\DJ图像.jpg"文件，单击【打开】按钮，将打开的素材拖入画布中并适当缩小，其图层名称更改为【图层1】，如图8.79所示。

图8.78 绘制正圆　　　图8.79 添加素材

步骤04 选中【图层1】图层，执行菜单栏中的【图层】|【创建剪贴蒙版】命令，为当前图层创建剪贴蒙版，隐藏部分图像，如图8.80所示。

图8.80 创建剪贴蒙版

步骤05 在【图层】面板中选中【椭圆1】图层，单击面板底部的【添加图层样式】 *fx* 按钮，在菜单中选择【投影】命令。

步骤06 在弹出的对话框中将【混合模式】更改为【正常】，【颜色】更改为黑色，【不透明度】更改为40%，【距离】更改为20像素，【大小】更改为30像素，完成之后单击【确定】按钮，如图8.81所示。

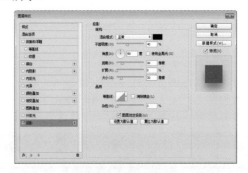

图8.81 设置【投影】参数

步骤07 选择工具箱中的【矩形工具】 ▭ ，在选项栏中将【填充】更改为深蓝色（R:43, G:43, B:67），【描边】更改为无，在界面顶部绘制一个与其相同宽度的矩形，此时将生成一个【矩形1】图层，如图8.82所示。

图8.82 绘制图形

步骤08 选择工具箱中的【圆角矩形工具】，在选项栏中将【填充】更改为白色，【描边】更改为无，【半径】更改为20像素，在界面左上角绘制一个圆角矩形，此时将生成一个【圆角矩形 1】图层，如图8.83所示。

步骤09 选中【圆角矩形 1】图层，将其向下移动复制两份，如图8.84所示。

图8.83 绘制圆角矩形　　　图8.84 复制图形

步骤10 选择工具箱中的【横排文字工具】T，添加文字（Humanst521 BT Ro），如图8.85所示。

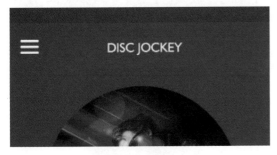

图8.85 添加文字

步骤11 选择工具箱中的【椭圆工具】，在选项栏中将【填充】更改为红色（R:255, G:41, B:82），【描边】更改为无，在界面底部位置按住Shift键绘制一个正圆图形，此时将生成一个【椭圆 2】图层，如图8.86所示。

步骤12 在【图层】面板中选中【椭圆 2】图层，将其拖至面板底部的【创建新图层】按钮上，复制一个【椭圆 2 拷贝】图层，分别将图层名称更改为【进度条】和【控制面板】，如图8.87所示。

图8.86 绘制正圆　　　图8.87 复制图层

步骤13 选中【进度条】图层，在选项栏中将【填充】更改为无，【描边】更改为浅紫色（R:255, G:149, B:207），【宽度】更改为15点。

步骤14 单击【设置形状描边类型】按钮，在弹出的面板中单击【端点】下方按钮，在弹出的选项中选择第二种圆形端点类型，如图8.88所示。

步骤15 选择工具箱中的【添加锚点工具】，分别在圆形左右两侧添加锚点，如图8.89所示。

图8.88 更改描边　　　图8.89 添加锚点

步骤16 选择工具箱中的【直接选择工具】，选中【进度条】图层中线段右侧锚点，将其删除，如图8.90所示。

步骤17 在【图层】面板中选中【进度条】图层，将其拖至面板底部的【创建新图层】按钮上，复制一个【进度条 拷贝】图层，如图8.91所示。

图8.90 删除锚点　　　图8.91 复制图层

步骤18 选中【进度条 拷贝】图层，将其图形【描边】更改为白色，如图8.92所示。

步骤19 选择工具箱中的【直接选择工具】，选中【进度条 拷贝】图层中描边右侧的锚点，将其删除，如图8.93所示。

图8.92 更改颜色　　　图8.93 删除锚点

步骤20 选择工具箱中的【椭圆工具】⬭，在选项栏中将【填充】更改为白色，【描边】更改为无，在两个描边交叉位置按住Shift键绘制一个正圆图形，将生成一个【椭圆2】图层，如图8.94所示。

步骤21 在【图层】面板中选中【椭圆2】图层，单击面板底部的【添加图层样式】*fx*按钮，在菜单中选择【外发光】命令。

步骤22 在弹出的对话框中将【混合模式】更改为【正常】，【不透明度】更改为100%，【颜色】更改为浅紫色（R:255, G:149, B:207），【大小】更改为18像素，完成之后单击【确定】按钮，效果如图8.95所示。

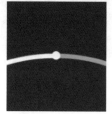 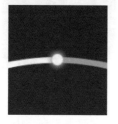

图8.94 绘制正圆　　　图8.95 添加外发光

步骤23 选中【控制面板】图层，按Ctrl+T组合键对其执行【自由变换】命令，将图形等比缩小，完成之后按Enter键确认，如图8.96所示。

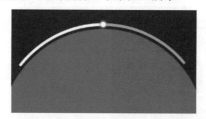

图8.96 缩小图形

8.5.2 绘制界面细节

添加播放信息

制作交互元素

界面细节效果

步骤24 选择工具箱中的【椭圆工具】⬭，在选项栏中将【填充】更改为红色（R:255, G:41, B:82），【描边】更改为无，在界面底部位置按住Shift键绘制一个正圆图形，将生成一个【椭圆3】图层，如图8.97所示。

图8.97 绘制正圆

步骤25 在【图层】面板中选中【椭圆3】图层，单击面板底部的【添加图层样式】*fx*按钮，在菜单中选择【投影】命令。

步骤26 在弹出的对话框中将【混合模式】更改为【正常】，【颜色】更改为紫色（R:84, G:19, B:47），【不透明度】更改为30%，【距离】更改为20像素，【大小】更改为30像素，完成之后单击【确定】按钮，效果如图8.98所示。

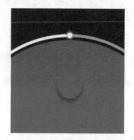

图8.98 添加投影

步骤01 选择工具箱中的【圆角矩形工具】⬜，在选项栏中将【填充】更改为白色，【描边】更改为无，【半径】更改为20像素，绘制一个圆角矩形，此时将生成一个【圆角矩形2】图层，如图8.99所示。

步骤02 将圆角矩形向右侧平移复制一份，如图8.100所示。

图8.99 绘制圆角矩形　　图8.100 复制图形

步骤 03 选择工具箱中的【矩形工具】■，在选项栏中将【填充】更改为无，【描边】更改为白色，【宽度】更改为8点，绘制一个矩形，此时将生成一个【矩形2】图层，如图8.101所示。

步骤 04 按Ctrl+T组合键对其执行【自由变换】命令，当出现变形框之后，在选项栏的【旋转】文本框中输入45，完成之后按Enter键确认，如图8.102所示。

图8.101 绘制矩形　　　　图8.102 旋转图形

步骤 05 选择工具箱中的【删除锚点工具】，单击矩形右侧锚点，将其删除，再适当增加三角形的宽度，如图8.103所示。

步骤 06 选择工具箱中的【直线工具】，在选项栏中将【填充】更改为白色，【描边】更改为无，【粗细】更改为8像素，在三角形左侧按住Shift键绘制一条线段，将生成一个【形状1】图层，如图8.104所示。

图8.103 删除锚点　　　　图8.104 绘制线段

步骤 07 同时选中【形状 1】及【矩形 2】图层，按住Alt+Shift组合键向右侧平移复制。

步骤 08 同时选中生成的【形状 1 拷贝】及【矩形 2 拷贝】图层，按Ctrl+T组合键对其执行【自由变换】命令，单击鼠标右键，从弹出的快捷菜单中选择【水平翻转】命令，完成之后按Enter键确认，如图8.105所示。

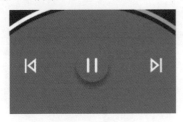

图8.105 变换图形

步骤 09 选择工具箱中的【直线工具】，在选项栏中将【填充】更改为白色，【描边】更改为无，【粗细】更改为8像素，按住Shift键绘制一条水平线段，将生成一个【形状 2】图层，如图8.106所示。

步骤 10 在【图层】面板中选中【形状 2】图层，将其拖至面板底部的【创建新图层】按钮上，复制一个【形状 2 拷贝】图层，如图8.107所示。

图8.106 绘制线段　　　　图8.107 复制图层

步骤 11 选中【形状 2】图层，将其图层混合模式设置为【柔光】，如图8.108所示。

步骤 12 选中【形状 2 拷贝】图层，按Ctrl+T组合键对其执行【自由变换】命令，将线段长度缩小，完成之后按Enter键确认，如图8.109所示。

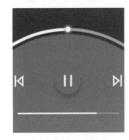

图8.108 复制图层　　　　图8.109 缩小长度

步骤 13 选择工具箱中的【椭圆工具】，在选项栏中将【填充】更改为白色，【描边】更改为无，在合适的位置按住Shift键绘制一个正圆图形，如图8.110所示。

步骤 14 执行菜单栏中的【文件】|【打开】命令，选择"调用素材\第8章\音乐播放界面设计\图标.psd"文件，单击【打开】按钮，将打开的素材拖入画布中界面底部适当位置并缩小，如图8.111所示。

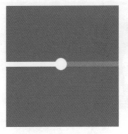
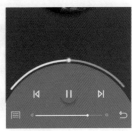

图8.110 绘制正圆　　　　图8.111 添加素材

步骤 15 选择工具箱中的【横排文字工具】 **T** ，在适当的位置添加文字（Humanst521 BT Ro、Helvetica Neue 45 L），这样就完成了效果的制作，如图8.112所示。

图8.112 最终效果

8.6 运动数据界面设计

设计构思

本例讲解制作运动数据界面，此款界面在制作过程中以直观的运动数据为主题，通过文字信息与规范的图形相结合，整体表现出高品质应用的视觉效果。本例草图及最终效果如图8.113所示。

- 难易指数：★★★☆☆
- 素材位置：调用素材\第8章\运动数据界面设计
- 案例位置：源文件\第8章\运动数据界面设计.psd
- 视频位置：视频教学\8.6 运动数据界面设计.avi

图8.113 最终效果

重点分解

控制面板　　　　　　　　功能图示　　　　　　　时间记录信息

色彩分析

主体色为红橙色调，以黄色、紫色及蓝色作为辅助色，多元化色彩表现出不同的功能特征。

红色 (R:224,G:68,B:69)　　黄色 (R:255,G:183,B:49)　　紫色 (R:189,G:96,B:186)　　蓝色 (R:77,G:188,B:234)

操作步骤

8.6.1 制作界面轮廓

↑绘制功能按钮
↑绘制进度图形

↑制作界面轮廓

界面轮廓效果

步骤 01 执行菜单栏中的【文件】|【新建】命令，在弹出的对话框中设置【宽度】为1080像素，【高度】为1920像素，【分辨率】为72像素/英寸，新建一个空白画布，将画布填充为浅黄色（R:247, G:242, B:238）。

步骤 02 选择工具箱中的【矩形工具】▇，在选项栏中将【填充】更改为浅红色（R:230, G:94, B:94），【描边】更改为无，在界面顶部绘制一个矩形，此时将生成一个【矩形 1】图层，如图8.114所示。

步骤 03 执行菜单栏中的【文件】|【打开】命令，选择"调用素材\第8章\运动数据界面\状态栏.psd"文件，单击【打开】按钮，将打开的素材拖入画布中顶部位置并适当缩小，如图8.115所示。

步骤 04 选择工具箱中的【横排文字工具】**T**，在适当的位置添加文字（Humanst521 BT Ro），如图8.116所示。

步骤 05 执行菜单栏中的【文件】|【打开】命令，选择"调用素材\第8章\图标.psd"文件，单击【打开】按钮，将打开的素材拖入画布中文字左右两侧位置，如图8.117所示。

图8.116 添加文字　　　　图8.117 添加素材

步骤 06 选择工具箱中的【矩形工具】▇，在选项栏中将【填充】更改为黑色，【描边】更改为无，绘制一个矩形，此时将生成一个【矩形 2】图层，如图8.118所示。

步骤 07 在【图层】面板中选中【矩形 2】图层，单击面板底部的【添加图层样式】*fx*按钮，在菜单中选择【渐变叠加】命令。

步骤 08 在弹出的对话框中将【渐变】更改为橙色（R:233, G:102, B:48）到红色（R:224, G:68, B:69），完成之后单击【确定】按钮，效果如图8.119所示。

图8.118 绘制矩形　　　　图8.119 添加渐变

图8.114 绘制矩形　　　　图8.115 添加素材

步骤 09 选择工具箱中的【椭圆工具】，在选项栏中将【填充】更改为无，【描边】更改为黑色，【宽度】更改为50点，按住Shift键绘制一个正圆图形，此时将生成一个【椭圆 1】图层。

步骤 10 单击【设置形状描边类型】按钮，在弹出的面板中单击【端点】下方按钮，在弹出的选项中选择第二种圆形端点类型，如图8.120所示。

步骤 11 在【图层】面板中选中【椭圆 1】图层，将其拖至面板底部的【创建新图层】按钮上，复制一个【椭圆 1 拷贝】图层，如图8.121所示。

图8.120 绘制正圆

图8.121 复制图层

步骤 12 将【椭圆 1 拷贝】图层的图形【描边】更改为白色。选择工具箱中的【直接选择工具】，选中左上角部分线段，将其删除，如图8.122所示。

步骤 13 选中【椭圆 1】图层，将混合模式设置为【叠加】，【不透明度】更改为50%，效果如图8.123所示。

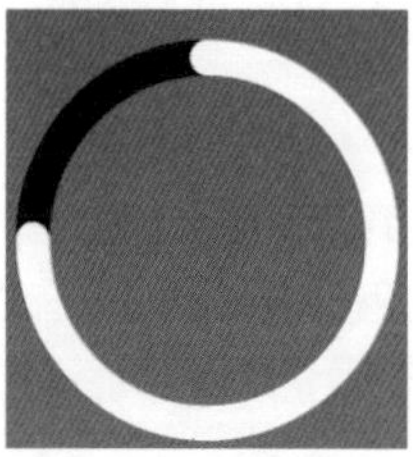

图8.122 删除线段

图8.123 设置图层混合模式

步骤 14 选择工具箱中的【圆角矩形工具】，在选项栏中将【填充】更改为黑色，【描边】更改为无，【半径】更改为10像素，在圆环中间绘制一个圆角矩形，此时将生成一个【圆角矩形 1】图层，如图8.124所示。

步骤 15 选中【圆角矩形 1】图层，按住Alt+Shift组合键向右侧平移复制一份，如图8.125所示。

图8.124 绘制圆角矩形

图8.125 复制图形

步骤 16 同时选中【圆角矩形 1 拷贝】及【圆角矩形 1】图层，将其图层混合模式设置为【叠加】，【不透明度】更改为50%，效果如图8.126所示。

步骤 17 选择工具箱中的【横排文字工具】T，在画布适当的位置添加文字（Humanst521 BT Ro），如图8.127所示。

图8.126 设置图层混合模式

图8.127 添加文字

步骤 18 选择工具箱中的【椭圆工具】，在选项栏中将【填充】更改为白色，【描边】更改为无，在圆环左侧位置按住Shift键绘制一个正圆图形，此时将生成一个【椭圆 2】图层，如图8.128所示。

步骤 19 将正圆复制一份并移至右侧相对的位置，将生成一个【椭圆 2 拷贝】，如图8.129所示。

图8.128 绘制正圆

图8.129 复制图形

步骤 20 选择工具箱中的【横排文字工具】T，在正圆位置添加文字（Humanst521 BT Bold），如图8.130所示。

图8.130 添加文字

步骤 21 同时选中【椭圆 2 拷贝】及【椭圆 2】图层，按Ctrl+E组合键将其合并，此时将生成一个【椭圆 2 拷贝】图层；再单击面板底部的【添加图层蒙版】按钮，为其添加图层蒙版，如图8.131所示。

步骤22 按住Ctrl键单击【STAR】图层缩览图，将其载入选区，再按住Shift+Ctrl组合键单击【STOP】图层缩览图，将其添加至选区。

步骤23 将选区填充为黑色，隐藏部分图形，完成之后按Ctrl+D组合键取消选区，再将两个文字图层删除，如图8.132所示。

图8.131 添加图层蒙版　　图8.132 隐藏图形

8.6.2 处理状态信息

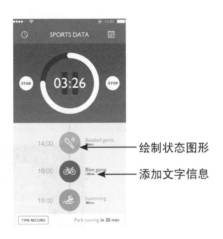

绘制状态图形
添加文字信息

状态信息

步骤01 选择工具箱中的【椭圆工具】○，在选项栏中将【填充】更改为黄色（R:255, G:183, B:49），【描边】更改为无，按住Shift键绘制一个正圆图形，此时将生成一个【椭圆 2】图层，如图8.133所示。

步骤02 选中【椭圆 2】图层，向下复制两份，并分别更改为两种不同的颜色，如图8.134所示。

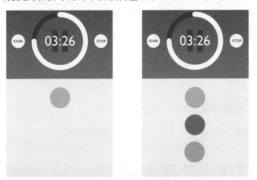

图8.133 绘制正圆　　图8.134 复制图形

提示与技巧

更改颜色的目的是为了区分图形之间的功能化差异，颜色值并非固定，可根据界面整体色调而定。

步骤03 执行菜单栏中的【文件】|【打开】命令，选择"调用素材\第8章\运动数据界面\功能图标.psd"文件，单击【打开】按钮，将打开的素材拖入画布中正圆位置并缩小，如图8.135所示。

步骤04 选择工具箱中的【直线工具】/，在选项栏中将【填充】更改为灰色（R:196, G:196, B:196），【描边】更改为无，【粗细】更改为5像素，在功能图标位置按住Shift键绘制线段，将线段复制数份将图形连接，如图8.136所示。

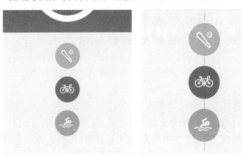

图8.135 添加素材　　图8.136 绘制线段

步骤05 选择工具箱中的【横排文字工具】T，在适当的位置添加文字（Helvetica Neue 45 L、Humanst521 BT Ro），如图8.137所示。

步骤06 选择工具箱中的【圆角矩形工具】□，在选项栏中将【填充】更改为白色，【描边】更改为无，【半径】更改为10像素，在界面底部绘制一个圆角矩形，如图8.138所示。

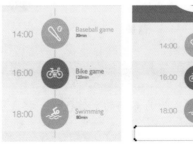

图8.137 添加文字　　图8.138 绘制图形

步骤 07 选择工具箱中的【圆角矩形工具】▭，在选项栏中将【填充】更改为无，【描边】更改为绿色（R:155, G:181, B:22），【半径】更改为10像素，在圆角矩形左侧绘制一个圆角矩形，如图8.139所示。

步骤 08 选择工具箱中的【横排文字工具】T，在适当的位置添加文字（Humanst521 BT Ro、Humanst521 BT Ro），这样就完成了效果的制作，如图8.140所示。

图8.139 绘制圆角矩形　　图8.140 最终效果

8.7 电影应用界面设计

设计构思

本例讲解制作电影应用界面，以经典的电影截图作为主视觉图像，将其与界面相结合，整体的电影特征十分明显。本例草图及最终效果如图8.141所示。

- 难易指数：★★★☆☆
- 素材位置：调用素材\第8章\电影应用界面设计
- 案例位置：源文件\第8章\电影应用界面设计.psd
- 视频位置：视频教学\8.7 电影应用界面设计.avi

图8.141 最终效果

重点分解

背景　　　　　　　　功能面板　　　　　　　　详细信息

色彩分析

以清新绿色作为界面的主体色调，将浅绿色与之搭配，界面整体色彩十分清爽、舒适。

绿色（R:83,G:203,B:108）　　　浅绿色（R:240,G:255,B:249）

8.7.1 制作界面主视觉

制作播放按钮
处理界面背景
制作面板信息
制作阴影

主视觉效果

步骤01 执行菜单栏中的【文件】|【新建】命令，在弹出的对话框中设置【宽度】为750像素，【高度】为1334像素，【分辨率】为72像素/英寸，新建一个空白画布，将画布填充为浅绿色（R:240，G:255，B:249）。

步骤02 执行菜单栏中的【文件】|【打开】命令，选择"调用素材\第8章\电影应用界面\图像.jpg"文件，单击【打开】按钮，将打开的素材拖入画布中并适当缩小，其图层名称更改为【图层1】，如图8.142所示。

步骤03 在【图层】面板中选中【背景】图层，将其拖至面板底部的【创建新图层】按钮上，复制一个【背景 拷贝】图层，将其移至【图层1】上方，如图8.143所示。

图8.142 添加素材　　　　图8.143 复制图层

步骤04 在【图层】面板中选中【背景 拷贝】图层，单击面板底部的【添加图层蒙版】按钮，为其添加图层蒙版，如图8.144所示。

步骤05 选择工具箱中的【渐变工具】，编辑黑色到白色的渐变，单击选项栏中的【线性渐变】按钮，在图像顶部位置拖动，隐藏部分图像，如图8.145所示。

图8.144 添加图层蒙版　　　图8.145 隐藏图形

步骤06 选择工具箱中的【圆角矩形工具】，在选项栏中将【填充】更改为白色，【描边】更改为无，【半径】更改为10像素，绘制一个圆角矩形，此时将生成一个【圆角矩形1】图层，如图8.146所示。

步骤07 在【图层】面板中选中【圆角矩形1】图层，将其拖至面板底部的【创建新图层】按钮上，复制一个【圆角矩形1 拷贝】图层，如图8.147所示。

图8.146 绘制图形　　　　图8.147 复制图层

步骤08 选中【圆角矩形1 拷贝】图层，在选项栏中将【填充】更改为绿色（R:89，G:203，B:108），如图8.148所示。

步骤09 选择工具箱中的【直接选择工具】，选中圆角矩形顶部左右两个锚点，将其删除，如图8.149所示。

图8.148 绘制圆角矩形　　　图8.149 删除锚点

步骤 10 选择工具箱中的【直接选择工具】 ↳，同时选中左右两个锚点并向下拖动，缩小其高度，如图8.150所示。

图8.150 缩小高度

步骤 11 选择工具箱中的【圆角矩形工具】 ◻，在选项栏中将【填充】更改为黑色，【描边】更改为无，【半径】更改为10像素，在图形左侧绘制一个圆角矩形，此时将生成一个【圆角矩形 2】图层，如图8.151所示。

步骤 12 执行菜单栏中的【文件】|【打开】命令，选择"调用素材\第8章\电影应用界面\图像 2.jpg"文件，单击【打开】按钮，将打开的素材拖入画布中并适当缩小，其图层名称更改为【图层 2】，如图8.152所示。

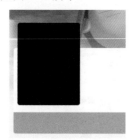

图8.151 绘制圆角矩形　　　图8.152 添加素材

步骤 13 选中【图层 2】图层，执行菜单栏中的【图层】|【创建剪贴蒙版】命令，为当前图层创建剪贴蒙版，隐藏部分图像，再将图像适当缩小或移动，如图8.153所示。

图8.153 创建剪贴蒙版

步骤 14 执行菜单栏中的【文件】|【打开】命令，选择"调用素材\第8章\电影应用界面\返回图标.psd"文件，单击【打开】按钮，将打开的素材

拖入画布中左上角位置，如图8.154所示。

图8.154 添加素材

步骤 15 选择工具箱中的【椭圆工具】 ◯，在选项栏中将【填充】更改为白色，【描边】更改为无，在适当位置按住Shift键绘制一个正圆图形，此时将生成一个【椭圆 1】图层，如图8.155所示。

步骤 16 在【图层】面板中选中【椭圆 1】图层，单击面板底部的【添加图层样式】 *fx* 按钮，在菜单中选择【渐变叠加】命令。

步骤 17 在弹出的对话框中将【渐变】更改为绿色（R:36, G:136, B:53）到绿色（R:119, G:194, B:58），完成之后单击【确定】按钮，如图8.156所示。

图8.155 绘制正圆　　　图8.156 添加渐变

步骤 18 选择工具箱中的【圆角矩形工具】 ◻，在选项栏中将【填充】更改为白色，【描边】更改为无，【半径】更改为3像素，在正圆位置按住Shift键绘制一个圆角矩形，此时将生成一个【圆角矩形 3】图层，如图8.157所示。

步骤 19 按Ctrl+T组合键对其执行【自由变换】命令，当出现变形框之后，在选项栏的【旋转】文本框中输入45，完成之后按Enter键确认，如图8.158所示。

图8.157 绘制圆角矩形　　　图8.158 旋转图形

步骤20 选择工具箱中的【直接选择工具】，选中圆角矩形左侧锚点，将其删除，再将其图层【不透明度】更改为60%，效果如图8.159所示。

图8.159 删除锚点

步骤21 选择工具箱中的【横排文字工具】T，在画布适当位置添加文字（Comic Sans MS Bold），如图8.160所示。

图8.160 添加文字

步骤22 执行菜单栏中的【文件】|【打开】命令，选择"调用素材\第8章\电影应用界面\电影图标.psd"文件，单击【打开】按钮，将打开的素材拖入界面中适当位置，如图8.161所示。

步骤23 选择工具箱中的【横排文字工具】T，在适当的位置添加文字（Comic Sans MS Bold），如图8.162所示。

图8.161 添加素材　　　图8.162 添加文字

步骤24 选择工具箱中的【椭圆工具】，在选项栏中将【填充】更改为绿色（R:89, G:203, B:108），【描边】更改为无，在【圆角矩形 1】图层的图形底部绘制一个椭圆，将生成一个【椭圆 2】图层，如图8.163所示。

步骤25 执行菜单栏中的【滤镜】|【模糊】|【高斯模糊】命令，在弹出的对话框中单击【转换为智能对象】按钮，然后在弹出的对话框中将【半径】更改为30像素，完成之后单击【确定】按钮，效果如图8.164所示。

图8.163 绘制椭圆　　　图8.164 添加高斯模糊

8.7.2 处理界面详细信息

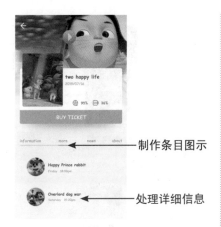

制作条目图示

处理详细信息

详细信息

步骤01 选择工具箱中的【直线工具】，在选项栏中将【填充】更改为灰色（R:210, G:218,

B:212），【描边】更改为无，【粗细】更改为3像素，按住Shift键绘制一条线段，将生成一个【形状1】图层，如图8.165所示。

步骤02 选择工具箱中的【横排文字工具】T，在线段上方添加文字（Comic Sans MS Bold），如图8.166所示。

图8.165 绘制线段　　　图8.166 添加文字

步骤 03 在【图层】面板中选中【形状 1】图层，将其拖至面板底部的【创建新图层】按钮上，复制一个【形状 1 拷贝】图层，如图8.167所示。

步骤 04 将【形状 1 拷贝】图层中线段【填充】更改为绿色（R:89, G:203, B:108），并缩小其长度，如图8.168所示。

图8.167 复制图层　　　图8.168 缩小长度

步骤 05 选择工具箱中的【椭圆工具】，在选项栏中将【填充】更改为黑色，【描边】更改为无，在适当的位置按住Shift键绘制一个正圆图形，将生成一个【椭圆 3】图层，如图8.169所示。

步骤 06 将正圆向下复制一份，将生成一个【椭圆 3 拷贝】图层，如图8.170所示。

图8.169 绘制正圆　　　图8.170 复制正圆

步骤 07 执行菜单栏中的【文件】|【打开】命令，选择"调用素材\第8章\电影应用界面\图像 3.jpg"文件，单击【打开】按钮，将打开的素材拖入画布中并适当缩小，其图层名称更改为【图层 3】，如图8.171所示。

图8.171 添加素材

步骤 08 执行菜单栏中的【图层】|【创建剪贴蒙版】命令，为当前图层创建剪贴蒙版，隐藏部分图像，如图8.172所示。

图8.172 创建剪贴蒙版

步骤 09 执行菜单栏中的【文件】|【打开】命令，选择"调用素材\第8章\电影应用界面\图像 4.jpg"文件，单击【打开】按钮，将打开的素材拖入画布中并适当缩小，其图层名称更改为【图层 4】，如图8.173所示。

步骤 10 以同样的方法为图像创建创建剪贴蒙版，如图8.174所示。

图8.173 添加素材　　　图8.174 创建剪贴蒙版

步骤 11 选择工具箱中的【横排文字工具】，在适当的位置添加文字（Comic Sans MS Bold、Comic Sans MS Reg），这样就完成了效果的制作，如图8.175所示。

图8.175 最终效果